高职高专畜牧兽医类专业系列教材

饲料加工工艺与设备

SILIAO JIAGONG GONGYI YU SHEBEI

主　编　陈晓春

副主编　刘昌林　齐　慧

重庆大学出版社

内容提要

本书是高职高专饲料与动物营养、畜牧兽医及相关专业的核心课程,内容包括配合饲料生产基础知识、原料接收与清理、饲料的粉碎、饲料的配料、饲料的混合、饲料的成型、包装与贮藏、电气控制设备与生产过程控制、水产配合饲料生产工艺与设备、饲料企业安全知识10个项目。在内容的选取和编排上,以岗位应用能力为主线,以项目为平台,涵盖了饲料要求需学生掌握的主要内容,并以工作任务为载体设计相关专业技能的学习和训练,内容和结构设计科学,贴近实际,具有很强的针对性、适用性和实用性。

本书可作为高等职业技术教育畜牧兽医、饲料与动物营养及相关专业的教材,也可作为饲料企业生产和质量管理相关从业者的参考书。

图书在版编目(CIP)数据

饲料加工工艺与设备/陈晓春主编. --重庆:重庆大学出版社,2018.8(2019.9重印)
高职高专畜牧兽医类专业系列教材
ISBN 978-7-5689-1291-4

Ⅰ.①饲… Ⅱ.①陈… Ⅲ.①饲料加工—工艺—高等职业教育—教材 ②饲料加工设备—高等职业教育—教材
Ⅳ.①S816.34 ②S817.12

中国版本图书馆 CIP 数据核字(2018)第 173544 号

高职高专畜牧兽医类专业系列教材
饲料加工工艺与设备
主 编 陈晓春
副主编 刘昌林 齐 慧
策划编辑:袁文华

责任编辑:陈 力 兰明娟 版式设计:袁文华
责任校对:张红梅 责任印制:赵 晟
*
重庆大学出版社出版发行
出版人:饶帮华
社址:重庆市沙坪坝区大学城西路21号
邮编:401331
电话:(023)88617190 88617185(中小学)
传真:(023)88617186 88617166
网址:http://www.cqup.com.cn
邮箱:fxk@cqup.com.cn(营销中心)
全国新华书店经销
重庆升光电力印务有限公司印刷
*
开本:787mm×1092mm 1/16 印张:13.25 字数:324千
2018 年 8 月第 1 版 2019 年 9 月第 2 次印刷
ISBN 978-7-5689-1291-4 定价:32.00 元

编委会

BIANWEIHUI

FARMING

前　言

Preface

　　"饲料加工工艺与设备"是饲料与动物营养、畜牧兽医及相关专业的核心课程,是一门理论与实践紧密结合的课程。本书在编写过程中,努力适应新形势下高等职业教育的发展方向,突出"以就业为导向"的职教理念,采用校企共建方式,一方面借助企业师资,提高教学针对性和实用性,同时充分利用企业现有技术、管理理念和资源优势,引入企业岗位培训要求和方法,突出技能培养;另一方面,在设计思路上,结合众多饲料生产企业实际,参照饲料企业岗位职业标准,基于生产岗位需要选取理论和实践内容。

　　在内容编排上,以岗位应用能力为主线,以项目为平台,涵盖饲料要求掌握的主要内容,以工作任务为载体完成相关专业技能的学习和训练。由于"饲料加工工艺与设备"是一门应用性、综合性较强的课程,学习对象必须具备一定的动物营养与饲料、饲料机械知识基础,而本书的主要使用对象是高等职业院校畜牧兽医、动物营养及相关专业学生,于是书中增加了饲料生产基础知识,采用项目、任务化形式编排,每项学习任务中都有具体的任务内容、技能训练、思考与练习等,帮助学生更准确地把握饲料加工工艺特点和工作性质。本书将适度的理论融合穿插在每个工作任务中,既突出了以能力为本位的指导思想,又帮助学生适应饲料加工工序的要求,并满足学生职业发展的需要。本书编写了较为详细的复习思考题,以供学生课后复习和自学。

　　在使用本书开展教学活动的过程中,可充分利用校内实验室和校外生产实训基地,依照"教、学、做"合一的要求,校内采用课堂讲授法、专题讨论法、基本技能训练、实验实习等多种方法交替应用,校外结合校企合作和工学结合等模式,提高学生在实践中的动手能力和专业应用能力,培养学生的自主学习能力和创新能力。

　　参加编写人员:成都农业科技职业学院陈晓春、刘昌林、齐慧、胡凯、郭锦玉、吴宏伟、杨敏、杨琼。成都科飞饲料有限公司甘露、王继。主编为陈晓春,副主编为刘昌林、齐慧。

　　本书编写团队重点吸收了多年从事饲料加工与质量管理,具有丰富理论与实践经验的企业一线技术骨干参与编写,使本书更有针对性和实用性。行业许多专家、同行对本书的编写也给予了大力指导与支持,在此表示感谢!

　　由于编者水平有限,并且对高职高专教育的指导思想也还处于不断学习和领会之中,加之时间仓促,书中难免存在疏漏之处,敬请广大读者和同行专家多提宝贵意见。

编　者

2018 年 3 月

目　录

Contents

项目1　配合饲料生产基础知识 ……………………………………………………… 1

　　任务 1.1　配合饲料产品分类 ……………………………………………………… 1

　　任务 1.2　饲料原料基础知识 ……………………………………………………… 3

　　任务 1.3　饲料产品质量指标 ……………………………………………………… 13

　　任务 1.4　设备图形符号 …………………………………………………………… 16

　　任务 1.5　质量管理基础知识 ……………………………………………………… 19

　　复习思考题 ………………………………………………………………………… 22

项目 2　原料接收与清理 ………………………………………………………………… 23

　　任务 2.1　输送设备与工艺 ………………………………………………………… 23

　　任务 2.2　接收设备与工艺 ………………………………………………………… 35

　　任务 2.3　清理工艺与设备 ………………………………………………………… 41

　　任务 2.4　原料接收与清理的质量管理 …………………………………………… 46

　　实训　输送机械设备的观察与使用 ……………………………………………… 57

　　复习思考题 ………………………………………………………………………… 58

项目 3　饲料的粉碎 ……………………………………………………………………… 59

　　任务 3.1　粉碎设备与工艺 ………………………………………………………… 59

　　任务 3.2　粉碎的质量管理 ………………………………………………………… 76

　　实训　配合饲料粉碎粒度测定——两层筛筛分法 ……………………………… 84

　　复习思考题 ………………………………………………………………………… 85

项目 4　饲料的配料 ……………………………………………………………………… 86

　　任务 4.1　配料工艺与设备 ………………………………………………………… 86

　　任务 4.2　配料的质量管理 ………………………………………………………… 97

实训　中控操作观察 ·· 99
复习思考题 ·· 100

项目 5　饲料的混合 ·· 101
　　任务 5.1　混合设备与工艺 ··································· 101
　　任务 5.2　混合的质量管理 ··································· 110
　　实训　饲料混合机的观察与混合质量评定 ··················· 113
　　复习思考题 ·· 114

项目 6　饲料的成型 ·· 116
　　任务 6.1　饲料成型工艺与设备 ······························ 116
　　任务 6.2　成型的质量管理 ··································· 132
　　实训　饲料制粒机的观察使用及性能测定 ··················· 135
　　复习思考题 ·· 137

项目 7　包装与贮藏 ·· 139
　　任务 7.1　包装的工艺与设备 ································· 139
　　任务 7.2　包装与贮藏的质量控制 ···························· 147
　　实训　饲料生产企业实习参观 ······························· 148
　　复习思考题 ·· 149

项目 8　电气控制设备与生产过程控制 ···························· 150
　　任务 8.1　电气控制设备 ····································· 150
　　任务 8.2　生产过程控制 ····································· 161
　　实训　饲料厂粉碎机、制粒机控制回路 ······················ 168
　　复习思考题 ·· 171

项目 9　水产配合饲料生产工艺与设备 ···························· 172
　　任务 9.1　水产配合饲料生产工艺与设备 ····················· 172
　　实训　三种不同种类配合饲料的耐水性测定和比较 ··········· 176
　　复习思考题 ·· 177

项目 10　饲料企业安全知识 ·· 178
　　任务 10.1　火灾 ··· 178
　　任务 10.2　粉尘爆炸 ··· 179
　　任务 10.3　锅炉事故 ··· 181
　　任务 10.4　电气设备用电事故 ································ 182
　　任务 10.5　人身伤亡事故 ···································· 183
　　任务 10.6　特种设备事故 ···································· 185

任务 10.7　质量事故 ·· 185

任务 10.8　噪声污染 ·· 186

复习思考题 ··· 187

附　录 ··· 189

附录 1　《饲料生产企业许可条件》 ··· 189

附录 2　中国饲料工业饲料产品标准 ··· 193

附录 3　饲料加工设备安全操作规程 ··· 194

附录 4　饲料部分检测指标测定方法 ··· 203

参考文献 ·· 204

项目1　配合饲料生产基础知识

项目导读

配合饲料是指根据饲养动物的营养需要,将多种饲料原料按饲料配方经工业生产的饲料。配合饲料产品的合理应用和产品质量的严格把控,对促进畜牧业发展和保障食品安全有着重要意义。本项目主要介绍了配合饲料产品分类、饲料原料分类、饲料产品质量指标及质量管理基础知识。

任务 1.1　配合饲料产品分类

1.1.1　配合饲料概念

配合饲料是指根据饲养动物的营养需要,将多种饲料原料按照饲料配方和一定的工艺流程(包括粉碎、配料、混合,有时经过制粒等成形过程)进行工业生产后所得的产品。

1.1.2　配合饲料分类

配合饲料是由饲料原料和饲料添加剂按照一定比例加工而成的产品,直接或者间接供动物饲用。配合饲料可根据营养成分、物理性状、动物种类及饲喂阶段进行分类。

1) 按营养成分分类

按照营养成分,配合饲料可分为添加剂预混合饲料、浓缩饲料、全价配合饲料和精料补充饲料四类。

①添加剂预混合饲料。添加剂预混合饲料是指由两种(类)或者两种(类)以上营养性饲料添加剂为主,与载体或者稀释剂按照一定比例配制的饲料,包括复合预混合饲料、微量元素预混合饲料、维生素预混合饲料。

营养性饲料添加剂是指为补充饲料营养成分而掺入饲料中的少量或者微量物质,包括饲料级氨基酸、维生素、矿物质微量元素、酶制剂、非蛋白氮等。

一般饲料添加剂是指为保证或者改善饲料品质、提高饲料利用率而掺入饲料中的少量或者微量物质。

药物饲料添加剂是指为预防、治疗动物疾病而掺入载体或者稀释剂的兽药的预混合物质。

载体是指能够接受和承载粉状活性成分,改善其分散性,并有良好的化学稳定性和吸附性的可饲物料。

稀释剂是指掺入一种或多种微量添加剂中起稀释作用的物料。

②浓缩饲料。浓缩饲料是指主要由蛋白质、矿物质和饲料添加剂按照一定比例配制的饲料,是配制而成的配合饲料半成品。浓缩饲料需按一定比例与能量饲料配合后,才能构成全价配合饲料,其比例一般占20%～40%。

③全价配合饲料。全价配合饲料是根据动物实际营养需要由能量饲料和蛋白质饲料、矿物质饲料,以及各种添加剂配制而成,不需添加任何成分就可以直接饲喂,并获得最大经济效益的配合饲料。它能全面满足畜禽的营养需要,并可直接用来饲喂畜禽。全价只是相对的,配合饲料所含养分及其比例越符合畜禽营养需要,越能最大限度地发挥畜禽生产潜力及经济效益,此种配合饲料全价性也越好。目前集约化饲养的蛋鸡、肉鸡、猪等畜禽以及鱼、虾、鳗等水生动物,均是直接饲喂全价饲料。

④精料补充饲料。精料补充饲料是指为补充草食动物的营养,将多种饲料原料和饲料添加剂按照一定比例配制的饲料。精料补充饲料的原料构成通常为能量饲料、蛋白质饲料、常量矿物质饲料、微量元素和维生素添加剂等。它是用以补充反刍动物采食青粗饲料、青贮饲料时的营养不足,不过饲喂时要加入大量的青绿饲料、粗饲料,且精料补充饲料与青粗饲料的比例要适当。

2)按饲料物理形状分类

配合饲料按照加工成的外形和质地,概括起来可分为粉状饲料、颗粒饲料和液体饲料。

①粉状饲料。粉状饲料是指多种饲料原料的粉状混合物。粉状饲料的生产工艺简单,加工成本低,易与其他饲料搭配。但加工粉料时粉尘较大,采食时容易造成损失。它与颗粒料相比,容易引起家畜的挑食,造成浪费,且容重相差较大的饲料原料混合而成的粉料易产生分级现象。粉状饲料的粒度大小应根据畜禽种类、年龄而定。一般幼鸡粉状饲料粒径 < 1.0 mm,中、大鸡粉料粒径为2.0 mm,成年鸡粉料粒径为2.0～2.5 mm。哺乳仔猪粉料粒径 < 1.0 mm,仔猪粉料粒径为1.0 mm,育肥猪粉料粒径为1.0 mm。哺乳牛粉料粒径 < 1.0 mm,幼牛和乳牛的粉料粒径 < 2.0 mm。

②颗粒饲料。颗粒饲料是用压膜将粉状饲料挤压而成的粒状饲料。这种饲料容量大,改善了畜禽适口性,可增加畜禽的采食量,避免动物挑食,减少粉料在运输、饲喂时的浪费,保证了饲料的营养全价性,饲料报酬高。颗粒饲料主要用于幼年动物、肉用型动物的饲料和鱼的饵料。颗粒饲料一般可使动物增重5%～15%,甚至15%以上,其缺点是加热加压处理可使部分维生素、抗生素和酶等受到影响,且耗能大、成本高。颗粒饲料的直径依动物种类和年龄而异。我国一般采用的饲料直径范围:肉鸡1～2.5 mm,成鸡4.5 mm,仔猪4～6 mm,育肥猪8 mm,成年母猪12 mm,小牛6 mm,成年牛15 mm;鱼生长

前期 4 mm,生长后期 6 mm。颗粒饲料的长度一般为其直径的 1.0 ~ 1.5 倍(鱼饲料为 2.0 ~ 2.5 倍)。

颗粒饲料常见的有普通颗粒饲料、碎粒料和膨化饲料。

普通颗粒饲料是常见的柱状硬颗粒饲料,在养殖业中普遍应用。

碎粒料是由颗粒饲料破碎而成的一种特殊形式,用机械方法将生产好的颗粒饲料破碎、加工成细度为 2 ~ 4 mm 的碎料。其特点与颗粒饲料相同。因畜禽采食碎粒料速度稍慢,故不致采食过多而过肥,因此特别适用于蛋鸡、雏鸡和鹌鹑饲用。

膨化饲料的适口性好,容易消化吸收,是幼年动物的良好开食饲料;同时,膨化饲料密度小,多孔,保水性好,是水产养殖的最佳浮饵。膨化饲料密度比水轻,可在水上漂浮一段时间。由于膨化饲料中的淀粉在膨化过程中已胶质化,增加了饵料在水中的稳定性,因此可减少饲料中水溶性物质的损失,保证了饵料的营养价值。由于膨化饲料可在水中漂浮,易于观察鱼采食情况,避免了投料不适。用膨化饲料喂鱼比用普通颗粒料喂鱼,可减少饲料损失 10% ~ 15%,并可提高鱼产量 10% 左右。膨化饲料是把粉状的配合饲料加温加压,使之糊化,在通过机器喷嘴时的 10 ~ 20 s 突然加热至 120 ~ 180 ℃挤出,使之膨胀发泡成饼干状,再根据需要切成适当的大小。

③液体饲料。液体饲料是以液体饲料原料为主要成分的配合饲料,一般用于幼龄动物饲养。

3) 按饲喂对象分类

饲料产品按饲喂动物的种类分类,可分为猪饲料、鸡饲料、牛饲料、实验动物饲料等;按动物生理阶段分类,如猪饲料可分为乳猪饲料、仔猪饲料、生长猪饲料、肥育猪饲料等。

任务 1.2　饲料原料基础知识

1.2.1　饲料原料概念

饲料原料是指来源于动物、植物、微生物或者矿物质,用于加工制作饲料但不属于饲料添加剂的饲用物质(含载体和稀释剂)。

1.2.2　饲料原料的分类

目前饲料原料的分类有国际分类法、中国分类法和《饲料原料目录》分类法。目前世界各国对饲料原料的分类方法尚未完全统一。美国学者 Harris 的饲料原料分类原则和编码体系迄今已为多数学者所认同,并逐步发展成为当今饲料原料分类编码体系的基本模式,被称为国际饲料分类法。国际饲料分类法根据营养特性将饲料原料分为粗饲料、青绿饲料、青贮饲料、能量饲料、蛋白质饲料、矿物质饲料、维生素饲料、饲料添加剂八大类。

1）粗饲料

粗饲料中天然水分含量在 60% 以下，干物质中粗纤维≥18%，主要包括干草类、秸秆类、农副产品类以及干物质中粗纤维含量≥18% 的糟渣类、树叶类等。特点是体积大，较难消化，有效能量浓度低，可利用养分少。

2）青绿饲料

青绿饲料中天然含水量≥60%，如牧草、蔬菜、非淀粉质的根茎瓜果类。此类饲料主要是青绿、鲜嫩、柔软多汁、富含叶绿素、自然含水量高的植物性饲料。

3）青贮饲料

在无氧环境下，经过以乳酸菌为主的厌氧性菌发酵调制和保存的一种青绿多汁饲料即是青贮饲料，包括水分含量在 45%～55% 的半干青贮。此类饲料的优点是解决冬春季青饲料的不足，充分保存青饲料的养分，扩大饲料来源，提高饲料品质，同时消灭害虫及有毒物质。

4）能量饲料

能量饲料是指干物质中粗纤维含量 <18%，粗蛋白质含量 <20%，且每千克含消化能在 10.46 MJ 以上的一类饲料，主要包括谷实类、糠麸类、块根块茎类、液体能量饲料等。此类饲料的营养特点是无氮浸出物含量可达 70% 以上，有效能值高，粗蛋白质低，氨基酸不平衡，钙少磷多，但磷一般以植酸磷的形式存在。

（1）玉米　玉米是畜禽饲料配方中主要的能量饲料，享有"能量之王"的美誉。在配方中使用量最大，一般都在 50% 以上。

①玉米的营养特性。玉米的碳水化合物含量在 70% 以上，且多存在于胚乳中，主要形式是淀粉，单糖和二糖较少，粗纤维含量也较少；粗蛋白质含量为 7%～9%，赖氨酸、蛋氨酸和色氨酸等必需氨基酸含量不足，品质较差；粗脂肪含量为 3%～4%，主要存在于胚芽中，以甘油三酯为主，脂肪酸中亚油酸 59%，油酸 27%，亚麻酸 0.8%，花生四烯酸 0.2%，硬脂酸 2%，高油玉米品种的粗脂肪含量可达 8% 以上；粗灰分含量较少，仅 1% 左右；钙少磷多，磷多以植酸磷形式存在；其他矿物元素尤其是微量元素很少；维生素 E 含量较多，为 20～30 mg/kg，其他维生素含量较少；黄玉米含有较多胡萝卜素、叶黄素和玉米黄素等色素。赖氨酸 0.24%，蛋氨酸 0.18%，消化能 3 400 kcal/kg，代谢能 3 240 kcal/kg，钙 0.02%，有效磷 0.12%。

②影响玉米品质的因素。a. 水分含量高是玉米霉变之源。b. 不完整粒易受污染，玉米一经粉碎，即失去天然保护作用。c. 玉米含有杂质易发生虫蛀、发芽等现象。d. 受霉菌污染或酸败的玉米均会降低畜禽食欲及营养价值，所以有异味的玉米应避免接收或使用，特殊情况应检测（黄曲霉毒素快速测试盒）黄曲霉毒素等。

③饲料用玉米的质量标准。为了保证饲用玉米的安全性和有效性，我国《饲料用玉米》国家标准（GB/T 17890—2008）规定：以容重、不完善粒、粗蛋白质、水分、杂质、色泽气味为质量控制指标，将玉米分为三级，见表 1-1。其中，粗蛋白质以干物质为基础；容重指每升中的克数；不完善粒包括虫蚀粒、病斑粒、破损粒、生芽粒、生霉粒、热损伤粒；杂质指能通过直径 3.0 mm 圆孔筛的物质、无饲用价值的玉米以及玉米以外的物质。

表 1-1 我国饲料用玉米质量标准（GB/T 17890—2008）

指标\\ 等级	容重 /(g·L⁻¹)	不完善粒 /%	粗蛋白质（干基）/%	生霉粒 /%	水分 /%	杂质 /%	色泽气味
1	≥710	≤5.0					
2	≥685	≤6.5	≥8	≤2.0	≤14.0	≤1.0	正常
3	≥660	≤8.0					

（2）膨化玉米 玉米经过膨化后的产品即为膨化玉米。

①一般性状。色泽：黄色粉状物；气味：新鲜的炒玉米香；感官：无虫害、无霉味、无异味异臭。

②验收指标。感官：无霉味、无虫害、无异味异臭；水分≤12.0%，粗蛋白质≥8.0%，粗纤维≤2.0%，粗灰分≤2.6%。

（3）麸皮 小麦制粉中可产生 23%～25% 的麸皮。色泽：新鲜一致，淡褐色或红褐色。细度：本品为片状，90% 以上可通过 10 目标准筛，30% 以上可通过 40 目标准筛。味道：特有的香甜风味，无酸败味，无腐味，无结块，无发热，无霉变，无虫蛀，无其他异味。杂质：本品不应含有麸皮以外的其他物品。

①麸皮的营养价值。a. 蛋白质含量高，但品质仍较差。b. 维生素含量丰富，特别是富含 B 族维生素和维生素 E，但烟酸利用率仅为 35%。c. 矿物质含量丰富，特别是微量元素铁、锰、锌含量较高；但缺乏钙，磷含量高，但主要是植酸磷。小麦麸物理结构疏松，含有适量的粗纤维和硫酸盐类，有轻泻作用，可防便秘。d. 可作为添加剂预混料的载体、稀释剂、吸附剂和发酵饲料的载体。

②麸皮的饲喂价值。麸皮对于所有家畜都是良好的饲料。a. 对于奶牛和马属动物可以大量饲喂。b. 对于种畜，特别是繁殖家畜在临产前和泌乳期饲喂，更有保健作用；妊娠期饲喂，防止便秘及增加体积，增加胃的饱感。c. 用于育肥猪、育成鸡和产蛋鸡，可调节饲粮能量浓度，起到限饲作用；在育成鸡饲粮中用量可达 10%；用量越大，猪和鸡的肥育成效越差，但可提高猪肉品质，使脂肪变白。

③验收指标。水分≤13.0%，粗蛋白质≥15%，粗纤维≤9.0%，粗脂肪≤4.0%，粗灰分≤6.0%；赖氨酸 0.53%，蛋氨酸 0.12% 钙 0.1% 有效磷 0.24% 消化能 2 240 kcal/kg，代谢能 1 630 kcal/kg。

（4）次粉 以各种小麦为原料，经磨制精粉后除去小麦麸、胚及合格面粉以外的部分。

①一般性状。色泽：色泽新鲜一致，浅褐色或红褐色，随小麦品种不同而异。细度：本品应为极细的片状或粉状，100% 可通过 10 目标准筛，60% 可通过 40 目标准筛。味道：面粉加工应有的香甜风味；无酸败味，无腐味，无结块，无发热，无霉味，无虫蛀，无其他异味。杂质：本品不得掺有除本品以外的其他物品。次粉对于肥育畜禽的效果优于小麦麸，甚至可以与玉米价值相等；也是很好的颗粒黏结剂，可用于制颗粒饲料和鱼虾饵料。但用在粉状饲料时则嫌太细，且造成黏嘴现象，影响适口性，故较适用于颗粒状饲料。

②验收指标。水分≤13.0%，粗蛋白质≥12%，粗纤维≤3.5%，粗灰分≤2.0%。

③一般营养指标。赖氨酸 0.52%，蛋氨酸 0.16%，钙 0.08%，有效磷 0.14%，消化能 3 200 kcal/kg，代谢能 3 000 kcal/kg，蛋白质 13%。

（5）油脂

①油脂的特点。a. 油脂属真脂类。常温下，植物油脂多数为液态，称为油；动物油脂一般为固态，称为脂。b. 含不饱和脂肪酸多的油脂在常温下为液态，而含饱和脂肪酸多的则为固态。c. 配合饲料中添加油脂的主要目的是提高其能量水平，添加适量容易形成颗粒，提高适口性及节省蛋白质消耗等。预混料中添加油脂可防止产生粉尘。d. 饲料用油脂一般为牛油、猪油、鱼油、豆油、玉米油等。

②油脂的选择。a. 加抗氧化剂。油脂属于容易氧化的饲料原料，添加抗氧化剂与否对成品贮存性及品质影响很大。b. 有没有氧化。油脂在室温下易氧化，初期产生过氧化物，然后再分解为酸类及酮类，因而产生臭油垢味。氧化后的脂肪品质变差。c. 应防止在油中掺有其他油脂，如矿物油。d. 总脂肪酸包括游离脂肪酸及与甘油结合的脂肪酸总量。把总脂肪酸量作为能量值的指标。e. 脂肪分解后会产生游离脂肪酸，游离脂肪酸的含量可作为鲜度判断指标。从营养而言，游离脂肪酸对动物无害，但太高的游离脂肪酸表示油脂原料不好，会降低适口性。f. 油中含有水分易使油脂起水解作用而产生游离脂肪酸，加速脂肪的酸败，并降低脂肪的能量含量。g. 不溶物或杂质应小于 0.5%。

③油脂的指标。a. 动物油脂：水分 <1.05，总脂肪酸 >90.0%，游离脂肪酸 <15.0%，不可皂化物 <2.5，杂质 <1.5%。无酸败味，色泽为白色，熔点在 36 ℃以上，主要以猪大油为代表物。b. 植物油：水分 <0.4%，酸价 <4.0 mgKOH/g，过氧化值 <10，碘价为 100 ~ 130。黄色至黄褐色；清澈、透明液体；香味良好，无酸败味（哈喇味）。

5）蛋白质饲料

蛋白质饲料一般包括 4 种：①植物蛋白质饲料，主要有豆粕、菜粕、棉粕、花生粕、芝麻粕和玉米蛋白粉等；②动物蛋白质饲料，主要有鱼粉、肉粉、肉骨粉、血粉、羽毛粉、蚕蛹等；③单细胞蛋白质饲料，主要有酵母粉、生物蛋白粉、藻类等；④非蛋白氮及其他，如尿素、再利用粪便等。蛋白质饲料干物质中粗纤维含量 <18%，粗蛋白质含量 ≥20%。

（1）豆粕

①豆粕的特点。a. 由大豆采油后的产物经适当加热、干燥而得。b. 以浸提法生产豆粕的基本工序为：油脂厂购入大豆→去杂→破碎（一颗大豆碎成 6 ~ 8 块）→加温并调整水分含量（破坏原有的组织，易出油）→压成片并继续调整水分→加溶剂喷淋，萃取豆油→脱溶剂→豆粕生成。c. 淡黄色直至淡褐色，颜色太深表示加热过度，太浅可能加热不足，色泽应新鲜一致。d. 烤黄豆香味，不可有酸败、霉坏、焦化、生豆等味道。

②豆粕的品质。a. 豆粕中蛋白质品质主要决定于加热程度是否适宜，加热不足不能破坏其生长抑制因子，蛋白质利用率较低；加热过度，则导致豆粕赖氨酸、胱氨酸、蛋氨酸及其他必需氨基酸变性而降低使用价值。b. 根据烘烤过程中是否掺杂进大豆种皮，豆粕还可分为带皮豆粕和去皮豆粕，两者主要区别是蛋白质水平不同。

③豆粕的营养特性。a. 豆粕蛋氨酸含量较低，蛋氨酸为豆粕的第一限制性氨基酸。b. 热处理程度不够的浸提豆粕中含有较多的抗胰蛋白酶、血球凝集素等抗营养因子，从而影响豆粕的利用，甚至引起乳猪拉稀。c. 豆粕中含蛋白质约 43%，赖氨酸 2.65%，蛋氨酸 0.65%，消化能 3 400 kcal/kg，代谢能 2 350 kcal/kg。豆粕中较缺乏蛋氨酸，粗纤维主要来自豆皮，淀粉含量低，矿物质含量低，钙少磷多，维生素 A、维生素 B、维生素 B_2 较少。

④豆粕与大豆、豆油的比价关系。豆粕是大豆的副产品，1 t 大豆可以制出 0.2 t 豆油和 0.8 t 豆粕，豆粕的价格与大豆的价格有密切的关系，每年大豆的产量都会影响豆粕的价格，大豆丰收则豆粕价跌，大豆欠收则豆粕就会涨价。同时，豆油与豆粕之间也存在相互关联，豆油价好，豆粕就会价跌，豆油滞销，豆粕产量就将减少，豆粕价格将上涨。

⑤豆粕验收指标。水分≤13%，粗蛋白质≥43%，粗脂肪≤2.0%，粗纤维≤7.0%，粗灰分≤6.0%。脲酶活性为 0.05 ~ 0.40。高于 0.40 为加热程度不够(过生)。(0.2%)KOH 溶解度为 70% ~85%，高于 85% 为过生，低于 70% 为过熟。

(2)棉籽饼、粕　棉籽饼、粕是棉籽榨油后的副产物。压榨取油后的称饼，预榨浸提或直接浸提后的称粕。棉籽经脱壳后取油的副产物称棉仁饼、粕。

影响棉籽饼、粕营养价值的主要因素是棉籽脱壳程度及制油方法。完全脱壳的棉仁制成的棉仁饼、粕粗蛋白质可达 40%，甚至高达 44%，与大豆饼的粗蛋白质含量不相上下；而由不脱壳的棉籽直接榨油生产出的棉籽饼粗纤维含量为 16% ~20%，粗蛋白质仅20% ~30%。

①棉粕的营养特征。a.棉籽饼、粕蛋白质组成不太理想，精氨酸含量为 3.6% ~3.8%，而赖氨酸含量仅为 1.3% ~2.0%，只有大豆饼、粕的一半。蛋氨酸含量也不足，约为 0.5%。同时，赖氨酸的利用率较差。故赖氨酸是棉籽饼、粕的第一限制性氨基酸。b.棉粕中有效能值主要取决于粗纤维含量，即含壳量。维生素含量加热损失较多。c.矿物质中含磷多，但多属植酸磷，利用率低。d.棉籽中含有对动物有害的棉酚及环丙烯脂肪酸，尤其是棉酚的危害很大。

②棉粕的应用。a.反刍家畜在有优质粗料及多汁青料的情况下，棉粕的用量不受限制，不会造成中毒。b.单胃动物要限制喂量，最好使用脱毒处理的棉粕。其脱毒方法如水煮法、硫酸亚铁处理法、碱处理法、浸提法等。其中以硫酸亚铁法最简单，脱毒效果亦好。c.肉鸡饲料应少用含壳多的棉粕，以免影响生长，蛋鸡饲喂棉粕会造成鸡蛋在贮存期间发生变色反应，即蛋白呈现粉红色，蛋黄呈现绿黄或暗红及斑点状。d.种畜苗应避免使用，以免影响繁殖性能。e.同时，使用棉籽饼、粕配制饲粮要注意氨基酸平衡，尤其是棉籽饼、粕的赖氨酸含量低，且利用率差，应注意添加赖氨酸。

③棉粕验收指标。a.水分≤12.0%，粗蛋白质≥40%，粗纤维≤12.0%，粗脂肪≤3.5%，粗灰分≤5.0%。b.本品为新鲜、均匀一致的黄褐色或暗红褐色，在此范围内颜色浅者品质较佳，色泽深者则储存久或加热过度。c.游离棉酚含量应在 1 200 mg/kg 以下。d.一般营养指标：粗蛋白质 40%，赖氨酸 1.8%，蛋氨酸 0.58%，消化能 2 310 kcal/kg，代谢能 2 030 kcal/kg，钙 0.28%，有效磷 0.36%。

(3)菜粕　菜粕是油菜籽经提取油脂后的产品。菜粕中的蛋白质含量中等，为 36% 左右。菜籽饼、粕的碳水化合物不是容易消化的淀粉，故代谢能水平低，影响菜籽饼代谢能水平低的根本原因是菜籽籽实的壳。菜粕所含的磷利用率较高，含硒量是常用植物饲料中最高者。

①菜粕的营养特征。菜粕中的氨基酸组成特点是蛋氨酸含量较高，赖氨酸含量居中。菜籽饼、粕中氨基酸组成的另一个特点是精氨酸含量低，是所有饼、粕类饲料中精氨酸含量最低者。从赖氨酸与精氨酸的比值看，赖氨酸与精氨酸之比为 100∶100 左右。而在所有其他饼粕饲料中，都是精氨酸含量远远超过赖氨酸，因而菜籽饼、粕与棉仁饼、粕配伍，可以改善赖氨酸与精氨酸的比例关系。

②菜粕的抗营养因子。a.芥子碱。芥子碱是芥子酸和胆碱作用生成的酯类物质。芥子

碱易发生非酸催化的水解反应,生成芥子酸和胆碱。芥子碱是菜籽粕产生苦味的主要原因之一。一般菜籽油中含芥子酸20%~40%,低芥子酸品种的菜籽中,其含量占油量的5%以下。b.硫代葡萄糖苷与芥子酶。硫代葡萄糖苷在芥子酶作用下水解成具有不同生理功能的活性物质,包括硫代噁唑烷硫酮及异硫氰酸盐。噁唑烷硫酮是一种水溶性物质,对甲状腺毒害最大。c.单宁。单宁是水溶性多酚类物质。单宁进入动物体内可以和消化酶等结合,使消化酶活性降低,从而影响蛋白质的利用率。

③菜粕验收指标。a.水分≤12.0%,粗蛋白质≥36%,粗纤维≤14.0%,粗脂肪≤2.0%,粗灰分≤8.0%。b.本品为均匀一致的黄褐色或暗浅咖啡或深咖啡色,颜色随菜籽颜色不同而变化。c.一般营养指标:粗蛋白质36%,赖氨酸1.3%,蛋氨酸0.63%,消化能2 533 kcal/kg,代谢能1 770 kcal/kg,钙0.65%,有效磷0.35%。

(4)花生粕　花生粕是花生籽经提取油脂后的产品。花生粕中的蛋白质含量高,为45%左右。脱壳后脱油的花生仁饼、粕营养价值高。国外规定,凡粗纤维含量不超过7%者,为脱壳的花生仁饼、粕;我国分析材料的统计,花生仁饼、粕的粗纤维含量为5.3%。

①花生粕的营养特征。a.花生粕的蛋白质含量高,可达48%以上,但氨基酸组成不佳,赖氨酸含量和蛋氨酸含量都很低。花生粕的精氨酸含量高达5.2%,是所有动、植物饲料中的最高者。饲喂家禽必须与含精氨酸少的菜籽粕、鱼粉、血粉等配伍。b.花生粕的代谢能是饼粕类饲料中能量水平最高的。c.花生仁饼、粕的适口性极好,有香味。d.花生仁饼、粕中含有抗胰蛋白酶因子,在加工制作花生仁饼、粕时,用120 ℃的温度加热,可破坏其中的抗营养因子,但温度太高时,氨基酸遭受破坏。e.花生仁饼、粕很易感染黄曲霉菌而产生黄曲霉毒素,黄曲霉毒素种类较多,其中毒性最大的是黄曲霉毒素B$_1$。

②花生粕验收指标。a.水分≤12.0%,粗蛋白质≥47%,粗纤维≤7.0%,粗脂肪≤2.0%,粗灰分≤6.0%。b.本品为均匀一致的淡褐色或深褐色。c.一般营养指标:粗蛋白质47%,赖氨酸1.4%,蛋氨酸0.4%,消化能2 970 kcal/kg,代谢能2 600 kcal/kg,钙0.27%,有效磷0.32%。

(5)玉米蛋白粉　玉米蛋白粉是玉米籽粒经医药工业生产淀粉或酿酒工业提醇后的副产品。其蛋白质营养成分丰富,并具有特殊的味道和色泽,可用作饲料,与饲料工业常用的鱼粉、豆饼比较,资源优势明显,饲用价值高,不含有毒有害物质,不需进行再处理,可直接用作蛋白原料。玉米蛋白粉作为饲料可开发的优势还在于工业化规模产量在扩大,产品的抗营养因子含量少,潜在的开发性大,饲料的安全性能好。因此,玉米蛋白粉具有很广阔的生产前景。

①玉米蛋白粉的营养特征。a.玉米蛋白粉的蛋氨酸含量很高,可与相同蛋白质含量的鱼粉相当,但赖氨酸和色氨酸含量严重不足,不及相同蛋白质含量鱼粉的1/4,且精氨酸含量较高。b.由黄玉米制成的玉米蛋白粉含有很高的类胡萝卜素,其中主要是叶黄素和玉米黄素,其叶黄素含量是普通玉米的15~20倍,是很好的着色剂。c.玉米蛋白粉含维生素(特别是水溶性维生素)和矿物元素(除铁外)较少。d.总的说来,玉米蛋白粉属高蛋白高能饲料,蛋白质消化率和可利用能值高,适用于猪、禽、鱼等动物,尤其是用于鸡饲料中,既可节约蛋氨酸添加量,又能改善蛋黄和皮肤的着色。

②玉米蛋白粉的掺假。建议作氨基酸分析,因为玉米蛋白粉的掺假技术很"成熟",在玉米蛋白还没干燥之前就可以加入填充物。根据买方的检验习惯,非蛋白氮加入情况是变化的。如果买方只测粗蛋白质,那么加尿素即可;如果要测"真蛋白"(用水洗),则加脲醛聚合

物（"蛋白精"不溶于水）。玉米蛋白粉的氨基酸总和与鱼粉不同。鱼粉的氨基酸总量达粗蛋白质含量的 90% 即可认为合格。而大多数实验室测玉米蛋白粉的氨基酸总量要高于粗蛋白质数值很多。例如粗蛋白质含量为 60% 的玉米蛋白粉，其氨基酸总量可以达到 64%。

③玉米蛋白粉验收指标。水分≤12.0%，粗蛋白质≥50%，粗纤维≤6.0%，粗脂肪≤4.0%，粗灰分≤4.0%，真蛋白质比率≥80%，氨基酸总量≥40。

（6）鱼粉　鱼粉是用整只未切割的全鱼或鱼、虾、蟹等水产品加工下脚料——鱼头、尾、内脏等为原料，经干燥脱脂、粉碎或先经蒸煮、压榨、干燥、粉碎制作而成。就制造方法而言，间接加热优于直接加热；就原料而言，全鱼所制者优于杂鱼所制者；就鲜度而言，在船上制造的比在陆上制造的好，另外鱼的大小阶段、产卵期等均影响鱼粉成分。

国内市场销售的鱼粉按原料不同，大致可分为 4 类：以小杂鱼干磨碎而成的鱼干粉；以鱼类下脚料（如鳗鱼）加工的下杂鱼粉；以红肉鱼类（鲲、鲭、沙丁鱼）加工的红鱼粉，其中又分为直火烘干和蒸汽干燥；以白肉鱼类等生产的白鱼粉，其中分为岸上和工船加工。

①鱼粉的感官指标。a.颜色。纯鱼粉一般为黄棕色或黄褐色，也有少量的白鱼粉，灰白鱼粉等依鱼品而有差别。鱼粉贮存不良时，表面便出现黄褐色的油脂，味变涩，无法消化。b.味道。具有烹烤过的鱼香味，并稍带鱼油味。进口鱼粉因在船舱中长期运输，鱼粉所含的磷量高，容易引起自燃，所造成的烟或高温使鱼粉呈烧焦状态。另外，鱼粉在加工过程中，温度过高，也产生焦煳味，鸡食后容易引起食滞，检验时需多加注意，如有此味，可拒收。鱼粉应具有新鲜的外观，不可有酸败、氨臭等腐败味。c.形状。鱼粉为粉状，含磷片、鱼骨等，处理良好的鱼粉均有可见的肉丝。

②鱼粉盐分含量。鱼粉中的含盐量，实际包括 NaCl、$CaCl_2$ 等所有可溶性氯化物的总量。$CaCl_2$ 有强烈的刺激作用，易引起组织坏死，在碱性肠液中形成磷酸钙及碳酸钙沉淀，可致便秘。$MgCl_2$ 在体内较难吸收，并极易排泄，在肠道中部分变成碳酸氢镁后，可造成肠道内的高渗环境吸收大量水分，发生致泻。此外，高浓度的 Ca^{2+} 与 Mg^{2+} 在消化道或血液体浆内有竞争性拮抗作用。规定含盐量一般应控制在 4% 以下。

③鱼粉的营养特征。a.蛋白质。鱼粉的蛋白质含量高、品质好。鱼粉的蛋白质含量可高达 60%，赖氨酸和蛋氨酸含量高，而精氨酸含量较少，适于同其他饲料配伍。b.能量。鱼粉是高能量饲料，没有纤维素和木质素等难消化和不消化的物质，与植物饲料不同，它的可利用能量水平的高低确定于粗脂肪和粗灰分的含量。在粗脂肪含量合格（含量不过高）的情况下，全鱼粉的代谢能水平为 2 800 ~ 3 000 kcal/kg。因而，用鱼粉易配成高能日粮。c.矿物质。鱼粉的钙、磷含量较好，所有的磷都是可利用磷（有效磷）。含硒、锌高，还含有砷。d.维生素。鱼粉含有维生素 B_{12}，这是所有植物性饲料中都没有的。鱼粉的一些其他 B 族维生素如核黄素、生物素等含量较高。脂溶性维生素易受加工条件影响。e.未知生长因子。这种物质可改进动物的生长。

④使用中要注意的问题。a.用量过多猪肉易变软，成软脂肉，并形成鱼臭。一般仔猪饲料中添加量以不超过 10% 为原则。b.存放过久的鱼粉处理不当可含较多的沙门氏菌。c.选择白鱼粉或蒸汽烘干鱼粉。d.选择红鱼粉时要注意控制组胺、酸价等指标在正常范围内。e.品质优良的鱼粉蛋白一般在 60% 以上，消化率应超过 93%；脂肪在 7% 左右；游离脂肪酸

超过10%,则不新鲜;盐分须低于3%~4%。

⑤鱼粉掺假鉴别。a. 视觉法。观察鱼粉的形状、色泽及有无杂物。掺杂尿素、盐,有白色的亮晶晶的小颗粒;掺杂棉粕、菜粕的有黑色的壳和棉絮。标准鱼粉一般为颗粒大小均匀一致,稍显油腻的粉状物,可见到大量疏松粉的鱼肌纤维以及少量的骨刺、鱼鳞、鱼眼等成分;颜色均一,呈浅黄、黄棕或黄褐色;以手握之有疏松感,不结块,不发黏,不成团;煳焦的鱼粉发黑,掺有血粉有暗红色或黑色的粉状颗粒。加热过度或含油脂高者,颜色加深。如果鱼粉色深偏黑红,外观失去光泽,闻之有焦煳味,为储藏不当引起自燃的烧焦鱼粉。如果鱼粉表面深褐色,有油臭味,是脂肪氧化的结果。如果鱼粉有氨臭味,可能是贮藏中脂肪变性。如果色泽灰白或灰黄,腥味较浓,光泽不强,纤维状物较多,粗看似灰渣,易结块,粉状颗粒较细且多成小团,触摸易粉碎,不见或少见鱼肌纤维,则为掺假鱼粉,需要进一步检验。b. 水溶法(或酒精溶解)。将试样2~4 g加水4倍,搅拌后静止几分钟,一般麦麸、花生壳粉浮在上面,而鱼粉沉入水底,如鱼粉中混有河沙时,轻轻搅拌后,鱼粉稍浮起旋转,而混沙则沉在底部而稍旋转。若是优质鱼粉加入水中,则上无漂浮物,下无泥沙,水较透明;若为劣质鱼粉,加入水后上有漂浮物,如糠麸、草粉等,下有沉淀物,且水混浊。c. 分析化验。水分越低越好,但7%以下则有过热之嫌,胃蛋白酶消化率低,利用率亦差,且含有肌胃糜烂素的可能性亦大。粗脂肪含量宜低,超过15%的鱼粉已不宜作饲料用,因含油量多表示其加工不良或原料不新鲜,且产品贮存不易。粗蛋白质含量的高低并不全然代表品质的优劣,但不失为判断指标,一般全鱼鱼粉的蛋白质含量为63%~70%,太低可能属下杂鱼所致,太高则可能掺伪或劣质鱼(如鲨鱼等)所制。灰分高即骨多肉少,反之则骨少肉多,钙、磷比例应一定,钙含量高可能加入廉价钙源,灰分20%以上可能非全鱼所制。胃蛋白酶消化率是评价蛋白质的重要依据。此法简易可行,正常消化率应在90%以上,否则可能加入皮革、羽毛粉等高蛋白质物质。

(7)肉骨粉　肉骨粉是从哺乳动物组织包括骨头中提取的产品,其他不含任何添加的血液、毛发、蹄、角、皮的剪屑、粪便、胃和瘤胃内容物,除非在加工过程中,可能会不可避免地出现含有某些数量的情况。它最低含磷量4.0%,钙含量不超过实际磷含量的2.2倍。其中胃蛋白酶难以消化的残渣不超过12%,胃蛋白酶难以消化产品中的粗蛋白不超过9%。肉骨粉含磷量超过4.4%。肉粉含磷量低于4.4%,是含骨较少的产品。

①肉骨粉的营养特征。肉骨粉营养成分因原料、加工方法、掺杂物及贮存期间的变化等而有较大差别。原料中骨及结缔组织量大则蛋白质含量低,且利用率低,而含有较多血、蹄角及毛发等物的原料生产出的肉骨粉,虽蛋白质含量高,但利用率低。一般肉骨粉粗蛋白质含量为50%~60%,赖氨酸含量高,蛋氨酸、色氨酸含量低。氨基酸利用率变化大,易因加热过度而不易被动物吸收。含有较多的维生素B,维生素A和维生素D较少。钙、磷含量高,磷为可利用磷。尤其原料中含骨骼多时,磷的含量亦多。

②肉骨粉的利用。a. 鸡。肉骨粉可当家禽饲料的蛋白质及钙、磷来源,但饲养价值比不上鱼粉和豆粕。因品质稳定性差,以使用4%以下为宜,并补充氨基酸及调整日粮钙、磷水平。品质明显低劣切勿用。b. 猪。用量以5%以下为宜,一般多用于肉猪与种猪饲料,仔猪避免使用。c. 反刍动物。禁止使用。d. 水产动物。因消化利用性差,以3%以下为宜。

③肉骨粉的指标。赖氨酸2.4%,蛋氨酸0.6%,粗蛋白质50%,消化能2 830 kcal/kg,代谢能2 380 kcal/kg,钙9.2%,有效磷4.7%。

6）矿物质饲料

矿物质饲料包括天然的和工业合成的单一矿物质饲料、多种矿物质混合的矿物质饲料，以及加有载体或稀释剂的矿物质添加剂预混料，如食盐、石粉、硫酸铜等。

（1）含钠饲料 主要有氯化钠、碳酸氢钠和硫酸钠。

氯化钠（NaCl）：钠 $> 39\%$，氯 $> 60\%$，水分 $< 0.5\%$。一般鸡饲料中供盐 $0.25\% \sim 0.3\%$，猪饲料 $0.3\% \sim 0.6\%$，牛饲料 $0.6\% \sim 1.2\%$。食盐超量会中毒，适当加大食盐量并供给充足水分，可控制啄羽。

碳酸氢钠（$NaHCO_3$）：在鸡日粮中添加碳酸氢钠，添加量 0.2%，可减少鸡肌胃糜烂症、脚趾异常和胸部炎症的发病率，缓解因热应激引起的蛋壳质量下降。反刍动物中使用本品，补钠且起缓冲作用，调整瘤胃 pH 值，添加量为 $0.5\% \sim 2\%$。一般饲料中缺钠而不缺氯，加小苏打补充钠调节电解质平衡。

添加碳酸氢钠的注意事项：a. 注意适当减少食盐的添加量。碳酸氢钠和食盐均补充钠离子，为了保持适宜的电子平衡值，添加碳酸氢钠后应减少食盐添加量。b. 注意碳酸氢钠的添加量。添加碳酸氢钠一般不会产生中毒，但也不是越多越好，一方面因为成本，另一方面也因为各种动物不同生长阶段的适宜电解质平衡值不同，所需补加的碳酸氢钠量也就不一样。c. 注意碳酸氢钠的不稳定性。碳酸氢钠不很稳定，在潮湿的环境中易分解，不宜久置，最好随拌随喂。

硫酸钠（Na_2SO_4）：俗名"无水芒硝"（十水硫酸钠又名芒硝）。内服小剂量时，能轻度刺激消化道黏膜，加强胃的分泌与运动，故有健胃作用。马、牛用 $15 \sim 30$ g，猪、羊用 $3 \sim 10$ g；内服大剂量时，难被肠壁吸收，并在肠内保持大量水分，增加肠内容积，软化粪块，有利于排粪和下泻，常用于大肠便秘；用于禽料中，防止啄羽。

（2）含钙饲料

①石粉。外观淡灰色至白色，钙含量 $> 37\%$，注意：应测镁含量，镁含量过高（$> 2\%$）则影响钙的吸收，因此钙含量低则该石粉不能用；色泽浅者品质较好。

②贝壳粉。钙含量 33%。应用于蛋鸡料。

（3）含磷饲料

①饲料级磷酸钙盐的分类。磷酸氢钙（$CaHPO_4 \cdot 2H_2O$）、磷酸二氢钙 $[Ca(H_2PO_4)_2 \cdot H_2O]$、磷酸三钙 $[Ca_3(PO_4)_2]$ 等。

②磷酸氢钙的掺假。a. 饲料级磷酸氢钙为白色或灰白色粉末或微粒，细度均匀，手感柔软。容重为 $905 \sim 930$ g/L，超出此范围者应进行质检。b. 当前常见磷酸氢钙的掺假物有石粉、砂、高氟磷酸三钙和高氟磷酸一钙，农用过磷酸钙、磷矿石粉加硫酸混合物、石粉加磷酸混合物等。由于这些产品有时钙磷和氟含量较高，故危害性较大。c. 磷酸根离子。取试样 0.5 g 于表面皿中，加 5% 硝酸银溶液浸湿，即呈黄色，证明有磷酸根存在，视为正品；无此反应，说明被检样不是磷酸氢钙。d. 取样品 $1 \sim 2$ g，加稀 HCl $5 \sim 10$ mL，轻摇，即产生激烈反应，并产生气泡，再加入 $5 \sim 10$ mL HCl，样品完全溶解，溶液呈亮黄色，即可判定为劣质产品。反应越激烈，产生的气泡越多，说明掺入的石粉越多。

③骨粉。饲料用一级骨粉的理化指标：钙 $\geqslant 25\%$，磷 $\geqslant 13\%$，钙 $< 20\%$。磷 $< 10\%$ 者为等外品。

（4）含铜饲料　含铜饲料主要产品是五水硫酸铜（$CuSO_4 \cdot 5H_2O$）。深蓝色块状大结晶或蓝色结晶粉末。有毒。有金属涩味。溶于水及氨水，微溶于甲醇，不溶于无水乙醇，水溶液呈弱酸性反应。加热至45℃失去2个结晶水，至110℃失去4个结晶水，至250℃以上则失去全部水，变成白色无水硫酸铜。杂质及游离硫酸含量不可太高，长期贮存易产生结块现象。铜会促进不稳定脂肪氧化而造成酸败，同时破坏维生素，配制时应注意。本品操作时应避免眼、皮肤的接触及吸入体内。

（5）含铁饲料　含铁饲料主要产品是硫酸亚铁、富马酸亚铁。

含铁饲料应用过程中应注意以下几个问题：a. 饲料用硫酸亚铁应干燥为含1个结晶水为最好。b. 国内目前生产的微量元素添加剂预混料，所用的载体和稀释剂绝大多数是石灰石粉。而石灰石粉（碳酸钙）的化学稳定性很差，易与硫酸亚铁发生化学反应，将二价铁转变为三价铁，因此，石灰石粉不宜作为含亚铁微量元素预混料的载体或稀释剂。c. 硫酸亚铁作为棉籽饼的减毒剂，仍是目前最为有效可靠的方法。棉籽饼中含有游离棉酚和结合棉酚，由于硫酸亚铁的亚铁离子可与游离棉酚螯合，形成难以被动物吸收的复合物，从而可以减轻和消除其毒性。亚铁离子与游离棉酚螯合时约为1∶1的比例，因$FeSO_4 \cdot 7H_2O$分子的亚铁含量为20.1%，所以按游离棉酚含量5倍质量添加硫酸亚铁，即可收到减轻毒性的效果。例如，目前绝大多数预浸出的棉籽粕中游离棉酚。d. 含量为0.12%的棉酚，这样1 kg棉粕就须均匀加入6 g $FeSO_4 \cdot 7H_2O$。

（6）含锰饲料　含锰饲料主要是一水硫酸锰（$MnSO_4 \cdot H_2O$）。白色或淡红色，溶于水。根据其在水中溶解度的高低，可简易判断其质量的优劣。水溶性差的为非正常产品。高温多湿环境下，贮存太久会有结块现象。

（7）含锌饲料　含锌饲料主要产品有氧化锌、硫酸锌等。

氧化锌：白色晶体或粉末，溶于酸碱，不溶于水。质轻且呈膨松状者品质较低，可能含铅量高。同时氧化锌价格高，掺假多。用稀盐酸滴定，剧烈冒泡者掺有石粉。

硫酸锌：白色结晶粉末，易溶于水。硫酸锌一般采用次氧化锌生产，市场上假冒产品很少见。大多数劣质产品采用铜镉渣生产，除杂又不完全，生产硫酸锌产品中镉含量常超标，甚至达1%以上。一水硫酸锌流散性优于七水硫酸锌，并且细度更细，作饲料混合均匀度更佳。

（8）含硒饲料　含硒饲料主要产品为亚硒酸钠。亚硒酸钠的制备采用王水（硝酸与盐酸混合液）与硒（二氧化硒等）反应，制成亚硒酸，再用氢氧化钠中和，使之生成亚硒酸钠。

亚硒酸钠为剧毒物，操作或接触时注意自身防护，严禁直接接触皮肤。本品纯度高，饲料中添加量2～6 g/t，直接使用很难保证均匀度和分散度，故一般均制成1%或5%预混剂后使用。

（9）含碘饲料　含碘饲料主要产品为碘化钾。本品纯度高，饲料中添加量少，直接使用很难保证均匀度和分散度，故一般均制成1%或5%预混剂后使用。

（10）含钴饲料　含钴饲料目前使用较多的是氯化钴和硫酸钴。

氯化钴（$CoCl_2 \cdot 6H_2O$），含钴24.3%，红色或红紫色结晶。氯化钴纯度高，饲料中添加量2～6 g/t，直接使用很难保证均匀度和分散度，故一般均制成1%或5%预混剂后使用。

7）维生素饲料

维生素饲料指工业合成或提纯的单一或复合维生素，但不包括某种维生素含量较多的天然饲料,如胡萝卜。

8) 饲料添加剂

饲料添加剂是为了利于饲料的消化吸收,改善饲料品质,促进动物生长和繁殖,保障动物健康而在配合饲料中添加的各种少量或微量成分,包括营养性添加剂(氨基酸、矿物质和维生素等)和非营养性添加剂(如各种抗生素、抗氧化剂、防霉剂、黏结剂、着色剂、增味剂以及保健与代谢调节药物等),主要指非营养性添加剂。饲料添加剂是为了保证或改善饲料品质,促进饲养动物生产,保障饲养动物健康,提高饲料利用率而掺入饲料的少量和微量物质。

任务 1.3　饲料产品质量指标

1.3.1　饲料产品质量主要指标

1) 感官指标

感官标准是对饲料原料或成品的色泽、气味、外观性状等所做的规定。饲料感官指标通过感官检验(或借助放大镜等)而获得。饲料感官指标受饲料来源、组成(配方)、加工技术、贮藏条件、掺假等因素影响。感官指标一般要求:饲料色泽一致,无异味,无臭,无结块、发霉、发酵变质,无杂质。

2) 水分

饲料水分关系到饲料的贮藏性能及营养成分含量等。因此饲料质量指标必须规定水分含量。饲料水分含量是指饲料在 100~105 ℃烘干至恒重所失去的质量占饲料总重的百分比。

3) 营养成分指标

营养成分指标是对饲料原料或成品的营养成分含量或营养价值做的规定。通常包括饲料的可利用能量、粗蛋白、粗脂肪、粗纤维、粗灰分、钙、磷、食盐、必需氨基酸、维生素、微量元素等。饲料营养成分指标受饲料来源、组成(配方)、加工技术、贮藏等因素影响。

4) 加工质量指标

加工质量指标是对饲料原料或成品粒度、混合均匀度、糊化度等所做的规定。

①粒度。粒度是指饲料原料或成品的粗细程度。饲料粉碎粒度测定通常用两层筛筛分法测定。

②混合均匀度。混合均匀度是指饲料产品中各组分分布的均匀程度。用变异系数 CV 表示。变异系数越大,混合均匀度越低。一般采用甲基紫法测定混合均匀度。

③颗粒饲料粉化率。颗粒饲料粉化率是指颗粒饲料在特定测试条件下,产生的粉末质量占其总质量的百分比。

④颗粒饲料耐水性。颗粒饲料耐水性是指供水产动物食用的颗粒饲料在水中抗溶蚀的

能力。饲料的耐水性差,不仅会增加饲料成本,而且会污染水体,造成水产动物的疾病和死亡,因此颗粒饲料耐水性是水产饲料的一项重要加工指标。

⑤颗粒饲料硬度。颗粒饲料硬度是指颗粒饲料对外压力引起变形的抵抗力。它对动物采食和消化有一定影响。一般用硬度测定仪测定。

1.3.2 产品质量标准

饲料产品质量标准分国家标准、行业标准、地方标准和企业标准。相应标准规定其产品主要质量指标。

1.3.3 不同产品类别主要质量指标

根据饲料标签标准(GB 10648—2013)的规定,表1-2列出了不同类别产品主要质量指标。

表1-2 不同类别产品主要质量指标

序号	产品类别	产品主要质量指标	备　注
1	配合饲料	粗蛋白质、粗纤维、粗灰分、钙、总磷、氯化钠、水分、氨基酸	水产配合饲料还应标明粗脂肪,可以不标明氯化钠和钙
2	浓缩饲料	粗蛋白质、粗纤维、粗灰分、钙、总磷、氯化钠、水分、氨基酸	
3	精料补充料	粗蛋白质、粗纤维、粗灰分、钙、总磷、氯化钠、水分,氨基酸	
4	复合预混合饲料	微量元素、维生素和(或)氨基酸及其他有效成分、水分	
5	微量元素预混合饲料	微量元素、水分	
6	维生素预混合饲料	维生素、水分	
7	饲料原料	《饲料原料目录》规定的强制性标识项目	动物源性蛋白质饲料增加粗脂肪、钙、总磷、食盐

注:序号1—6产品成分分析保证值项目中氨基酸、维生素及微量元素的具体种类应与产品所执行的质量标准一致。液态添加剂预混合饲料不需标示水分。

1.3.4 饲料产品卫生指标

在饲料原料和产品中要求必检项目有24个,详见饲料卫生标准(GB 13078—2017),详见表1-3。

与原标准相比,新标准扩大了各项目限量值的覆盖面并统一按饲料原料、添加剂预混合饲料、浓缩饲料、精料补充料、配合饲料的顺序列示,进一步细化了各项目在不同饲料原料和饲料产品(不同年龄和动物类别)中的限量水平。

表 1-3　饲料产品卫生指标

序号	卫生指标项目	产品名称	指标	备注
1	砷（以总 As 计）的允许量（每千克产品中）/mg	家禽、猪配合饲料	≤2.0	
		牛、羊精料补充料	≤10.0	
		猪、家禽浓缩饲料		
		猪、家禽添加剂预混合饲料		
2	铅（以 Pb 计）的允许量（每千克产品中）/mg	生长鸭、产蛋鸭、肉鸭配合饲料	≤5	
		鸡配合饲料、猪配合饲料		
		奶牛、肉牛精料补充料	≤8	
		产蛋鸡、肉用仔鸡浓缩饲料	≤13	以在配合饲料中 20% 的添加量计
		仔猪、生长肥育猪浓缩饲料		
		产蛋鸡、肉用仔鸡、仔猪、生长肥育猪复合预混合饲料	≤40	以在配合饲料中 1% 的添加量计
3	氟（以 F 计）的允许量（每千克产品中）/mg	肉用仔鸡、生长鸡配合饲料	≤250	
		产蛋鸡配合饲料	≤350	
		猪配合饲料	≤100	
		骨粉、肉骨粉	≤1 800	
		生长鸭、肉鸭配合饲料	≤200	
		产蛋鸭配合饲料	≤250	
		牛（奶牛、肉牛）精料补充料	≤50	
		猪、禽添加剂预混合饲料	≤1 000	
4	霉菌的允许量（每克产品中），霉菌数 × 10^3 个	鸭配合饲料	<35	
		猪、鸡配合饲料	<45	
		猪、鸡浓缩饲料		
		奶、肉牛精料补充料		
5	黄曲霉毒素 B_1 允许量（每千克产品中）/μg	仔猪配合饲料及浓缩饲料	≤10	
		生长肥育猪、种猪配合饲料及浓缩饲料	≤20	
		肉用仔鸡前期、雏鸡配合饲料及浓缩饲料	≤10	
		肉用仔鸡后期、生长鸡、产蛋鸡配合饲料及浓缩饲料	≤20	
		肉用仔鸭前期、雏鸭配合饲料及浓缩饲料	≤10	
		肉用仔鸭后期、生长鸭、产蛋鸭配合饲料及浓缩饲料	≤15	
		鹌鹑配合饲料及浓缩饲料	≤20	
		奶牛精料补充料	≤10	
		肉牛精料补充料	≤50	

续表

序号	卫生指标项目	产品名称	指 标	备 注
6	铬(以 Cr 计)的允许量(每千克产品中)/mg	鸡、猪配合饲料	≤10	
7	汞(以 Hg 计)的允许量(每千克产品中)/mg	鸡配合饲料,猪配合饲料	≤0.1	
8	镉(以 Cd 计)的允许量(每千克产品中)/mg	鸡配合饲料,猪配合饲料	≤0.5	
9	氰化物(以 HCN 计)的允许量(每千克产品中)/mg	鸡配合饲料,猪配合饲料	≤50	
10	亚硝酸盐(以 $NaNO_2$ 计)的允许量(每千克产品中)/mg	鸡配合饲料,猪配合饲料	≤15	
11	游离棉酚的允许量(每千克产品中)/mg	肉用仔鸡、生长鸡配合饲料	≤100	
		产蛋鸡配合饲料	≤20	
		生长肥育猪配合饲料	≤60	
12	异硫氰酸酯(以丙烯基异硫氰酸酯计)的允许量(每千克产品中)/mg	鸡配合饲料	≤500	
		生长肥育猪配合饲料		
13	噁唑烷硫酮的允许量(每千克产品中)/mg	肉用仔鸡、生长鸡配合饲料	≤1 000	
		产蛋鸡配合饲料	≤500	
14	六六六的允许量(每千克产品中)/mg	肉用仔鸡、生长鸡配合饲料	≤0.3	
		产蛋鸡配合饲料		
		生长肥育猪配合饲料	≤0.4	
15	滴滴涕的允许量(每千克产品中)/mg	鸡配合饲料、猪配合饲料	≤0.2	
16	沙门杆菌	饲料	不得检出	

注:1. 所列允许量均为以干物质含量为88%的饲料为基础计算;
　　2. 浓缩饲料、添加剂预混合饲料添加比例与本标准备注不同时,其卫生指标允许量可进行折算。

任务 1.4　设备图形符号

部分常用的饲料加工设备图形符号参照国标 GB/T 24352—2009,如图 1-1 所示。

设备名称	下料斗	地中衡	立浦筒仓	波纹筒仓
图形符号				
设备名称	缓冲斗	料位器	手动闸门	自动闸门（电动式）
图形符号		侧壁安装　顶部字装		
设备名称	手动三通	电动三通	旋转分配器	螺旋输送机
图形符号				
设备名称	刮板输送机	带式输送机	斗式提升机	吸尘罩
图形符号				
设备名称	风帽	接料器	离心集尘器	离心通风机
图形符号				

设备名称	脉冲布袋除尘器	组合脉冲除尘器	圆筒筛	粉料清理筛
图形符号				
设备名称	圆锥筛	栅筛	振动分级筛	分级方筛
图形符号				细粉 粗粉
设备名称	方形料仓	圆形料仓	篦式磁选器	永磁筒
图形符号				
设备名称	永磁滚筒	锤片粉碎机	螺旋喂料器	叶轮喂料器
图形符号				
设备名称	电子秤	螺带混合机	双轴桨叶混合机	环模制粒机
图形符号				

设备名称	湿法挤压机	逆流冷却机	双层冷却器	对辊破碎机
图形符号	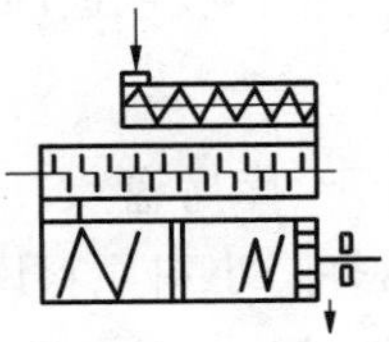	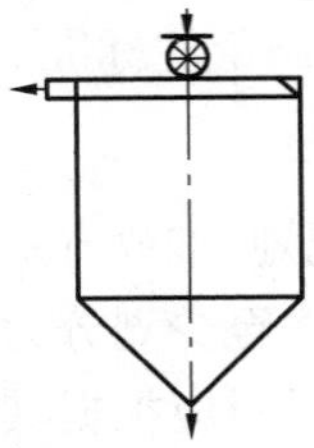	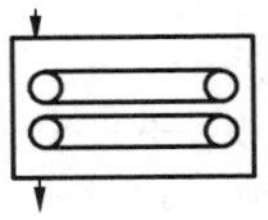	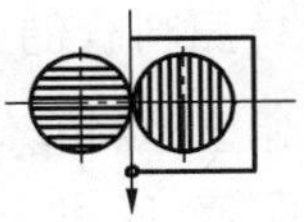

设备名称	灌包机	自动打包机	各种输送线	空压机
图形符号			YZ ZQ XF QS	

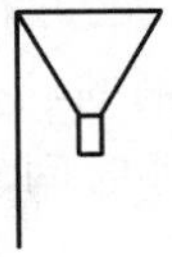

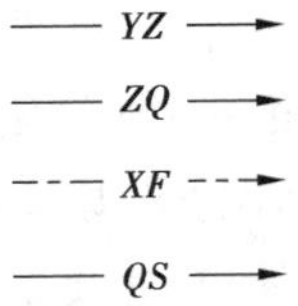

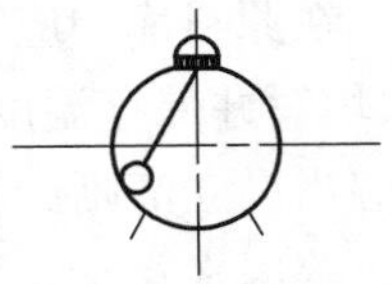

图 1-1　常用饲料加工设备图符号

任务 1.5　质量管理基础知识

为保障饲料产品质量,需要加强质量管理,根据《饲料和饲料添加剂管理条例》《饲料卫生标准》《饲料标签》和《饲料质量安全管理规范》,饲料质量安全管理主要包括原料质量管理、生产过程控制、产品留样、产品检验、产品运输和召回。

1.5.1　原料质量管理

1)原料的采购

原料主要包括饲料原料、单一饲料、饲料添加剂(包括混合型饲料添加剂)、药物饲料添加剂、添加剂预混合饲料和浓缩饲料。饲料原料应符合《饲料原料目录》的要求,饲料添加剂应符合《饲料添加剂品种目录》,饲料药物添加剂应符合《饲料药物添加剂目录》,新饲料、新饲料添加剂和进口饲料、进口饲料添加剂应符合农业部公告。

原料采购应选择合格的原料供应商,建立供应商评价和再评价制度,编制合格供应商目录,填写并保存供应商评价记录。

原料采购验收制度一般包括采购验收流程、查验要求、检验要求、原料验收标准、不合格原料处置、查验记录等内容。原料验收标准包括规定原料的通用名称、主成分指标验收值、卫生指标验收值等内容,卫生指标验收值应当符合有关法律法规和国家、行业标准的规定。

2)原料验收

原料验收应逐批对采购的原料进行检验。检验所有原料的厂家、标签、规格、日期等是否正确。应对原料的气味、颜色、异物、虫咬等感观项目进行初检并做好记录,同时进行取样。每种原料必须有供货商提供的化验分析报告。原料在收到后 24 h 内化验完毕,化验报告需填写营养成分指标、原料名称、收到原料的日期、供货商、数量、颜色等。所有原料应符合国家强制性标准《饲料卫生标准》或者企业制定的标准。原料不合格拒收或退回。

3)原料仓储保管

建立原料仓储保管制度,主要包括库位规划、堆放方式、垛位标示、库房盘点、环境要求、虫鼠防范、库房安全、出入库记录等。原料库房至少划分为大宗原料库、小料原料库、热敏物质原料库和药物添加剂原料库。各原料库的原料应根据其特性合理堆放,实行"一垛一卡",每个垛位之间应有合理的间距和垛高。垛位卡应标明原料名称、供应商名称、垛位总量、已用数量、检验状态等信息,对待检的原料,垛位卡填写待检、合格、不合格。填写并保存出入库记录。

在原料库中应"一垛一卡",对维生素、微生物和酶制剂等热敏物质的贮存温度进行监控,填写并保存温度监控记录;危险化学品管理的亚硒酸钠等饲料添加剂的贮存间或者贮存柜应当设立清晰的警示标识,采用双人双锁管理;当根据原料种类、库存时间、保质期、气候变化等因素建立长期库存原料质量监控制度,填写并保存监控记录。

建立长期库存原料质量监控制度,质量监控制度应当规定监控方式、监控内容、监控频次、异常情况界定、处置方式、处置权限、监控记录等内容。加强对热敏原料、危险化学品类饲料添加剂、药物饲料添加剂、立筒仓储原料和液体原料的仓储管理。

4)原料进货台账

建立并保存原料进货台账记录,记录主要包括原料通用名称及商品名称、生产企业或者供货者名称、联系方式、产地、数量、生产日期、保质期、查验或者检验信息、进货日期、经办人等信息,台账保存期限至少 2 年。

1.5.2 生产过程控制

1)工艺设计文件与生产工艺参数

制定产品工艺设计文件,设定生产工艺参数。工艺设计文件包括生产工艺流程图、工艺说明和生产设备清单等内容。生产工艺应当至少设定粉碎工艺设定筛片孔径,混合工艺设定混合时间,制粒工艺设定调质温度、蒸汽压力、环模规格、环模长径比、分级筛筛网孔径,膨化工艺设定调质温度、模板孔径等参数。

2)岗位操作规程

根据产品实际工艺流程,制定小料配料岗位操作规程、小料预混合岗位操作规程、小料投料与复核岗位操作规程、大料投料岗位操作规程、粉碎岗位操作规程、中控岗位操作规程、制粒岗位操作规程、膨化岗位操作规程、包装岗位操作规程、生产线清洗操作规程等岗位操作规程。

3)生产记录

根据实际工艺流程,制定小料原料领取记录、小料配料记录、小料预混合记录、小料投与复核记录、大料投料记录、粉碎作业记录、大料配料记录、中控作业记录、制粒作业记录、膨化作业记录、包装作业记录、标签领用记录、生产线清洗记录、清洗料使用记录等。

4）交叉污染和外来污染

防止产品生产交叉污染,按照"无药物的在先、有药物的在后"原则制订生产计划;生产含有药物饲料添加剂的产品后,生产不含药物饲料添加剂或者改变所用药物饲料添加剂品种的产品的,应当对生产线进行清洗;清洗料回用的,应当明确标识并回置于同品种产品中。

明确标识盛放饲料添加剂、药物饲料添加剂、添加剂预混合饲料、含有药物饲料添加剂的产品及其中间产品的器具或者包装物,不得交叉混用。设备应当定期清理,及时清除残存料、粉尘积垢等残留物。

防止产品外来污染,生产车间应当配备防鼠、防鸟等设施,地面平整,无污垢积存;生产现场的原料、中间产品、返工料、清洗料、不合格品等应当分类存放,清晰标识;保持生产现场清洁,及时清理杂物;按照产品说明书规范使用润滑油、清洗剂;不得使用易碎、易断裂、易生锈的器具作为称量或者盛放用具;不得在饲料生产过程中进行维修、焊接、气割等作业。

5）产品配方和标签

建立配方管理制度,规定配方的设计、审核、批准、更改、传递、使用等内容。企业应当建立产品标签管理制度,规定标签的设计、审核、保管、使用、销毁等内容。产品标签应当专库存放,专人管理。

6）产品混合均匀度

根据产品混合均匀度要求,确定产品的最佳混合时间,填写并保存最佳混合时间实验记录。实验记录应当包括混合机编号、混合物料名称、混合次数、混合时间、检验结果、最佳混合时间、检验日期、检验人等信息。企业应当每6个月按照产品类别进行至少1次混合均匀度验证,填写并保存混合均匀度验证记录。验证记录应当包括产品名称、混合机编号、混合时间、检验方法、检验结果、验证结论、检验日期、检验人等信息。混合机发生故障经修复投入生产前,应当按照前款规定进行混合均匀度验证。生产配方中添加比例小于0.2%的原料进行预混合。

7）现场质量巡查

现场质量巡查是产品质量控制的基础工作,是保证产品质量的重要基础手段。建立现场质量巡查制度,主要包括巡查位点、巡查内容、巡查频次、异常情况界定、处置方式和处置权限以及巡查记录等内容。

1.5.3　产品留样

产品留样可追溯饲料产品质量,可观察保质期内产品质量的变化以及稳定情况,为产品保质期提供基本依据。固体样品一般留样不少于200 g,液体样品一般不少于200 mL。留样需做好留样标示、储存环境、观察内容、观察频次、异常情况界定处置方式与权限、到期样品处理、留样观察记录等方面的规定。

1.5.4　产品检验

产品检验人员和设备需满足饲料产品质量检验的要求,生产企业每周从其生产的产品中至少抽取 5 个批次的产品自行检验维生素预混合饲料 2 种以上维生素含量,微量元素预混合饲料 2 种以上微量元素含量,复合预混合饲料 2 种以上维生素和 2 种以上微量元素含量,浓缩饲料、配合饲料、精料补充料中粗蛋白质、粗灰分、钙、总磷的含量。主成分指标检验记录保存期限至少 2 年。产品出厂检验记录保存期限至少 2 年。

1.5.5　产品贮存、运输与召回

产品仓储应当规定库位规划、堆放方式、垛位标识、库房盘点、环境要求、虫鼠防范、库房安全、出入库记录等内容,填写并保存出入库记录;不同产品的垛位之间应当保持适当距离;不合格产品和过期产品应当隔离存放并有清晰标识。

产品运输车辆应清洁、无积水、车厢内无虫害迹象、干净、无污染。不得堆放其他化学品、辐射性物品、腐蚀性物品等,以免污染饲料产品。如使用罐装车运输饲料产品,应专车专用,避免交叉污染,随车附具产品标签和产品质量检验合格证。

产品在使用过程中,确认存在安全隐患时主动召回,防止缺陷产品给养殖动物、人身健康和生态环境造成危害。

 复习思考题

一、选择题

1.配合饲料按营养成分可分为添加剂预混合饲料、浓缩饲料、(　　　)和精料补充饲料。

A.粉状饲料　　　　　B.颗粒饲料　　　　　C.液体饲料　　　　　D.全价配合饲料

2.以下指标不属于饲料加工质量指标的是(　　　)。

A.粒度　　　　　　　　　　　　　　　　　B.水分

C.混合均匀度　　　　　　　　　　　　　　D.颗粒饲料硬度

二、简述题

1.《饲料卫生标准》(GB 13078—2017)要求饲料原料和产品中必检项目有哪些?

2.国际饲料分类法根据营养特性将饲料原料分为哪八类?并将每一类各例举 3~5 种原料。

项目 2　原料接收与清理

项目导读

　　配合饲料生产工艺主要包括原料接收和清理、粉碎、配料、混合、饲料成型、包装与贮藏 6 个工序。原料接收和清理是饲料生产的第一道工序，也是保证生产连续性和产品质量的基本工序。本项目主要介绍了输送设备（机械输送设备和气力输送设备）、接收设备（称重设备、地中衡、地坑、栅筛、料仓）和清理原料设备（清理和磁选设备）。

任务 2.1　输送设备与工艺

2.1.1　机械输送设备与工艺

1）带式输送机

（1）结构及特点

①结构。带式输送机是以输送胶带作为承载、输送物料的主要构件，是饲料厂常用的水平或倾斜的装卸输送机械，可输送粉状、粒状、块状和袋装物料。带式输送机的主要组成部分如图 2-1 所示。除输送胶带外，主要部件是驱动滚轮、托轮、加料和卸料装置、张紧装置和传动装置等。物料由进料斗进入输送带上，被输送到输送机的另一端。若需在输送带的中间部位卸料，需设置卸料小车。

　　带式输送机按其使用特点分为固定式和移动式两类：移动式主要用来完成物料装卸工作，固定式主要用来完成固定输送线上的物料输送任务。

　　输送带通常用橡胶带，一般常用的是普通型和轻型，其规格尺寸可查国家标准。对于饲料厂，由于它的原料和成品的容重一般小于 1 t/m³，故可采用轻型橡胶带；在倾斜输送时，可采用花纹型的橡胶带。其宽度一般为 300、400、500、650、800、1 000 mm 等。其配套的滚筒宽度应比橡胶带的宽度大 100 ~ 120 mm，橡胶带层数一般以 3 ~ 5 层为宜，输送长度可达 30 ~ 40 m，其传动效率为 0.94 ~ 0.98。

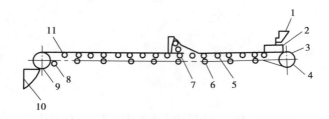

图 2-1 带式输送机的主要组成部分

1—加料斗；2—给料机；3—被动滚筒；4—张紧装置；5—上托轮；6—下托轮；
7—中间卸料器；8—张紧滚筒；9—驱动滚筒；10—卸料溜槽；11—胶带

②特点。带式输送机的主要优点是结构简单、工作平稳可靠、操作维护方便、噪声小、不损伤被输送物料、物料残留量少，在整个长度上都可以装料，输送量大、能耗低。缺点是难以密封，输送粉料时易起粉尘。

（2）选用及维护

①选用 主要根据输送物料性质、生产率、输送距离等要求来选用胶带输送机。一般对成型后的颗粒饲料和膨化饲料，可选用水平形式的带式输送机，在制成品打包处可选用槽形托辊带式输送机。袋装原料向库房输送，可选用移动式带式输送机。输送形式确定后，根据生产率来确定所需的带宽、输送长度、输送速度，选择相应型号的胶带输送机。

②使用与操作

a.开启前应先检查胶带松紧程度。胶带过松下垂，会发生物料抛撒，胶带打滑空转，胶带过紧，会影响胶带接头处强度。

b.胶带输送机要求空载启动，以降低启动阻力。待运转正常后，再开始给料，停机时，应先停止给料，待机上的物料输送完毕，再关闭电动机，并切断电源。如有几台输送机串联工作，开机的顺序是由后往前，最后开第一台输送机，停机的顺序正好相反。

c.胶带输送机的进料必须控制均匀，投料应在胶带中部。

d.要防止进料斗导料槽板与胶带直接接触，以致胶带表面磨损。

③维护 输送机工作时，应空载启动，这样可减小牵引阻力，减轻带与带的摩擦和磨损。工作中，应注意检查胶带与托辊的运转情况，如胶带出现过松、托辊出现不转动等情况，应停机检查，排出障碍。胶带要保持清洁，避免与油脂类物料接触。输送机要控制好均匀进料，避免超载运行。中部卸料时，尽量减少导料滑板与胶带的接触，以减轻磨损。工作停止时，应将输送带上的物料输送完毕再停机。平时应定期对输送机的转动零部件进行保养润滑；调整好托辊位置，防止胶带跑偏；调整好胶带张紧力，防止胶带打滑。带式输送机故障及排出方法见表 2-1。

表 2-1 带式输送机常见故障及排除方法

故障现象	产生原因	排除方法
皮带打滑	1. 初张力太小	1. 调整拉紧装置,加大初张力
	2. 传动滚轮与输送带间的摩擦力不够	2. 在滚筒上加些香沫
	3. 滚筒轴承或托辊轴承损坏	3. 更换轴承
	4. 启动速度太快	4. 慢速启动
	5. 输送带负荷超过电机能力	5. 调整负荷

续表

故障现象	产生原因	排除方法
跑偏	安装精度不够	1. 调整托辊组的位置
		2. 安装调心托辊组
		3. 调整驱动滚筒与改向滚筒位置
		4. 张紧处的调整
		5. 用挡料板阻挡物料,改变物料的下落方向和位置
撒料	1. 转载点处的撒料	1. 控制输送能力上,加强维护保养
	2. 凹段皮带悬空时的撒料	2. 在设计时应尽可能采用较大的凹段曲率半径或者在胶带机凹弧处增加压带装置
	3. 跑偏时的撒料	3. 调整胶带的跑偏
胶带使用寿命较短	1. 胶带的使用状况不当	1. 保证清扫器的可靠好用,回程带上应无物料
	2. 胶带的质量不理想	2. 选用优质胶带
托辊辊皮磨断	1. 托辊旋转阻力过大	1. 选择设计先进且旋转阻力优于国家标准的托辊
	2. 皮带清扫不干净	2. 设计先进的清扫托辊
	3. 托辊辊皮材料不耐磨	

2)刮板输送机

（1）结构及特点

①结构　刮板输送机(图 2-2)是利用装于牵引构件(链条或工程塑料)的刮板沿着固定的料槽拖带物料前进并在开口处卸料的输送设备。它主要由刮板链条、隔板、张紧装置、驱动轮、密封料槽和传动装置等组成。工作时,链条与安装在链条上的刮板被驱动轮带动,物料受到刮板链条在运动方向的推力,促使物料间的内摩擦力足以克服物料与槽壁的摩擦阻力,而使物料能以连续滚动的整体进行输送,达到从入料口进入物料沿料槽刮到出料口卸出的目的。它适合长距离输送大小均匀的块状、粒状和粉状物料。刮板输送有水平和倾斜两种基本输送形式。按刮板料槽形状又分为平槽[图 2-2(a)]和 U 形槽[图 2-2(b)]两种:前者主要用于输送粒料;后者为一种残留物自清式连续输送设备,主要用于配合饲料厂和预混合饲料厂输送粉料。

②特点　同胶带输送机相比,刮板输送机不需要众多的滚轮轴承和昂贵的橡胶带,具有结构简单、体积小等优点,其制作、安装、使用和维护都很方便。由于料槽密闭,物料不会飞扬,因而物料损耗小,工人劳动条件好。与输送量相同的其他类型输送机相比,料槽截面积小,占地面积也小,既可多点加料,也可多点卸料(最好一个点卸料)。由于料槽是

封闭的箱型,因此刚度大,不需要支承料槽的框架,当跨度大时,只设置简易支承台即可。U形刮板输送机因刮板和料槽为配合的弧形,且用抗磨性强的工程塑料制成,因此噪声低、残留物料极少,且使用寿命长。与螺旋输送机,特别是与气力输送机相比,功耗小。缺点是颗粒料在运送过程中易被挤碎,其破碎率为3%~5%,或对粉料压实成块引起浮链,料槽与刮板磨损较快。为了安全生产,配置流量控制装置及出口处设置防堵料位器或行程开关。

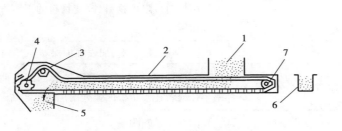

（a）刮板输送机（平槽） 　　　　　（b）自清刮板机断面（U形槽）

图2-2 刮板输送机

(a)1—加料口;2—链条刮板;3—张紧轮;4—驱动轮;5—卸料口;6—机壳;7—从动轮

(b)1,5—刮板;2—链条;3—托轮;4—中间轴;6—U形壳体

（2）选用及维护

①选用 一般用于刮板输送机进行输送的物料多为粒料、粉料及碎块料。黏性大的物料一般不采用刮板输送机。生产中可根据输送距离和输送量的要求查找有关资料,选择所需的刮板输送机的规格型号。

②使用与操作

a. 开启前应先检查电机运转方向是否正确、刮板链条有无异常。

b. 刮板输送机要求空载启动和空载停机。启动后先运转一定时间,待设备运转平稳后,再开始均匀加料。若在满载运输过程中发生紧急停机后再启动,必须先点动几次,或适量排除机槽内物料。

c. 若有数条输送机组合成一条输送线,启动时应先开动料流终端的一台,然后由后往前逐个开启,停机顺序则为由前往后。

③维修与保养

a. 要定期检查机器各部的情况,特别是刮板链条和驱动装置(如刮板严重变形或脱落、链条的开口销脱落等),使其处于完好无损状态。

b. 经常观察刮板链条松紧程度,随时调整。

c. 保证输送机上所有轴承和驱动部分的润滑程度,但刮板链条、支承导辊及头轮等部件不得涂抹润滑油。

d. 严防物料中铁件、大块硬物、杂物等混入输送机内,以免损伤设备或造成其他事故。如发生堵塞等现象,应停机检查排除。

e. 输送机运行中易发生断链、链条跑偏卡链等故障。通常超载、跑偏使牵引力过大,会发生断链;两链轮安装误差过大,会发生跑偏卡链;刮板角度不正,易发生浮链。

f. 一般情况下,刮板输送机一季度小修一次,半年中修一次,两年大修一次。

刮板输送机常见故障及排除方法见表 2-2。

表 2-2 刮板输送机常见故障及排除方法

故障现象	产生原因	排除方法
堵 塞	1.后续设备发生故障	1.关闭进料口,排除后续设备故障
	2.进料流量突然增加	2.清除入口处过多存料,控制流量
	3.传动设备故障	3.排除传动故障
机内发出异声	1.异物进入机内	1.停机处理,清除机内异物
	2.刮板与链条连接松动	2.停机,紧固
轴承发热	1.缺少润滑油(脂)	1.加够润滑油(脂)
	2.油孔堵塞,轴承内有脏物	2.疏通油孔,清除轴承内脏物
		3.更换新的轴承
		4.重新安装、调整
刮板链条跑偏	1.输送机安装不良 ①料槽不直线度过大 ②头尾轮不对中 ③轴承偏斜	1.检查、调整或重新安装
	2.料槽可能变形	2.斜槽整形
	3.张紧装置调整后尾轮偏斜	3.重新调整张紧轮
刮板拉弯断裂	1.料槽不平直	1.检查安装质量
	2.法兰处错位	2.检查安装质量
头轮和刮板链条齿合不良	1.头轮偏斜	1.检查调整
	2.料槽安装不对中	2.检查调整
	3.链条节距伸长	3.更换
	4.头轮轮齿磨损	4.修复或更换

3)螺旋输送机

（1）结构及特点

①结构 螺旋输送机(图 2-3)常称绞龙,是一种利用螺旋叶片(或桨叶)的旋转推动物料沿着料槽移动而完成水平、倾斜和垂直的输送任务。其工作原理是叶片在槽内旋转推动物料克服重力、对料槽的摩擦力等阻力而沿着料槽向前移动。对高倾角和垂直螺旋输送机(图 2-4),叶片要克服物料重力及离心力对槽壁所产生的摩擦力而使物料向上运移,为此后者必须具有较大的动力和较高的螺旋转速,故称它为快速螺旋输送机;前者螺旋转速较低,相应称为慢速螺旋输送机。将螺旋体做某些变形,有着不同作用,完成不同任务。如用作供料装置(螺旋供料器)、搅拌设备(立式混合机的垂直绞龙、卧式混合机的螺带等)、连续烘干设备、连续加压设备等。

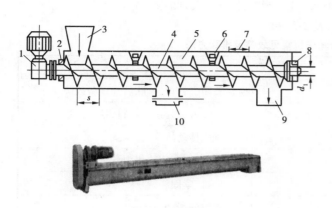

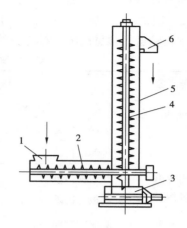

图 2-3　TLSS 水平螺旋输送机

1—驱动装置;2—首端轴承;3—装料斗;4—轴;
5—料槽;6—中间轴承;7—中间加料口;
8—末端轴承;9—末端卸料口;10—中间卸料口

图 2-4　垂直螺旋输送机

1—加料口;2—水平喂料螺旋;3—驱动装置;
4—垂直螺旋;5—机壳;6—卸料口

②特点　螺旋输送机的主要优点:结构简单,紧凑;安装灵活方便,适应性好;密封好,灰尘不外扬;可以多点进料和卸料;工艺布置简洁;在输送过程中,对物料有搅拌、混合和冷却作用。其主要缺点:由于物料与叶片、机壳有摩擦,动力消耗较大;搅拌和挤压对易碎物料有破碎作用;对过载反应敏感,杂质较多时易造成输送机堵塞。

（2）选用及维护

①选用　螺旋输送机选用时,应根据被输送物料的特性、输送距离、输送量以及工艺要求进行选择。螺旋输送机常用于短距离输送物料输送距离输送物料,输送距离一般在 20 m 以内,也可作倾斜角小于 20°的倾斜输送物料(垂直输送多选用斗式提升机)。它适宜输送不怕或不易被破碎的颗粒料和粉料。生产中,先根据生产率要求选螺旋直径,确定输送机其余参数,计算工作转速,进行验算。如不符合,应重新进行选择计算。输送机的长度可根据物料输送距离确定,进、出料口的大小、数目根据工艺要求设计。

②使用与操作

a. 进入螺旋输送机的物料,应先经过清理,除去大块杂质或纤维性杂质,以保证螺旋输送机的正常运转。

b. 螺旋输送机开启前,应先检查料槽内有无堵塞,特别是悬挂轴承处,应清理后空车启动。

c. 螺旋输送机正常工作时,必须将料槽内物料输送完毕后,方可关机。

③维修与保养

a. 在运转过程中,不得用手或其他物件深入槽内捞取物料,如发现大块杂质或纤维类杂质,必须立即停机处理。

b. 不得在螺旋输送机盖板上行走,以免盖板翻倒引发安全事故。

c. 各处轴承应经常检查润滑情况,防止缺油造成磨损。

d. 输送黏性、脂肪或水分含量高的物料时,要经常利用停机间隙,清除黏附在螺旋叶片、机壳和悬挂轴承上的黏附物,以免料槽容积减少阻力增加,使得电耗增加,输送量降低,甚至堵塞。

螺旋输送机常见故障与排除方法见表2-3。

表 2-3   螺旋输送机常见故障与排除方法

故障现象	原 因	排除方法
堵 塞	1.后续设备发生故障	1.关闭进料门,切断动力
	2.进机流量突然增加	2.打开出机溜管操作孔盖板,排除机内存料
	3.出机溜管异物堵塞	3.针对故障原因采取措施 ①排除后续故障 ②清除入口处过多的存料,控制进机流量 ③清除出机溜管异物
	4.传动设备故障	4.排除传动故障
机内发生异声	1.异物进入机内	1.停机处理
	2.螺旋叶片松动或脱落	2.清除机内异物
	3.悬挂轴承松动	3.紧固零件
轴承发热	1.缺少润滑油(脂)	1.加够润滑油(脂)
	2.油孔堵塞,轴承内有异物	2.疏通油孔,清洗轴承
	3.轴瓦或滚子损坏	3.更换轴承或轴瓦
	4.轴承装配不当	4.重新安装调整

4)斗式提升机

(1)结构及特点

①结构   斗式提升机(图2-5)是环绕在驱动轮(头轮)和张紧轮上的环形牵引构件(畚斗带或钢链条)上,每隔一定距离安装一畚斗,通过机头(鼓轮、链轮)驱使而带动牵引构件在提升管中运行,完成物料提升的专用垂直输送设备。机座安有张紧机构(可调),保持牵引构件张紧状态。

斗式提升机主要构件有畚斗、牵引构件、提升管、机座和机头等。

斗式提升机,按其安装形式,可分为移动式和固定式;按畚斗深浅,可分为深斗型和浅斗型;按畚斗底有无,又分为有底型和无底型(近期又出现圆形畚斗);按牵引构件不同,可分为链式和带式;按提升管外形不同,分为方形和圆形;按卸料方式不同,可分为离心式卸料、重力式卸料和混合式卸料。

②特点   斗式提升机的优点:按垂直方向输送物料,因而占地很小;提升物料稳定,提升高和输送量大;在全封闭罩壳内进行工作,不易扬尘;与气力输送相比,其优点是适应性强、省电,其能耗仅为气力输送的 $1/10 \sim 1/5$。斗式提升机的缺点:输送物料的种类受限,只适用于散粒物料和碎块物料;过载敏感性大、容易堵塞,必须均匀给料。

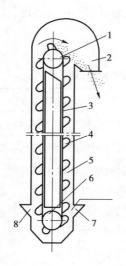 

图2-5　TDTG斗式提升机

1—驱动轮;2—卸料口;3—提升带(或链);
4—畚斗;5—提升管;6—张紧轮;7,8—进料口

（2）选用及维护

①选用　在饲料加工中,如需垂直输送的是粒料、粉料或碎块料,且输送高度大时,可选用斗式提升机。可先根据实际生产率确定斗式提升机的型号,再根据工艺要求和输送高度,确定斗式提升机的全高。斗式提升机的全高确定要满足物料从斗式提升机卸出后,沿溜管重力输送时溜管的最小倾角要求。

②使用与操作

a.斗式提升机装配完成后,加注必要的润滑油,须先进行空载试车2 h。在无负荷试车无异常情况下,进行16 h的负荷试车。

b.斗式提升机必须空车启动,停机前须卸完全部物料。

c.向提升机供料应均匀。出料管必须通畅,以免进料过多或排料不畅造成堵塞。

d.正常运转时,严禁打开提升机机头上罩或拉开机座插门。

e.更换物粒品种必须在机内物料卸完并停机后进行。

③维修与保养

a.在运转过程中,不得用手或其他物件深入机内捞取物料,如发现堵塞,必须立即停机,拉开机座插门清除堵塞物,使提升带运转后插上插板,然后才能重新进料。

b.定期检查畚斗及各部件,及时调整张紧装置,保证畚斗带在机筒正中间运行。

c.滚动轴承应经常检查润滑情况,建议采用钙基润滑油。

d.为避免大块异物进入损坏畚斗,原料进料坑上应加装铁栅。

斗式提升机常见故障与排除方法见表2-4。

表 2-4　斗式提升机常见故障与排除方法

故障现象	产生原因	排除方法
回流过多	1.进料流量突然增加	1.控制进料流量
	2.后续设备发生故障	2.关闭进料闸门,打开机座前后料门,排除机内存料,排除后续设备故障
物料堵塞	1.供料先于启动或供料过多	1.严格遵守开、停车规程,严格控制供料量
	2.畚斗带打滑	2.调整机座手轮,张紧畚斗带
	3.传动带打滑或脱落,或传动设备发生故障	3.张紧传动带,排除传动设备故障
	4.有大块物件(杂物)潜入机座,卡死畚斗	4.打开基座查办、清理
机内发出异常声响	1.异物进入机内	1.停机处理,清除机内异物
	2.畚斗螺钉松动脱落、畚斗移动或脱落	2.停机检查,紧固畚斗螺钉,调整畚斗位置
	3.畚斗带跑偏	3.调节机座手轮,纠正畚斗带
	4.畚斗带连接螺栓松动脱落	4.停机检查,紧固畚斗带连接螺栓

2.1.2　气力输送设备

1)气力输送装置的类型

气力输送是利用风机在管道内形成一定流速的空气风压来输送散粒体物料的方法。常用的气力输送装置按其设备组合形式不同,可分为吸入式、压送式和混合式 3 种类型,如图 2-6 所示。

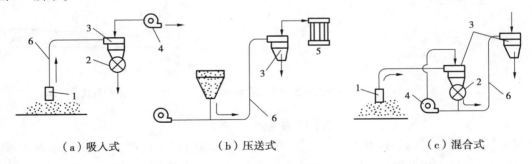

（a）吸入式　　　　（b）压送式　　　　（c）混合式

图 2-6　气力输送装置类型

1—吸嘴;2—关风器;3—离心卸料器;4—风机;5—除尘器;6—料管

（1）**吸入式**　如图 2-6(a)所示,吸入式气力输送装置由吸嘴、输料管、卸料器(刹克龙)、关风器、风机等组成。风机工作时,从整个系统中抽气,使输料管内的空气压力低于大气压(即负压)。在压力差的作用下,气流和物料形成的混合物从吸嘴吸入输料管,经输料管送至离心卸料器中,物气分离。物料由卸料器底部的关风器卸出,而空气流(含有微尘)通过风机(或再经过其他除尘器进一步净化)排向大气中。

（2）**压送式**　如图 2-6（b）所示，压送式气力输送装置是在正压（高于 1 个标准大气压）状态下进行工作的。风机把具有一定压力的空气压入输料管中，由供料器向输料管供料，空气携带物料沿着输料管运至离心卸料器将物料卸出，空气经除尘器（如袋式除尘器）净化后排入大气中。

（3）**混合式**　如图 2-6（c）所示，混合式气力输送装置由吸入式和压送式两部分组成，具有两者的特点。它可以从数点吸取物料和压送至较远处多点卸料，输送距离和输送量适应范围较广，但结构复杂，风机工作条件较差，因此从离心卸料器出来的空气含尘量较大。混合式一般制成一个移动式机组，用于既要集料又要分配的场合，粉尘经过风机，为此对风机要求较高。

2）气力输送装置的主要部件

气力输送装置的主要部件有吸料器、关风器、离心风机和离心卸料器等。

（1）**吸料器**　吸嘴，又称接料器，是吸送式气力输送的第一个装置。吸嘴有直口、斜口、扁口和喇叭口等（图 2-7）。工作时利用管内负压将物料和空气从喇叭口吸入，其上部的孔用来补充空气的不足。物料从侧面入口进入，从上、下补充空气，形成料气混合流向上被吸进输料管道中。

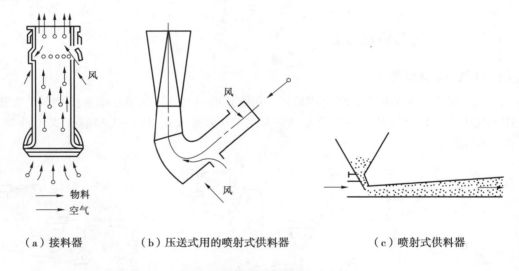

（a）接料器　　　　（b）压送式用的喷射式供料器　　　　（c）喷射式供料器

图 2-7　吸送式用的吸嘴

压送式气力输送的供料方式要采用强制性的，常采用的有叶轮式、螺旋式和喷射式等。叶轮供料器和吸送式关风器是同一构件在不同位置起不同作用而已。螺旋式供料器在粉碎机供料方式已作介绍。现将常用的喷射式供料器作一简介。

喷射式供料器在供料斗下方的通道处变窄，以增大气流速度，此处静压低于大气压，利用负压将物料从料斗吸入输料管中，供料口前方沿物料运送方向的管径逐渐扩大（扩散角约 8°），气流速度下降而恢复正常速度，输送状态转入正常。

（2）**关风器**　它用于压入式的供料和吸送式的卸料，将管道内的高压或卸料器内的负压与大气隔离并进行排料，如图 2-8 所示。在壳体内水平安装一个圆柱形叶轮（即带凹槽转子），壳体两端用端盖密封，壳体上部为进料口，用法兰与卸料器（或料斗）的出料口连接，下部为排料口。压送工作时,物料由进料口落入格室(槽)内,当格室转到下面时物料卸出。为了提高格室中物料的充满系数,壳体上装有均压管,在格室转到装料位置之前时,格室中的高压气体从均压管中排出,使格室充满物料。但对压送式关风器的设计制造精度远高于一般低压关风器。

(3)离心风机　风机是气力输送装置中的动力设备,它从吸气口吸进空气,并对空气加压来输送物料(压送式);或从输送管道中吸出空气,在管道内造成负压来输送物料(吸入式)。不论哪种形式,都是由机械能变为空气能,用空气能来输送物料。根据风机产生风压的大小,离心风机分为低压(压力小于 1 kPa)、中压(压力 1 ~ 3 kPa)和高压(压力 3 ~ 15 kPa)3 种。气力输送中多采用高压离心风机(图2-9)。

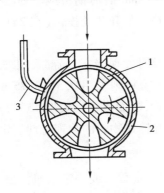

图 2-8　关风器
1—叶轮(转子);2—外壳;3—均压管

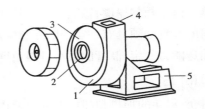

图 2-9　离心风机结构
1—机壳;2—叶轮;3—进风口;
4—出风口;5—机座

工作时,电机带动风机叶轮和叶片高速旋转,空气从进风口进入叶片之间的流道内,并在离心力作用下向四周流动,集中于蜗壳形机壳内,从出风口排出,与此同时叶轮中心部位将形成低压区,外面的空气在内外压力差的作用下,不断进入风机,以填补叶片流道内排出的空气,在叶片的作用下,气体获得能量,作为气力输送的动力。

国产风机的种类很多,其系列由两组数字构成,第一组数字代表风机全压系数的 10 倍(取整数),第二组数字为风机比转速。在相同叶轮直径和转速下,全压系数高、比转速低者为高压风机,反之为低压风机。一般比转速 >60 为低压风机,30 ~ 60 为中压风机,15 ~ 30 为高压风机。

在饲料厂,通风除尘常用低压、中压风机,例如 4-72 型、T4-72 型等。气力输送常用中压、高压风机,例如 6-30 型、6-23 型等,前者风量较大,适合输送比重比较低的粉料;后者风量较小,适合输送比重比较高的谷物粒料。

2.1.3　辅助输送装置

在输送系统中,除了上述输送设备外,尚有一些附件和辅助装置,例如靠重力自流的溜管和溜槽,用来截流和放流的闸门,改变物料流向的三通分配器,以及将物料流向转到所指定的料仓群的任意料仓(容器)的溜管自动分配器等。

1）溜槽和溜管

溜槽用于袋装物料的降运，常用的有平溜槽和螺旋溜槽2种。

平溜槽一般用厚30～50 mm木板制成U形，其宽度比袋包宽度大100 mm，侧板高应比袋包厚度大1/2，平滑槽的倾斜与水平的夹角应为1°～1.5°，使袋包在槽内下滑速度不超过1.15 m/s，以免滑速过高而造成袋包损坏或发生伤人事故。在实际条件下，由于空间不允许倾斜角做得那样小，常常在溜槽内安上一些缓冲物（如曲折导向板、弹簧缓冲器或安上突脊等），以增加袋包与溜槽和缓冲物的摩擦阻力，起到阻尼和缓冲作用，以达到减速的目的。

螺旋溜槽是用于袋包垂直下滑的装置。一般用厚2～3 mm的薄钢板或厚30～50 mm的木板做成。按螺旋数可分为单螺旋和双螺旋溜槽，分别在一处和两处投包（在2个不同地点卸下）。

溜管一般用薄钢板制成，为便于观察物料流动情况并及时发现堵塞，局部采用玻璃或有机玻璃。薄钢板的厚度：输送粒料采用1.0～1.5 mm；输送粉料则采用0.5～0.75 mm。输送物料的溜管必须具有一定的断面和倾斜度，饲料厂的溜管，断面直径一般取75～250 mm，根据输送能力而定；溜管的最小倾斜角度则根据溜管材料和输送物料的物理特性而定。

2）闸门

料仓、料斗的加料和卸料不可能无止境地进行，进行到一定程度或一定数量需要停止加料和卸料，则常用闸门来实现。按推动闸门的动力可分手动、气动和电动，但闸门的结构基本相同。

3）三通分配器

当溜管内的物料按工艺要求分成两路或改变流向时，应设三通分配器，三通分配器按流向可分旁三通和正三通；按驱动动力可分为手动和电动。现多采用电动，以便实现自动化控制。电动是由电动机经少齿减速器带动阀门板及撞块转动，转至一定角度后由撞块碰触行程开关，使电机停止转动，以达到改变物料流向的目的。阀门板可作正反两个方向旋转。出料管的夹角有45°和60°这2种。

4）溜管旋转分配器

溜管分配器是从斗式提升机（或其他输送设备）运来的物料，经由一转动溜管和若干个固定溜管而自动流入指定料仓的现代化饲料厂的一种设备，其结构简单、制造成本低、安装连接紧凑方便，可简化工艺流程、减少物料的交叉污染、节省动力并降低饲料厂的设备投资。据资料，它比刮板输送机、螺旋输送机可节省动力25%～50%，但比配用水平输送机向料仓分配物料时，物料提升要高，即要求厂房建筑高度有所增加，因此建筑成本要增加。

根据饲料厂规模大小和工艺要求，配套的分配器仓位为3～30个，输送物料（容重0.5 t/m³）的能力为6～50 t/h。溜管分配器必须安置在料仓群中心的上方，并保证有足够的倾斜角。根据物料不同，倾斜角为40°～60°。

任务 2.2　接收设备与工艺

根据接收原料的种类、包装形式和采用的运输工具不同,饲料工厂应该采用不同的原料接收工艺。无论何种接收工艺,都需对原料进行质量检验和计量称重。

2.2.1　原料接收设备

饲料厂规模较小时,常用汽车运输原料和成品。具有一定规模并有水运和铁路条件的饲料厂,则应充分利用船舶和火车运输物料,以便降低运输费用。

原料的接收设备主要有各类输送设备(如刮板输送机、带式输送机、螺旋输送机、斗式提升机、气力输送机)以及一些附属设备和设施(如台秤、地中衡、自动秤等称量设备,储存仓及卸货台、卸料坑等设施)。接收设备应根据原料的特性数量、输送距离能耗等来选用。

1)各类称重设备

饲料工厂对全部接收原料进行称重检查是控制原料进厂和随后厂内损耗的一个重要步骤,秤是所有饲料原料质量得以准确计量的必要保证,饲料厂一般通过各类秤来实现对接收各类饲料原料的称重计量。秤的类型很多,其中在饲料工厂比较常见的有 3 种类型。

(1)杠杆秤　杠杆秤是最简单的秤,它由悬置在中心支点上的杠杆和支点组成,杠杆的一端挂砝码,另一端是需称重的原料,当杠杆水平时两边质量相等;某些较老式的卡车秤也是用杠杆系统和砝码来称重。

(2)字盘秤　字盘秤是对杠杆秤的一种改进,它能通过质量显示器连续自动地显示质量。施加在未知质量上的力按比例变化以保持连续平衡状态。由于该力的位移正好与施加力的质量成正比,所以用此平衡装置中摆舵、偏心块或弹簧构成的位移量可以转换成指针的角位移,从而连续显示质量值。

(3)电子秤　电子秤用负荷传感器检测质量,被测物料的质量作为一种压力或拉力施加在负荷传感器上,这种力使结合在传感器上的应变片电阻值发生改变。质量值通常由电子数字显示器读出,也可以打印出来。

饲料工厂各类秤安装完毕后,应由能胜任的调秤技师按照秤生产厂的说明书进行首次调校。以后,各类秤应定期检查,取得计量合格证以使秤保持允许的误差范围和良好工作状态。

地中衡属于秤的一种,由于作用重要,下面将另作介绍。

(4)秤的维护保养　生产过程中欲使秤保持允许误差并长期处于良好工作状态,必须制定维护保养制度,定期检查,发现问题及时处置。

以卡车秤的维护保养为例,制定和实施维护保养制度应注意以下几个方面:保持秤顶部清洁,随时清除灰尘和脏物;检查由于安装造成的侧面间隙;检查并保持秤坑和秤周围的地面清洁,清除积水;经常给支点和轴承注入专用润滑油;保持秤杆清洁,并涂油漆防腐;定期检测秤的精度;保护秤免受雷电损坏。

电子秤的维护保养和迁移的操作要求更加严格。为避免电子秤受到损坏,饲料厂一定要与秤生产厂家共同制定安全维护保养以及使用的制度和程序。

2)地中衡

地中衡是饲料工厂原料成品计量的重要设备,对进出工厂物料的数量起到监督作用,成为饲料厂必备的设备之一。

(1)地中衡的作用与分类　当装载原料的汽车或空载的机动车驶上地中衡的承重秤台时,其质量数据可以及时、准确地显示出来。地中衡的称重传感器、底座等许多部件一般安装在地平面之下,而承重秤台的表面一般与地平面的高程一致,以方便机动车的上下。由于地中衡的主要部件位于地平面之下,因此称为地中衡,也称为地磅,它们被广泛用于各种卡车和火车的发货和收货称重,可分别称出毛皮重和净重。

地中衡按结构和功能可分为机械式、机电结合式和电子式3类,以机械式为最基本型,机械式和机电结合式的秤体安放在地下的基坑里,秤体上表面与地面持平。如果电子式的秤体直接放在地面上或架在浅坑上,秤体表面高于地面,两端带有坡度,可移动地中衡,静态地中衡能保证较高的精确性,动态地中衡精度虽然不及静态地中衡,但称重速度很高。静态地中衡和动态地中衡常使用水平限位器来防止横向力的影响,并利用减震器减小震动和动态的影响。还有一种单轴的平台秤,它对车辆的前轮和后轮依次进行单轴称重,最后算出累计值。此种地中衡既能保证称重精度,又能减小坑道和台面的尺寸,节省空间。目前,饲料厂地中衡大多数采用电子式,其分辨率高,操作简便,价格性能比好,称重结果可直接输入计算机等外围设备进行处理,便于饲料原料接收与库存管理。电子秤还可以实现快速称重,遥控称重,并把称重读数信息输入计算机做进一步处理或者库存管理。当需要直观的质量读数时,可安装一个辅助的电子显示器,便于供需双方共同监督。

(2)地中衡的位置　地中衡应布置在地势高处,以防地面雨水流入地下室,其位置应距汽车转弯处0~20 m。

电子式的秤体直接放在地面上或架在浅坑上,以保证汽车出入方便。地中衡一般安装于工厂大门的向阳背风一侧,处于物料流的中心位置,交通便利。

(3)地中衡的选择　地中衡的选型取决于实际的饲料原料接收量,选择型号时需考虑以下几个方面的内容:

①最大称重量。称量范围要适当,不要过大或过小,如果预计到将来要扩大接收量,选择型号和安装时应加考虑。选型时还要考虑既能自动操作,也能人工操作。

②安放位置。与已有的建筑物、邻近的提升机楼板之间需要有一定的间距。

③安装。应备好正确的安装图纸以便做好安装前的准备。地中衡一般必须由其生产厂家技术人员或具有衡器安装资质的人员安装。

④掌握有关资料。包括索取和妥善保存使用说明书,以便安装操作和维修。目前国内生产地中衡的型号为SCS××型,"××"代表其最大称重的吨数,用户可依据各自的最大运输车辆载重量选择。

(4)地中衡的日常使用与维护技术

①秤台四周间隙内不得卡有石子、煤块等异物。

②经常检查限位间隙是否合理限位,螺栓与秤体不应碰撞接触。

③禁止在秤台上进行电弧焊作业,若必须在秤台进行电弧焊作业,请注意断开信号电缆线必须设置在被焊部位附近,并牢固接触在秤体上;切不可以使用传感器成为电弧焊回路的一部分。

④司磅人员和仪表维修人员均需通过专门培训才能从事操作和维修。

⑤衡器安装后,应妥善保存说明书、合格证、安装图等资料,并经当地计量部门或国家认可的计量部门鉴定合格后方可投入使用。

⑥系统加电前必须检查电源的接地装置是否可靠,下班停机后,必须切断电源。

⑦衡器使用前应检查秤体是否灵活,各配套部件的性能是否良好。

⑧称重显示控制器须先开机预热,一般为 30 min 左右。

⑨为保证系统计量准确,应有防雷击设施。

⑩对于安装在野外的地中衡,应定期检查基坑内的排水装置。

⑪要保持接线盒内干燥,一旦接线盒内有湿空气和水滴浸入,可用电吹风吹干。

⑫为保证衡器正常计量,应定期对其进行校准。

⑬吊装计量重物时,不应有冲击现象;计量车载重物时,不应超过系统的额定称量。

⑭汽车衡轴载与传感器容量、传感器支点距离等因素有关。一般汽车衡禁止接近最大称量的铲车之类的短轴距车辆过衡。

⑮车辆上、下秤台时,慢速通过,禁止秤台上急速刹车或加速离去。

3)地坑

为了方便物料的接收,减轻工人劳动强度,一般饲料厂原料特别是散装原料或需要进仓的原料,首先卸入地坑之中。地坑也称下料坑,用于接纳饲料原料并使之稳定进入后续设备的斗槽形设施。对于袋装原料,一般要人工拆袋后倒入地坑。通过自卸汽车运输的散装原料,只需行驶到地坑边上,将原料卸入地坑之内,即可完成物料到车间或储存库的过程。地坑的上口面与地面几乎平齐,方便原料的倒入。

(1)地坑的结构　地坑的结构如图2-10所示。

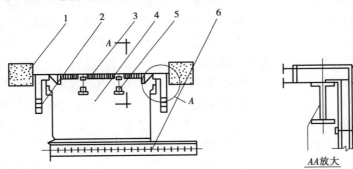

图 2-10　地坑结构示意图

1—基础;2—吸尘风道;3—栅筛;4—地坑容积;5—支撑梁;6—坑底水平输送机

(2)地坑的建筑要求　一般地坑的宽度应该大于自卸汽车车厢的宽度。地坑的底部有一台水平输送机,再通过斗提机、初清筛、磁选器后送入立筒仓储存或直接进入待粉碎仓(或配料仓)进行饲料生产。

在地下水位较高的地方,地坑应该做好防水、防潮处理。

4）栅筛

原料接收地坑上应有 $\phi 8 \sim 12$ mm 的圆钢条编制成的栅筛以清理大杂，还可保护人身安全。栅筛的格间隙约为 40 mm，其旁边或正中上方装有吸风罩，以除尘和除轻杂，其风速为 $1.2 \sim 1.5$ m/s，可以明显减少粉尘。

5）料仓

（1）料仓的作用　在饲料工厂中广泛地使用各种料仓，其功能是对散体物料的接收、贮存、卸出、倒仓、料位指示等，起着平衡生产过程，保证生产连续进行，节省人力，提高机械化程度的作用。

（2）料仓的种类　按其用途可分原料仓、中间仓和成品仓。原料仓有筒仓和房式仓库，筒仓多用钢筋水泥、钢板制作，多为圆筒形，大中型饲料厂多采用。它在节约地面面积、减少劳力、提高机械化程度、进行倒仓、防止物料变质等方面有很大优越性，但制造、管理的成本较高，房式仓库建筑成本低，多用于小型饲料厂。中间仓有配料仓和缓冲仓，一般用钢板或混凝土制作成矩形（或方形）或圆筒形。成品仓除钢制仓外，还用房式仓库贮存成品（袋装）。料仓按结构形式（断面形状）可分圆形仓、矩形仓（含方形）和多边形仓。圆形仓多用于原料、成品的储存，也有用作中间仓，其强度好，容积利用高。矩形仓或方形仓其特点是可以联壁，节约钢材，充分利用其空间，多用于配料仓。多边形仓（六边、八边）也可联壁，但结构较复杂，应用较少。

料仓按深径比，即料仓深度（h，不计斗仓深度）与料仓直径（D）或宽度（A）之比，可分为深仓和浅仓。比值大于 1.5 为深仓，小于 1.5 为浅仓。深仓单位容积造价低，经济，但流动性差。浅仓卸料性能好，因仓下部物料至上部物料的质量压力较小。

（3）料位器　用来显示料仓内物料高度（满仓、空仓或某一高度料位）的一种监控装置称为料位指示器，简称料位器。通常在立筒仓上安装有满仓（上）和空仓（下）2 个料位器，当进料机将筒仓装满时，上料位器即发出相应信号，使操作人员及时关闭进料机或调换仓号；当料仓卸空时，下料器即发出空仓讯号或警报，以催促操作人员迅速采取措施，保证连续正常工作。若将上下料器与进料机用继电器相连，即可做到空仓时自动控制进料机自动进料，仓满时则自动停止进料。饲料的原料及成品多为散粒体、非导电体，可采用的料位器种类较多。从测量形式上有连续式和定点式。从原理可分机械式和电测式两大类。我国饲料行业当前使用的料位器有叶轮（片）式、阻旋式、薄膜式、电容式及电阻式等。

（4）料仓应用中故障及其排除　物料在料仓内发生闭塞（结拱和偏析）现象，是由于物料充填层受到压缩所引起的，即由于物料的自由表层强度大于其所承受的应力所致。强度大于应力时，物料不会塌落，也就不会发生流动，即产生结拱或偏析。

结拱是料仓最常发生的故障，它将造成工艺过程的停顿，生产无法进行，特别是对储存粉料的料仓更为常见。对料仓结拱，要以预防为主。在发生结拱的情况下，还得采用适当的破拱措施，但禁止用硬器敲击料斗，否则料仓越发容易结拱。

除料仓发生结拱、偏析外，由于加料、卸料及输送设备出现的故障，如因超负荷或其他原因造成上述设备的电机烧毁，致使加料、卸料和输送设备停止工作等。发现故障应及时查明原因并排除。料仓及其附属设备常见故障与排除方法见表 2-5。

表 2-5　料仓及附属设备常见故障与排除方法

故障现象	发生原因	预防与排除方法
料仓结拱与偏析	1.料仓结构形式不好	1.采用非对称、曲线等料斗或采用破拱措施
	2.制造质量差	2.清除焊渣和凹凸不平处,并涂以树脂
	3.仓斗倾角小或卸料口小	3.加大倾角或卸料口
	4.物料性质不佳,如水分过高、粒度太小	4.改善物料性质
	5.使用不当,如贮存时间长、斗壁被敲击不平	5.排除料仓里物料,结拱时不用硬器敲击
加料、卸料及输送设备故障	1.电机烧毁,致使其配套设备停机	1.修理或更换有关损坏的电机
	2.大杂缠绕,造成加料口、卸料口或输送机堵塞	2.清除杂物

6) 房式仓

对饲料厂房式仓的要求:仓库应牢固安全,不漏雨,不潮湿,门窗齐全,能通风,能密闭。有防潮、防火、防爆、防虫、防鼠、防鸟设施。有一定空间,便于机械作业。库内不得堆放化肥、农药、易燃、易爆、易腐蚀、有毒有害等与配合饲料无关的物资。能承受粮食的压力和侧压力。

2.2.2　接收工艺

原料接收时,应注意以下几点:a.原料入厂前必须由化验室进行检验。b.原料接收应有计量装置。c.原料接收地坑上应有 $\phi 8 \sim 12$ mm 的圆钢条制成栅筛,以清理大杂并装有吸风口除尘和除轻杂。d.原料接收后的输送通常为地坑后加斗提机,再经溜管分配器或水平输送机入仓。如果地坑距仓较远,可在前面加一个水平输送设备。e.原料入库(入仓)最好使用控制系统,这样比较准确,又可降低劳动强度。f.立筒仓应该设立料位器、报警装置、熏蒸设备和卸料装备。g.原料分散装及袋装 2 种形式,进厂运输形式有汽车、火车、船舶 3 种。h.液态料(糖蜜及脂肪)经过接收、计量、检验的作业单元后原罐存放。i.原料的接收能力取决于原料进厂方式、工厂规模、生产方式。

1) 散装车的接收

散装卡车和罐车入厂的原料(多为谷物籽实及其加工副产品、饼粕类等辅料)经地中衡称重后,自动卸入接料地坑。汽车接料地坑应配置栅筛,它既可保护人身安全,又可除去大的杂质。栅筛的格间隙约为 40 mm,接料坑处需配吸风罩,以减少粉尘。原料卸入接料地坑后经水平送机、斗提机、初清筛磁选器,经过自动秤计量后,送入立筒仓储存或直入待粉碎仓或配料仓(不需要粉碎的粉状原料),其接收工艺如图 2-11 所示。

2) 船舶接收

船舶运输原料的接收多采用气力输送接收工艺。它的吸管为软管,可适应水位的涨落,同时可以前后左右移动,不受轮船的外形和大小限制,保证了船舶内有良好的卫生条件和船体结构不被损坏。气力输送装置由吸嘴、料管、卸料器、关风器、除尘器、风机等组成。在风机风力作用下,吸料装置从船舱将物料吸入料管,到达卸料点时,进入卸料器,分离出的物料由关风器卸入后续的输送装置。气力输送装置可分移动式和固定式,一般大型饲料厂应采用固定式的,小型饲料厂可采用移动式的。

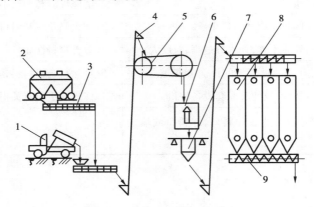

图 2-11　饲料工厂散装原料车的接收工艺

1—卡车;2—铁路罐装车;3—水平刮板输送机;4—斗式提升机;
5—初清筛;6—永磁筒;7—自动秤;8—筒仓;9—螺旋输送机

3)袋装接收

袋装原料接收有人工接收和机械接收。

(1)人工接收　用人力将袋装原料从输送工具上搬入仓库、堆垛、拆包和投料,劳动强度大、生产效率低、费用高。

(2)机械接收　汽车或火车将袋装原料运入厂内,由人工搬至胶带输送机运入仓库,由机械堆垛,或由吊车从车、船上将袋吊下,再由固定式胶带输送机运入库内码垛。机械接收生产效率高、劳动强度低,但一次性设备投资大。

4)液体原料的接收

饲料厂接收最多的液体原料是糖蜜和油脂。液体原料接收时,首先需进行质量检验。检验主要内容有颜色、气味、比重、浓度等,经检验合格的原料方可卸下储存。液体原料需用桶装或罐车装运。桶装液料可用车运人搬或叉车搬运入库。罐车装运时,接收工艺如图 2-12 所示,罐车进入厂内,由厂配置的接收泵将液体原料泵入储存罐。储存罐内配有加热装置,使用时先将液体原料加热,后由泵输送至车间添加到饲料之中。

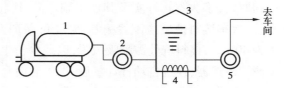

图 2-12　液体原料接收工艺示意图

1—运输罐车;2—泵;3—贮存罐;4—加热管;5—泵

任务 2.3　清理工艺与设备

2.3.1　清理工艺

饲料加工厂的原料清理流程分为进仓前的清理和进仓后的清理。

1）原料进仓前的清理

清理工艺多为白天进料,提升设备和清理设备配置一般较大,其特点是进入料仓内的原料比较干净、杂质少,有利于储存,物料流动性好,有利于出仓。

2）原料进仓后清理

原料进仓后,主料由卸料坑进料,经提升机到埋刮板输送机进入立筒库,生产时原料经出仓螺旋输送机到提升机进入振动筛,磁选机进行清理。这种清理工艺由于清理工序在仓后,因此,清理设备的规格可以和主车间结合起来,配备不必过大,清理设备的布置也可以和主车间结合起来,省去了工作塔,但由于饲料原料进入立筒库,杂质多,不利于储存。

2.3.2　原料清理的操作流程

原料清理的操作流程主要有下述步骤。

①原料清理一般先筛选,再磁选。

②清理设备的启动应先于输送设备,而停机则相反。

③根据物料的品种,粒度和含杂情况,确定合适的清理筛筛孔和流量范围。

④开机前准备工作除前述上料设备相同的以外,还应有以下:a. 检查筛选设备有无堵塞,筛面是否平整,有无破损,若有应更换;b. 点动清理设备,检查能否正常工作,吊杆、自振器、传动部分的转动是否可靠;c. 设备各吸风点及管道有无堵塞;d. 检查磁选设备中有无未清出的磁性杂质。定期测定磁体的磁体强度,若低于设计值的 60% ,应予更换或充磁,检查过程中严禁敲打磁体。

⑤运用过程中,观察设备有无粉尘外端现象以及异常响声,若有尽快排除。

⑥设备启动不应带负载,运转平稳后方可进料。

⑦较大的风机,开机前应关闭进风门,以降低启动电流,待风机转动正常再打开进风门。调整好通风网路的风门,一旦调好为定位后,不要随意改变位置。

⑧随时检查各清理设备的下脚料收集情况,做好下脚料处理工作,不得在车间内乱堆放。一旦发现下脚料量超过标准,要查明原因,及时处理。

⑨注意调整好上料设备与清理设备,清理设备与出料设备的流量,保证协调一致的工作。

⑩调换物料品种时,需间隔一段时间后再进料,防止不同物料间的交叉污染。

⑪对筛选设备筛面的清理,每班不少于 2 次;对磁选设备需要人工清杂的,不得少于 3 次。

⑫停机前应先停止进料,待机内物料清理完毕后,方可停机。

⑬停机后,操作人员应将筛面杂物、下脚料、磁体上的金属杂质清理干净,最后将设备周围打扫干净。

⑭做好当班记录,将运行状况、发现的问题及注意事项记录备案,做好交接班工作。

⑮清理设备的安全事项:a. 清理设备运转部件的转动方向应与设备所示方向相同,若发现不一致,应改正接线方法。b. 工作过程中,不得打开设备盖板,严禁用手或其他工具触及正在运转的设备部件。发生故障时,应停机排除故障。c. 圆筒初清筛不宜清理粉状原料,否则易出现堵料现象。d. 平面回转筛、平面振动筛工作时,应注意其筛面上的料流是否均匀,筛理面积是否充分利用,若发现单边料流或物料分布不均匀应调整物料导向板。e. 永磁筒工作时,料流应呈环状,若出现单边料流,应在永磁筒进口增加一个 400 ~ 500 mm 长的直溜管。物料经过磁体时,不得开门排铁。

2.3.3　主要设备

1)清理筛

筛选是根据物料与杂质的宽厚尺寸或粒度大小不同而利用筛面进行筛理,小于筛孔的物料穿过筛孔为筛下物,大于筛孔的物料不能过筛而被清理出来。目前使用的筛选设备主要有网带式初清筛、圆筒清理筛、圆锥清理筛。

(1)网带式初清筛　网带式初清筛由网带、进出料口、沉降室、传动装置等组成,如图 2-13 所示。

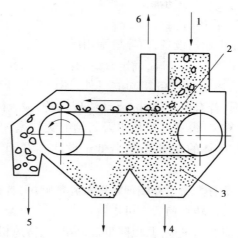

图 2-13　网带式初清筛结构示意图
1—原料进口;2—网带;3—沉降室;4—清净原料出口;5—杂质出口;6—吸风口

网带是主要工作部件,由钢丝编织而成的方形筛孔(14 mm × 14 mm 或 16 mm × 16 mm 净宽),分段焊接在牵引链板上。工作时,传动机构驱动链板上网带不断运转,原料从进料口落下,并穿过上下网带而流向原料出口;不能穿过筛孔的大杂质,被上网带送到杂质出口予以排出;粉尘由吸风排出。网带一般用刷子清理筛面,以及用刮刀切割麻绳等容易缠绕的纤维性杂质。

（2）圆筒清理筛　圆筒清理筛由冲孔圆形筛筒、清理刷、传动装置、机架和吸风部分组成,如图 2-14 所示。

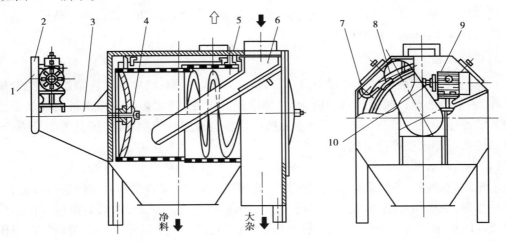

图 2-14　SCY 系列冲孔圆筒初清筛

1—蜗轮减速器;2—链壳;3—支撑板;4—轴;5—筛筒;6—进料;

7—操纵门;8—清理刷;9—电动机;10—联轴器

原料由进料口经进料管进入筛筒中部,筛筒的一端封闭。整个筛筒由主轴呈悬臂状支撑。整个筛筒分前、后两段,靠近轴端的半段多用 20 mm × 20 mm 方形筛孔,可使料粒较快地过筛;而靠近出杂口的半段常用 13 mm × 13 mm 的较小方形筛孔,以防止较大杂质穿过这段筛孔而混入谷物中去。而且在该段筛筒上装有导向螺旋片,以便将杂质排向出杂口。为避免筛孔堵塞,在筛架上装有清理刷;在顶部设有吸风口,及时吸走灰尘。该机结构简单,造价低,单位面积处理量大,清理效果好,杂质含量少,更换筛面方便,占地面积较小。圆筒初清筛有 SCY50、63、80、100、125 等几种型号。相应的处理量分别为 10 ~ 20、20 ~ 40、40 ~ 60、60 ~ 80、100 ~ 120 t/h。

（3）圆锥清理筛　圆锥清理筛由圆锥形冲孔筛筒、托轮、吸尘部分、传动装置和机架等组成,如图 2-15 所示。原料从进料口进入圆锥筛小头内,谷物通过筛孔由底部出料口排出,留在筛面的大杂物由筛筒大头排出。该筛结构简单,产量较高,清理效果尚好,但更换筛筒不便,粒料（如玉米）冲击筛板面而噪声较大。

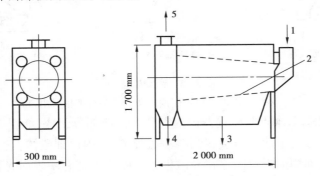

图 2-15　冲孔圆锥初清筛示意图

1—进料管;2—锥筛筒;3—净洁物料;4—杂质出口;5—吸风口

目前,最常使用的冲孔圆锥初清筛,筛筒直径(大头×小头)为750 mm ×475 mm,筛理面积为2.9 m²,筛孔直径为15～20 mm,筛面开孔率为45%。锥筒转速为13～17 r/min。配用风机的风量为20.2 m³/min,杂质中含谷物量为68%,产量为20～30 t/h。整机外形尺寸为2 225 mm×900 mm×1 700 mm。

2)磁选设备

在原料收获、贮运和加工过程中,易混入铁钉、螺丝、垫圈、铁块等磁性杂质,这类杂质如不清除,不仅会加速机械设备的磨损,而且经常损坏设备,因此必须清除原料及其加工过程中混入的磁性杂质。目前饲料厂常用永磁磁选设备。根据其结构不同,可分为简易磁选器、永磁筒磁选器和永磁滚筒磁选器。

(1)简易磁选器

①篦式藏速器。篦式藏速器一般安装在粉碎机、制粒机喂料器和料斗的进料口处,磁铁呈栅状排列,磁场相互叠加,强度高。它是由永久磁环组成的磁栅,因形似篦格而得名。当物料流经磁铁栅时,料流中的磁性金属杂物被吸住,定期由人工清除。由于磁栅的磁场作用范围有限,磁性金属杂质容易通过,除杂率不高。同时磁铁经常处于摩擦状态,退磁快、寿命短,吸附的铁杂物对物料流也有阻碍作用。但该磁选器结构简单、使用方便,常将它安装在粉碎机、制粒机等入料口处,作为其他磁选设备的一种补充。

②溜管磁选器。溜管磁选器是将磁体或永磁盒安在一段接管上,物料通过溜管时磁性杂质被磁体吸住。为了便于清理吸住的铁杂质,要安装便于开启的窗口并防止漏风。磁体安装在管道的方式有多种,如图 2-16 所示。溜管最小倾斜角对谷物为25°～30°,对粉料55°～60°;物料层厚度对谷物为10～12 mm,对粉料为5～7 mm;物料通过的速度皆为0.10～0.12 m/s。

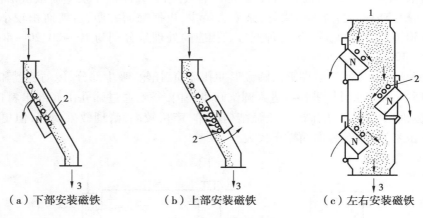

（a）下部安装磁铁　　　　（b）上部安装磁铁　　　　（c）左右安装磁铁

图 2-16　溜管磁选器
1—物料入口;2—被吸住铁质杂物;3—清理物料出口

(2)永磁筒磁选器　永磁筒磁选器由内筒和外筒两部分组成,如图 2-17 所示。外筒与溜管磁选器一样,通过上下法兰连接在饲料输送管道上;内筒即磁体,它由若干块永久磁铁和导磁板组装而成,即用铜螺钉固定在导磁板上。磁体外部有一表面光滑而耐磨的不锈钢外罩,并用钢带固定在外筒门上,清理磁体吸附的铁质时可打开外筒门,使磁体转到筒外。永磁筒磁选器结构简单、无须配备动力。

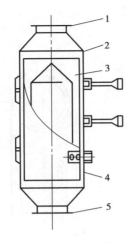
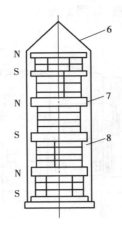

图 2-17　永磁筒磁选器

1—进料口;2—外筒;3—磁体;4—外筒门;5—出料口;

6—不锈钢外罩;7—导磁板;8—磁铁块

永磁筒磁选器工作时,物料由进料口落到内筒顶部的圆锥体表面,向四周散开,随后沿磁体外罩表面滑落,由于铁质比重大,受到锥体表面阻挡之后弹向外筒内壁,在筒壁反力及重力作用下,沿着近于磁力线方向下落,故易被磁体吸住,而非磁性物料则从出料口排出,从而完成物料与铁杂质的分离。由于结构合理,磁性强,磁选效果好。据实测,去铁效率高达99.5%以上,能确保机器的安全运行,但必须由人工排铁。国产永磁筒主要是 TCXT 系列产品,广泛用于饲料厂的磁选除铁。

(3)永磁滚筒磁选器　永磁滚筒磁选器是由进料口、供料压力门、永磁滚筒、出料口、排铁杂口、驱动装置和机壳等组成。永磁滚筒磁选器的结构如图 2-18 所示。

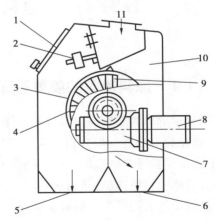

永磁滚筒主要是由不锈钢板制成的外滚筒(表面富有五毒耐磨聚氨酯涂料作保护层)和半圆形的磁芯组成。磁芯由锶钨铁氧体永久磁块和铁隔板按一定顺序排列成 170°圆弧形安装于固定的轴上,铁隔板起集中磁通作用。永磁块分为八组排列,形成多机头开放磁路。磁芯圆弧表面与滚筒壁间隙小于 2 cm,以减少气隙磁阻。永磁滚筒选机安装在待粉碎仓与粉碎机之间较为适宜。

图 2-18　永磁滚筒磁选器结构

1—观察窗;2—压力门;3—滚筒;4—拨齿;

5—出料口;6—铁杂出口;7—减速器;

8—电机;9—磁铁组;10—机壳;11—进料口

工作时,调节好压力门,物料顺进料淌板(倾角约35°)流经滚筒时,铁杂被铁芯组所对滚筒外表面吸住,并随外筒转动而被带至无磁性的区域,铁杂在该区自动落下,由排杂口排出,而被清理物料从出料口排出。该机物料与磁铁不直接接触,使用寿命长,无须人工经常清理,磁选效果好,但价格相对较贵。

(4)初清磁选机　为了简化工艺流程,湖南衡阳粮机厂将圆筒初清筛和永磁滚筒组合并改进为初清磁选机,如图 2-19 所示。

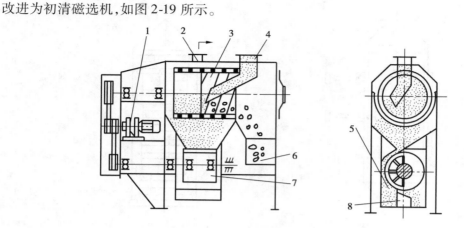

图 2-19　初清磁选机示意图
1—减速电机;2—吸尘口;3—圆筒筛;4—进料口;5—净料出口;
6—大杂出口;7—永磁滚筒;8—铁杂出口

初清磁选机不仅具有原各单机的功能,而且经改进组合后,共用一台电动机和减速器,使该机功耗降低,结构紧凑,占地小,操作维护更加方便。工作时,要清理的物料从进料口流入旋转的圆筒筛后,物料与大杂分离,物料继续下行,经永磁滚筒表面除去铁杂,净洁的物料由净料口流入下道工序。

任务 2.4　原料接收与清理的质量管理

2.4.1　原料接收的质量管理

已计重的原料必须经过检查和抽样方能卸料和存入恰当的仓位。采集有代表性的原料样本,送化验室作进一步分析。为了对原料的缺陷能够提出索赔,以及保证购进优质的原料,上述步骤必须严格遵循。原料接收工序最重要的检查是由接受中心操作人员(一般指原料库管员或原料质检员)进行感官检查。忽视对原料质量的要求,必将造成原料品质的下降和产品质量低劣的后果。饲料原料检验后,如果发现饲料原料存在缺陷,必须采取有效的处置措施。

1)饲料原料接收计划

饲料原料接收所需的占地面积、场地设施和设备选型等取决于原料的种类和数量,须在饲料厂建厂过程中采用合理的规划和建设。

饲料原料接收管理计划是饲料厂物流管理日常工作的重要组成部分,任何饲料厂都要针对饲料原料的接收管理制订出工作计划。从事饲料原料接收管理与操作的人员必须在工作中牢记工作计划,当生产条件和人员工作职责发生变化时,应该及时调整计划。生产条件下制订饲料原料接收调度与管理计划时应考虑下列因素:接收饲料原料的种类;饲料原料的类型和特性;每天进厂并接收饲料原料的数量;饲料原料的运输方式和运输规模;饲料原料从订货到交货的时间间隔;原料的预计用量等。制订有效的工作计划还需要考虑其他许多因素,计划中必须包含对原料的预测、订货和调度。饲料接收管理人员的职责是向原料采购员提供有关每日饲料产品配方分类统计,以及保持原料固定库存来完成。其中,配方分类的统计和保持固定库存可通过人工分类统计或计算机配料系统的分类统计而实现。

2)原料接收的质量检验

原料验收人员必须了解饲料厂所需各种饲料原料的品质规格、质量标准,并依据品质检验项目要求通过身临现场的看、闻和用手接触刚进厂的饲料原料(即感官检验),实现观察结果与所需品质标准之间的感官检验;饲料原料验收人员必须自我管理及决定这些原料是否合格,并立即作出判决。因而,要求验收人员必须掌握工厂所需要购进的各种饲料原料的品质,决定能否接收的标准、针对不同等级所采取的应对措施和处置方法等。

(1)原料质量验收的标准　对原料质量有异议时,必须提出依据。最普通的方法是用实验室分析结果和感官检查结果作为依据。取样时进行感官检查可发现原料的大部分问题(如组织结构、气味等与要求不符,发霉,虫蛀,混有杂质)。对所有质量上的不足之处要迅速通知供应商,并马上要求提高原料等级,以保证今后的供货全面符合质量标准。什么情况下可以索赔,应当确定准则。在许多情况下,这些准则以众多的国家标准、行业标准、地方标准、双方均认可的合同内容或企业标准来规定。某些大型企业还有各种原料的企业内控标准。原料包装上附有产品标签,标明其质量标准,也可以作为验收时的质量标准。

(2)饲料原料样品采集　饲料原料的质量直接决定了各类饲料产品的质量,进厂饲料原料的检验对饲料产品质量至关重要。为保证接收原料的质量,已称重的原料必须经过抽样检查合格后才能卸料和存入适当的仓位。样品采集是实现感官检查和实验室分析的第一步,也是最关键的操作工序。饲料原料接收过程中对每一批进厂原料的取样目的是获取具有代表性的待检饲料样品,如果取样方法不正确,那么原料的检测结果就不可能正确,不规范的采样方法、样品不正确的处理方法以及随后实验室检测分析的失误都会导致错误的检验结果。接收原料的错误检验结果对成品饲料质量和生产造成的危害程度比不做抽样检验的影响还大。所以,了解和掌握取样技术和程序是最终制定正确饲料产品配方的必要保障。原料的取样与生产实际情况密切相关,原料的类型和装运方式不同,取样的方法和程序亦相应不同。样品必须具有充分的代表性,化验的数据才具有可靠性。

①大批量散装原料的采样。a. 取样量至少为 $1.5 \sim 2.5$ kg;b. 全部样品必须随机地从原料储运卡车或者大货仓的几个中心部位采集,即几何法采样;c. 为度量变异程度,建议重复测定样品。

②袋装原料的采样。a. 用取样器取样,每次取样 0.5 kg;b. 如果每批原料中只有 $1 \sim 10$ 袋,应从每一袋原料中取样;c. 如果每批原料中的袋数超过 11 袋,随机从其中 10 袋中取样;d. 至少检测来自 3 袋的样品并计算平均值。

③糖蜜和油脂等液体原料的采样。在糖蜜和油脂流经管道的固定部位连续取样,或用液体取样器从储运容器的核心部位取样。

(3)原料接收时质量检验的内容　进厂原料质量检验是饲料加工厂质量控制起点,是确保饲料产品品质的关键环节,进厂的每一批原料都要经过由专人负责的感官质量检验和实验室分析化验。

原料检验报告应立即送交采购、质量保证等有关部门,并留存一定数量的样品,以备纠纷的仲裁。

3) 原料接收的程序

原料接收过程中的实际工作通常由一个人或几个人完成,他们的职责是保证所接收的饲料原料得到最安全、最有效的处理。

(1) 散装原料的接收程序 饲料原料接收员必须了解和掌握仓储存散装料种类每个仓的容量大小,熟悉各种具体操作将卡车或火车运来的散装料输入合适的仓位。日常工作中,原料接收员每天必须了解每个仓装料的品种和装料量,了解到货和卸料计划检查机械设备和安全装置的工作状态。

①卡车散装饲料原料接收程序。a. 称毛重。如有地磅,让卡车过磅。b. 移车。将卡车开到卸料区,若进入限制区或人身危险区,则用警告装置。c. 定位。用模块固定卡车轮并制动。d. 取样。观察卡车有无泄漏,取以化验质量。e. 打开卸料门。采用适当而安全的方法开门。f. 执行安全卸料程序。了解和熟练掌握如何操作设备,卡车提升前关紧车门;监视原料高度,上下车使用安全梯。g. 清理。清扫卡车并清扫卸料区。h. 结料。空车过磅,计算核实原料净重。i. 填写原料入库单据,完成各类项目的填写。

②火车散装饲料原料接收程序。a. 称毛重。如有轨道衡,过磅。b. 移车。将车厢安全地移至卸料坑。检查拖车器和缆绳的情况。如使用拖车器,则要响警钟,确认有人操作制动器,将车厢固定位置,在车厢上插一面蓝旗以提醒铁路员工注意。c. 原料泄漏。检查泄漏迹象。d. 取样。取样以备化验质量。e. 执行安全卸料程序。用合适的工具开启漏斗闸门或箱车门。通过可靠的措施在箱车中固定卸料斜台,监视原料高度,正确操作卸料设备。f. 清理。检查箱车中衬垫后面有无原料。将散落物扫进料坑,清扫周围场地。g. 结料。空车过磅、放行,计算卸料净重。h. 填写原料入库单据,完成各类项目的填写。

(2) 袋装饲料原料的接收程序 虽然有外国专家认为袋装料已不再是发展方向,但仍在饲料厂原料运输中广泛采用,特别是在中国各地。接收袋装料最普遍的方法是用叉车和木质或铁质货盘卸货。但在机械化程度较低的情况下,仍用手推车接收袋装料,甚至有的饲料工厂用人工扛包卸料。不管采用什么形式卸货,饲料原料接收人员应遵循下列程序:a. 称毛重。如有地磅,让卡车过磅。b. 移车。将卡车开到卸料平台,若进入限制区或人身危险区,则用警告装置。c. 验货。根据运货清单核实所订货物的品种和数量。d. 执行安全卸料程序。通过可靠的措施固定卸料跳板;用模块固定站台上的卡车,采用合适的提升方式;如果用叉车或手推车卸料,要注意。e. 收货。签署货单前应核实数量,拒收破损或损坏的原料。f. 清理。清扫卸料区。g. 结料。如有地磅则空车过磅,结算净重。h. 填写原料入库单据,完成各类项目的填写。

(3) 饲料原料接收记录 在饲料原料的接收系统必须对接收的所有原料登记记录,这些记录由接收操作人员保存,记录应提供的信息包括货物和车辆的标收或拒收理由;收货人签字;质量;供货人姓名;收货日期;接收或拒收理由;对药物和维生素预混料,要记录制造厂的批号和有效期;接收原料的存放仓号或储存区域;卸货的时间和顺序。

2.4.2 储存质量管理

饲料厂接收后的饲料原料在正式进入生产加工工艺流程前,都需要一定时间的储存。饲料原料在储存期间要求积存到工厂内固定的设施内,并采取有效的储藏技术避免饲料变质、产品损失和生物的侵害,实现饲料原料保质保量的成功储存。

1) 饲料厂谷物原料的储存

谷物饲料原料储存的数量、品种、方法等与饲料厂本身的生产目标和地理位置直接相关。饲料厂为提高其生产条件的利用率,必须依据饲料原料的市场情况调整饲料原料的储存量。当原料价格、原料运输、季节生产状况以及国家行业政策等条件适宜时,饲料厂将按生产物流计划大批储存饲料原料,以期获得最大的生产和经济效益。大批饲料谷物原料在饲料厂的储存期较长,一般在几个月以上。为保持和维护各种类型谷物饲料原料于储存期间的品质和数量,饲料厂在生产和管理过程中必须充分认识和全面掌握原料长期储存过程中可能发生的各种问题,并利用已有设施条件、有效的储存技术和管理方法等及时处置各种损害饲料原料品质和数量的现象。在储存过程中,导致饲料谷物恶化变质的因素很多,综合分析可包括以下几点。

①储存温度。谷物原料是作物成熟后的收获产品,是有生命活动的活的籽实,其自身在储存过程中可以产生热、二氧化碳和水分。通常谷物水分含量与其呼吸作用有关,干燥和清洁的谷物呼吸速率低,相对而言,湿度大且脏的谷物呼吸速率高。因此,谷物饲料原料清洁度差、湿度高时容易产生大量热量和水分,从而引发原料自身品质的严重破坏。饲料谷物原料为颗粒状,热传导能力很差,必须采取其他辅助降温措施才能达到降温的目的。

②储存湿度。饲料厂欲长期储存谷物饲料原料,必须严格限制原料的最大湿度。如果湿度过高,超出允许的上限值,谷物原料在储存前需通过自然干燥或人工干燥方式处理,使原料水分含量达到储藏要求。通常环境低湿地区谷物原料已在田间自然干燥。而在高湿地区,原料在自然条件下干燥很难达到储存水分要求,因此原料在储存前需采用人工干燥措施去除水分,以满足原料长期储存的需要。即使如此,高湿环境下无论是袋装还是仓储原料都必须限定储存时间,以避免高湿环境对储存原料带来的损害。根据生产需要,必须储存高湿谷物饲料原料时应采取特殊的储存措施,如可控制环境储存等,但特殊的储存措施成本投入较高。

饲料厂在设计和建设金属仓时应采用绝缘材料仓顶,将有效消除仓顶内侧的冷凝现象,防止冷凝水滴下浸湿原料。

饲料原料储存过程中的最大问题是储存环境的湿度和温度,这两种因素相互作用共同影响原料质量。如果谷物原料的湿度和温度同时升高,原料的破坏现象可在短时间内迅速发生并快速蔓延。在湿度一定时,原料的储存时间将随温度的下降而延长。当谷物饲料原料的相对湿度维持在 15% 以下,温度低于 20 ℃ 时,原料的品质维护容易得到控制。

③昆虫与霉菌。饲料原料储存期间,一旦有适宜的温度和湿度条件,感染饲料的昆虫和霉菌将结束休眠状态开始生长繁衍,昆虫和霉菌的代谢活动加速产热并产生系列相关问题,最终产生热破坏位点。当温度继续升高时,昆虫和霉菌本身会被高温灭绝。但在这种高温

条件下,如果不采取有效措施加以干预,谷物本身的作用使温度不断升高并同时增加自身损害程度,并可能导致饲料原料自燃或燃烧。

饲料谷物的化学处理可望消除或减少昆虫危害。谷物在运输和储存过程中又可采用烟雾熏蒸剂做防虫处理,使昆虫数量控制在危害水平以下。烟熏剂做防虫处理,使昆虫数量控制在危害水平以下。烟熏剂碘甲烷和氧硫化碳防虫效果较好,但操作技术要求严格,这类熏蒸剂在应用时必须由专业人员操作。

④异物杂质。仓储谷物饲料原料中含有一定量的异物杂质,这些杂质包括谷壳、草籽、玉米芯碎屑等,它们在储存过程中趋于集中,更易产生发热现象。通常谷物中的异物杂质比谷物颗粒小,容易填充谷物颗粒间的空间和细缝,因而阻塞谷物的自然和机械通风路径,影响通风效果,异物杂质的水分含量一般高于谷物原料,有利于昆虫和霉菌的生长繁衍并引发谷物受热损害现象,因而欲长期储存谷物,必须在储存前消除谷物中的异物杂质,以避免这些物质诱发的储存损失。

⑤储存设施防雨。引发储存环境湿度的变化受多种因素影响,除谷物本身的水分外,雨水渗漏是造成储存原料受潮的另一原因。造成雨水渗漏的主要因素是储存设施的造型和设施的安装技术。原料储存设施的类型必须与当地气候条件和地理位置相适应。

⑥饲料原料破损。受到机械破坏和损伤的谷物原料更容易导致原料储存过程中因潮湿、昆虫和霉菌引发的原料变质。原料的机械破损程度受原料湿度和转运过程影响。一般情况下,比较干燥的饲料有利于储存,但容易被转运机械破损,原料储存过程中不适宜的设备选型、不合要求的机械转运操作是导致原料破损的因素。饲料厂在储存谷物原料时经常使用带式、斗式和螺旋式原料输送设备,这些设备的输送量和输送速度直接影响所输送原料的破损程度,就所有原料储存过程的输送设备而言,只要这些设备以满负荷状态运转,原料受到的破损程度就很小,半量运输过程的破损程度比满载时大得多。另外,谷物原料自由落到硬质地面的距离和高度亦影响破碎程度。破损程度受落差距离影响,落差越大谷物的破损程度越大。现实生活中彻底地防止谷物原料的变质几乎不可能实现,但通过及时地发现储存中存在的问题,准确掌握储存过程原料变质问题的原因,并采取有效措施加以控制,可以使谷物变质危害减少到最低程度。

⑦饲料原料降温处理措施。饲料厂一旦发现仓储原料升温,应立即采取有效的降温措施把温度降至允许范围,通用的处理措施有2种,即原料转存和原料通风。a.原料转存。原料转存散热措施是把受热的原料从原来的储存仓转移存放到另一个储存仓。在原料的转存过程中,原料的热量得以充分散失,使原料温度降至允许的储存温度范围。b.原料通风。原料通风降温是把定向的自然风或冷风送入并穿过受热原料从而实现原料散热降温的一种方式。原料通风降温的设备系统主要包括风机和设在地面下或埋在谷物中的通风管道,通风方向一般分为由下向上或自上而下,通风方式的选择取决于当地的气候条件和通风设施设备。由下向上的通风方式,进气温度低,上层排出的气体温度高,排出的热气由冷凝器收集处理。自上而下的通风方式,在实现储存原料通风降温的同时,通风管道的通气孔处经常会有冷凝水产生,在一定程度上影响通风效果。从原料降温的实际需要考虑双向通风风机更具实际应用价值。

通风机只有在外界环境温度低于仓内温度,且空气相对湿度等于或低于谷物水分含量情况下才能开启运转。

⑧饲料原料储存时间。饲料原料在厂内的储存时间一般为 10～20 d,这一存储时间受原料资源、运输时间、季节因素、储存容量等多重因素影响。

谷物原料的正确储存操作也非常重要,谷物原料在收获时质量很高,倘若储存不当,其质量很快下降。因此,饲料厂的仓储管理人员必须针对自身地理及气候条件明确所储存原料的储存指标,制订并执行保持这些参数的规定和措施,以确保谷物原料的储存质量。

2) 药物、微量组分原料的储存

饲料厂必须设专门的地方或划分专储区域储存药物或微量原料。这些储存物按存放保存时间可以分为两大类,即依据生产计划界定为正在使用或日常使用的产品,以及将来要使用的原料。在储存药物或微量原料时,除了要有一个单独的房间用来储存药物或微量原料外,储存区还应尽可能地远离日常加工操作路线并在正常的环境下储存。储存区对人员流动的控制相对严格,只有直接使用药物或微量原料的人员才能进入这一区域。

当即使用的药物或微量原料必须存放在有清楚标记的容器中,在管理过程中只能在固定存放同一种原料的容器盖上贴上原料标签。如果容器不是固定存放某种原料,则应该在容器盖箱容器外侧壁贴上标识,以免造成原料的混淆和交叉污染。容器在存储另一种不同原料以前应去除或彻底抹掉容器盖上的旧标签。原料储存于有醒目标记的容器中很容易加以识别而不会混淆,药物或微量原料的管理必须同时注意原料生产日期和有效期,以确保最早生产的原料被最先使用,即先进先出的原则。储存的药品应尽可能地保持清洁,将泄漏量降低到最小限度。在储存区内所有损坏的容器或溢出的原料应立即收集起来并放到指定地方的容器中,必要时可存放在临时容器中。

药物或微量原料的储存必须注意防止容器之间的交叉污染。所有的容器应该有盖或采取其他措施以避免意外的交叉污染,只有那些正在使用的容器才能被打开。在称取所需数量药品或微量原料后,容器的盖子应立即放回原处。每个容器使用各自带的勺子。药品或微量原料的储存和使用操作必须小心谨慎,以避免药物抛撒。如果被抛撒出容器,在质量没有受到影响的情况下,应当立即收集这些抛撒的原料并放回原来的容器中。如果怀疑抛撒出容器的原料受到污染,则应将它们装在专门的容器中。

对于长期接触药品或微量原料的工作人员,在工作期间应一直使用带过滤装置的口罩和手套。此外,如果可能接触到带刺激性的化学灰尘,必须佩戴护目镜。

由于药物或化学物质超过储存期限或因掺假、物理性状的改变或其他原因而需要废弃时,必须由饲料厂技术部门或质量控制部门的人员做最后的处理鉴定。由于废弃的药物可能对人或动物有毒害作用,所以必须使用药物生产厂商推荐的安全处理方法。

药物使用的数量必须详细记录在操作区专用的药物使用记录表上。日常记录中应清楚显示领取药品的数量和生产中实际使用的数量,并且还必须有领料人和使用人的签名。每天工作结束后由专职人员对记录进行审核。对预混料和其他微量原料,也应采用类似的记录体系。盘存并确定药物的使用情况的管理工作计划应定期落实,如果将药物容器的数量和容量大小与每日生产记录中添加的药物数量进行比较,就有可能及时发现错误,以便对饲料在养殖场造成严重后果之前,采取纠正措施。如果盘存比较的结果有明显差异,应立即控制有相关问题的饲料,直到清楚可能造成的危害程度和找到造成差异的原因为止。药物或微量原料的污染可以用一定数量的适当载体,如次粉将储存过程或其他生产线上的药物残留冲洗干净或降低到不明显的水平,然后由技术部门或质量控制人员来决定如何处置这些混有药物的载体。设置合理的生产顺序可以明显减少冲洗生产线的次数。在生产实践过程中,每个饲料厂都必须制定和实施特定的操作规程来对所有药物进行严格管理和保存。

2.4.3 饲料损耗控制

饲料损耗普遍存在于饲料加工的各个工序,这些损失包括物料的粉尘和水分,变质和虫害损失等。其中,在原料接收工序产生的损耗与其他工序相比处于第一位,其次是在储存环节中。损耗被称作"看不见的损失",但是,仔细观察饲料加工过程就会发现这种损耗通常是看得见的。接收散装原料引起的损耗原因:卸车时粉尘损失;称重误差;卸车及运输途径中的散落;卸车时车厢没有清扫或清扫不彻底。袋装原料的主要损耗:包装袋破裂;质量不足;计数错误。接收工序中原料损耗控制的途径:检查原料接收方法和程序,以明确已付款的每批原料是否安全入仓、入罐或入库;在接收原料时,按规定检查所有原料的含水量和杂质含量,以确定是否达到采购时的要求;各种饲料装袋精确性比较,检查收到的所有包装原料的质量和损坏情况,并检查计数是否准确;检查和维护所接收设备的实际状况,保证接料区无故障;为所有进厂原料提供各种磅秤,进行检斤计量;科学且有效的除尘措施,确保粉尘的合理收集;散落的物料进行及时收集、归类。

饲料原料储存期间,经常发生的问题是原料质量和数量的损失,直接影响企业的经济效益。因此,欲成功储存饲料原料,必须重视饲料原料损失问题,随时发现原料损失迹象,并针对损失原因及时采取有效措施预防和控制,使可能发生的饲料原料储存损失降至最低程度。

饲料厂储存饲料过程中经常发生的损失内容,归纳起来主要表现在 4 个方面,即数量的损失、质量的损失、健康危害和经济损失。这些损失多起源于昆虫、微生物、啮齿类动物的活动危害,储存过程不当的操作,以及物理和化学环境因素的变化等,所有这些因素彼此之间相互作用,加重饲料的损失程度,饲料储存过程中发生的由于生物因素导致损失的基本原因是昆虫、鼠类和霉菌对饲料的蚕食和危害。昆虫不仅蚕食饲料,而且伴随饲料损害而高密度生长繁殖的昆虫活动经常导致霉菌的生长。这不仅直接损害饲料,而且给那些采食受损害饲料的畜禽带来严重的健康危害。

1)昆虫对饲料原料的危害及其控制措施

昆虫在蚕食饲料原料的同时,其粪便、肢体残片、污浊气体和微生物严重污染饲料,甲虫和蛾类对谷物饲料损害最大,它们大量出现时可以毁坏全部储存饲料原料。

(1)昆虫侵害饲料造成的损失 大量昆虫的出现预示着饲料质量与数量的严重损失。袋装谷物原料是否受到昆虫的侵扰很容易判断,当料袋表面由于昆虫采食而出现蛀屑时,说明储存的饲料已被昆虫蚕食。虫害造成的饲料原料损失程度受很多因素影响,高温高湿的环境,质地松软和营养价值高的饲料,以及小批量储存的饲料,都有助于虫害发生,且难以避免。延长储存时间往往会加重虫害损失,储存场地卫生清理不彻底,以及虫害污染废弃物的残存部可能增加昆虫损害饲料原料的可能性。被虫害侵袭的饲料原料的质量损失一般不很明显,但是当幼虫排泄物出现在料袋表面时,便意味着有大量昆虫蚕食饲料。而且蛀屑的出现同样预示袋内的谷物或油饼的质量损失程度严重。虫害发生时,饲料质量的损失多种多样。大多数储存饲料在经历化学变化后其味道和营养价值会发生改变。饲料生产中储存的饲料原料品种繁多,但害虫往往选择采食它们喜欢的原料及原料粒度,且本质是蚕食其喜欢的饲料营养成分。害虫在采食饲料原料的同时还促进一些有害的化学变化发生。昆虫本身分泌的脂酶将增强油脂成分腐败的化学变化。在储存过程中饲料中的大部分油脂可能因化学变化而分解,油脂的分解又往往因害虫的侵袭而加剧,特别是当害虫把储存的饲料原料咬碎成小颗粒,并且当饲料温度和水分含量升高时,更进一步加剧油脂的分解。很显然,害虫分解利用了原料中的油脂,油脂的分解产生大量游离的脂肪酸,这些脂肪酸会改变原有的香味,导致饲料品质酸败的游离酸多数情况下是油酸,饲料中脂肪的氧化是产生油酸最重要的原因。

（2）控制措施　环境气候与害虫的生长生活密切相关,因而储存场地的环境气候条件是决定饲料原料储存系统的重要因素。另外,害虫的污染有时会带来微生物感染,通过环境控制不仅能预防害虫感染,同时也间接控制饲料原料中微生物的存在。热带地区饲料原料仓库中的害虫不可能被灭绝,但害虫的传染程度可以通过预防程序和预防手段进行控制。害虫严重传染的谷物原料禁止进入储存仓库,一旦接收了被害虫传染的饲料原料,必须尽快用熏蒸消毒办法彻底隔离灭绝害虫。及时打扫撒漏的饲料原料,保持储存场地清洁卫生,可有效制止食腐害虫和啮齿动物出没。通常情况下,啮齿类动物的皮毛内可能藏匿害虫。

2）微生物对饲料原料的危害

农产品中的霉菌在生长过程中产生一系列霉菌毒素,这些毒素对人类和动物有毒害作用。其中,黄曲霉毒素是一组毒性最强且有致癌作用的黄霉代谢产物。在饲料中黄曲霉素对饲料的污染程度高于其他所有的真菌毒素。毒素不仅污染饲料,而且还能通过采食污染饲料的畜禽传播到肉、蛋、奶中,对畜禽和人类的身体健康造成危害。人们在生产实践中认识到,花生饼、玉米、高粱、葵花饼、棉籽饼、干椰子肉和木薯易感染黄曲霉,其原因是黄曲霉菌生长需具有相对纯净的培养基及孤立生长的特性,如果培养基中有酵母、其他霉菌或细菌存在,黄曲霉生长则受到干扰,而花生、棉籽和椰子肉等这些作物很少被其他微生物群落感染,是黄曲霉菌生长的良好培养基。另外,这些作物的水分含量一般为9%～10%,低于其他大多数饲料谷物(17%～18%),而黄曲霉菌则可以在这些含水量的谷物上生长并产生毒素。热带地区产生的玉米和高粱也易感染黄曲霉菌。

3）储存饲料的变质

大多数原料在经历化学变化后,其味道和营养价值相应改变,这些使饲料变质的化学反应与饲料原料营养成分中脂类物质的氧化分解密切相关。其结果将使饲料原料中的脂类物质在储存过程中被氧化分解,并产生游离脂肪酸。

（1）饲料变质的因素

①环境因素。决定储存饲料变质的环境因素,同样也影响害虫和微生物群落的生长。这些环境因素包括相对湿度、温度、储存场地的环境清洁卫生状况。储存仓库的建筑设计情况,尤其是防雨、防鼠和针对食腐害虫和隔离设施等都构成影响储存饲料的环境因素。

②害虫和微生物。侵害饲料时的主要作用方式是分解饲料原料中的脂肪养分。脂肪被分解后形成大量的游离脂肪酸时饲料酸败变质,易被害虫和微生物破坏。酸败的饲料有鱼粉、谷物麸皮以及油料来源的饲料,尤其是干椰子肉、花生和棕榈核仁粉。

（2）饲料的酸败　物质酸败的主要化学反应有氧化、水解和酮化 3 种方式，其中水解和酮化反应对饲料的酸败影响相对较小，而氧化作用是引发储存饲料酸败的主要作用方式。

①脂肪的氧化。饲料的储存过程中，脂肪的氧化是导致酸败最重要的原因。饲料原料中罕有大量的脂肪成分，而且多数有不饱和脂肪酸构成，尤其是稻糠和鱼粉中的不饱和脂肪酸容易被氧化变质。脂肪的氧化过程始于自动的氧分子水解氧化，如果再进一步发生氧化或酮化（水解氧化后脱水）作用等大量的过氧化反应，则形成水解氧化的分解反应并产生羰基和氢氧根。然后，羰基和氢氧根将参与其他反应并形成新产物。其他有机物分子碳碳双键的氧化产生环氧树脂和羟化甘油酯，这些脂肪再次氧化的产物促成原有味道的损失，同时产生伴随酸败的有害物质。如果再进一步反应，醛的水解氧化分解反应产生的羰基可与赖氨酸的氨基发生化学反应，从而降低饲料蛋白质的营养价值。

②影响脂肪氧化的因素。饲料储存过程中增强脂肪氧化速率的主要因子有以下几种：a. 酶。如脂肪氧化酶和其他酶的参与加快脂肪氧化。b. 羟高铁血红素。这一因子在鱼粉和肉骨粉储存过程中十分重要。c. 过氧化物。脂肪自动氧化产物本身催化脂肪的进一步氧化反应。d. 光。特别是极度强光参与脂肪氧化的光解作用。e. 高温。一般情况下储存饲料的温度越高，脂肪的氧化分解作用越强烈。f. 微量金属元素催化作用。很多金属元素（常见的有铁、铜、钴和锌）促进脂肪氧化。g. 易发生脂肪氧化的饲料原料。鱼油的脂肪酸碳键长而且在碳键上含有大量的不饱和键，非常容易被氧化，致使鱼粉储存的问题增加。因高油脂含量而易发生氧化的谷物及其副产品饲料原料有米糠、油残留较高的油料挤压饼粕，后者如椰子饼和棕榈油饼等。这些饲料原料的不饱和脂肪酸含量高，易被氧化。另外，奶粉中的乳糖倾向于与乳蛋白发生美拉德反应，产生消失率很低的糖蛋白化合物类黑素。

脂肪的氧化可以通过添加一些抗氧化剂来抑制。一些谷物籽实本身含有天然的抗氧化成分维生素 E，只要籽实的核仁不被害虫破坏，维生素 E 就可以为脂肪的稳定提供重要的保障作用。

4）饲料原料储存损失

饲料原料在储存过程中的损失不可避免，其损失程度受以下因素影响：a. 储存场地的环境卫生情况，决定饲料储存区周围场地是否可以滋生害虫。b. 原料货物的周转，决定着储存的时间。c. 原料堆放体积的大小和堆放密度。多数害虫在一定程度上受到原料堆放面积的限制，堆放区边缘地带的饲料损失最大。有时，特别是在热带地区饲料原料储存以前就可能被感染。一旦堆储原料中心部分从储存初开始被感染，害虫代谢产生的热量会在短时间内快速升高料堆中心部分的饲料温度，使害虫的滋生数量和饲料受危害程度迅速增加。当原料堆储的体积较小时，大部分热量会及时扩散，所致适宜的温度更有助于害虫滋生并同时造成饲料大量损失。如果原料堆较大，堆内热量的长时间积累使料堆核心部位的温度升高，不利于害虫生存。与预防原料质量损失的优越特性相反，散装存放的高温情况对饲料本身的营养价值具有一定的危害作用，原料堆放时不断升高的温度加速一些物质的化学反应，特别是加快维生素的破坏与饲料的酸败。

减少储存期间原料的损耗措施：a. 制定诱杀、捕捉和控制措施以根除鼠害和控制鼠群密度。b. 制定熏蒸措施，控制昆虫滋生。c. 防止鸟类飞入厂内。d. 保持仓库、厂房整洁有序，消除害虫隐藏处。e.建立公司范围的、标准的损耗报告程序。f.根据每个厂的具体情况按作业单元制定损耗标准,并严格执行。g.封闭原料接收区,防止风、雨、雪等造成饲料原料损失。h.制定严格的安全保卫措施,防止盗窃或人为破坏。

饲料厂的损耗导致利润降低、材料价格提高、动物饲养成本增加。损耗对每一个饲料工厂都是一个较大的经济损失。损耗又是一个容易被忽视的问题,因为它并不总是显而易见的:车里的一点粉尘和泄漏、看不见的某些水分损失、害虫或老鼠吃掉一些谷物,或者往卡车上多装了一袋饲料等,但是将这些不显眼的小损耗加在一起,将会成为相当大的数量。损耗是可以控制的,甚至在某些情况下是可以消除的。确定加工过程中的损耗量,并采取行动减少损失赚取利润,是饲料加工企业的任务。

2.4.4　保管员工作规范

在原料接收工序中,实际工作通常由一个人完成,此人一般称为保管员或接饲员。他的职责是保证所接收的物料得到最安全、最有效的处理。要做到这一点,必须具有一定的业务知识,熟悉接收工艺、设备操作与接收程序,进行质量检测与抽样,做好计量检斤工作,并做好接收记录,科学地进行接料区域的管理,确保安全。保管员必须了解哪些仓储存哪些原料,每个仓的容量是多少,还必须懂得具体操作车或火车运来的散装料输入合适的仓位。接料员每天必须了解各个仓装物料的品种和装料量,了解到货和卸料计划,检查设备的机械故障和安全装置的状态。

在原料接收工序,接收的所有物料都必须记录。这些记录由操作人员保存。记录应提供的信息包括货物名称与产地;包装规格、件数与总数量;货物和车辆的标识;质量情况;供货人姓名;收货日期;产品情况——必须说明认可或拒收;收货人签字;对药物和维生素预混合,要记录制造厂的批号和有效期;物料存放的仓号或储存区域;卸货的时间和顺序。

仓库保管员工作的指导原则是准确、及时、安全、无私。

①准确:是在工作质量上的要求,即依照正确的保管目的,按照正确的保管方法,正确无误地完成任务。

②及时:是在工作效率和效益上的要求,比如入库、出库时不误时效,争取做到用最少的时间、最低的成本实现最大的效益。

③安全:既包括对货物、商品的安全保管,还包括保管人员自身的安全问题(保管人员自身的安全保护要更加注意)。

④无私:这是对保管人员道德素质的考验和要求。由于仓库保管工作会直接接触许多实物性商品,而且在记账、入库、验收等工作过程中有机会偷工减料,贪污利己,损公肥私,所以仓库保管员要以集体利益为核心,不能监守自盗。

保管员的工作职责有:a.在分管仓库的上级领导下,负责仓库的物料保管、验收、入库、出库等工作。b.提出仓库管理运行及维护改造计划、支出预算计划,批准后贯彻执行。c.严格执行公司仓库保管制度及其细则规定,防止收发货物差错出现。入库要及时登记,手续检验不合格要求不准入库;出库时手续不全不发货,特殊情况须经有关领导签批。d.负责仓库区域内的治安、防盗、消防工作,发现事故隐患及时上报,对意外事件及时处置。e.合理安排物料在仓库的治安、防盗、消防工作,发现事故隐患及时上报,对意外事件及时处置。f.负责将原料储存环境调节到最合适的状态,经常关注温度、湿度、通风、鼠害、虫害、腐蚀等因素,并采取相应措施。g. 负责定期对仓库物料盘点清仓,做到账、物、卡三者相符,协助物料主管做好盘点、盘亏的处理及调账工作。h. 负责仓库管理中的出入库单、验收单等原始资料,账册的收集、整理和建档工作,及时编制相关的统计报表,逐步应用计算机管理仓库工作。i. 做到以企业利益为重,爱护公司财产,不得监守自盗。j. 完成采购部领导临时交办的其他任务。

对保管员的素质要求:能否严守机密,谨慎处理保密性质的业务;是否具有良好的职业道德和进取心;能否在工作过程中保持充沛的精力,将最好的状态带到工作之中;是否有良好的记忆力,尤其是对于商品名称、商标标识数字、区位等有迅速的记忆和反馈能力;是否有较强的组织观念和团队精神;是否可以处理好上、平、下级的关系,在良好的工作气氛中提高工作效率;是否能熟练地掌握部分必需的计算机操作能力。

2.4.5　原料清理的质量管理

1)清理对饲料加工的影响

饲料原料在收获、加工、运输、储存等过程中,不可避免会混入部分杂物,比较常见的有石块、泥土、麻袋片、绳头、金属等杂物。如果不清除这些杂物,会影响饲料产品的营养指标和卫生指标,从而降低产品质量。一些较大的杂物还可能造成料路不畅、输送机械空转、粉碎机筛片和制粒机压模损坏或击穿等现象,增加设备维修费用,影响生产效率,提高生产成本。因此,对原料进行清理,有利于保障产品质量,有利于保证安全生产,也有利于降低生产成本。

2)保证清理质量的措施

主、辅料都应进行清杂除铁处理,其清理标准:有机物杂质不得超过 50 mg/kg,直径不大于 10 mm;磁性杂质不得超过 50 mg/ kg,直径不大于 2 mm。以下是保证清理质量的措施。

(1)合理设计与使用栅筛　栅筛一般设置在接料口处,是清理工序的第一环节。由于其构造过于简单,往往最易被人忽视。栅筛设计应首先考虑选用合理的栅隙。栅筛间隙的大小一般依物料的几何尺寸来定,对于玉米、粉状辅料及稻谷类,筛隙应在 30 mm 以内,对于油粕类,筛隙应在 30~50 mm。同时,在使用中应对筛隙进行固定,并应对筛理出的大杂进行及时清除。这样才能有效地达到初步筛理的目的。

(2)合理安排水平输送机械　由于水平输送机械成本低,输送效率高,且结构简单,因而被广泛地用于饲料加工工艺中,但由于使用位置不当,其故障也相应较高。较常见的是将栅筛初步清理后的物料经绞龙或刮板直接输送至提升机。由于物料只经过栅筛一道清理程序,许多较短的麻绳、较小的麻袋片及其他一些杂质,很容易缠绕或卡住水平输送机械,致使这些设备的使用效率降低,重则烧毁电机,造成一定的经济损失。因此,在工艺设计中,应尽量避免将水平输送机械放在初清、磁选设备之前进行使用。下料斗的物料最好经溜管直接送至提升机,这样可将大杂对输送设备造成的影响降低到最低程度。

(3)合理选用初清筛的工艺参数　初清筛是清理环节的主要设备,用于清除物料中的麻绳、麻袋片、石块、泥块等杂物,其工艺参数的选用对清理效果有着直接影响。在设计中,注意合理选用工艺参数,可有效地提高初清筛的工作效率。

①应根据筛理物料的物理性质及几何尺寸选择合适的筛孔直径。

②应选择可调的除尘吸风量,此条件可通过在喂风口上方设置阀门来达到目的。

③应选择充裕的生产能力。通常,在设计参数中筛的处理能力应比前工序的输送设备运送能力高30%左右。

(4)合理选用和使用磁选器

①合理选用磁选器。在设计中常选用的磁选设备有永磁筒磁选器和永磁滚筒磁选器。前者体积小,占地面积也很小,无动力消耗,去磁效果也较为理想,但仅适用于几何尺寸较小的粉、轻料,而且吸附的金属异物需人工定期清除。后者造价高,体积较大,但对于几何尺寸较大的饼粕、易结块的糠麸等物料也同样适用,虽有动力消耗,但可自动及时清除吸附的金属异物。在流程中的高位置设置更为适用。但在较小的饲料厂设计中,鉴于资金、厂房面积等因素的限制,物美价廉的永磁筒磁选器较之更为常用。

②合理安排磁选器的位置。a.将磁选器安置在初清筛后粉碎机前,这样可有效去除颗粒原料中的金属杂质,避免对其粉碎机造成损害。b.在制粒粉仓上都安置磁选器,这样可有效防止辅助原料中混入的金属杂质进入制粒机对压模造成损害。c.在打包秤上安置磁选器,此方法在工艺流程设计中并不常用,但对去除未经初清的辅料原料中的金属异物,从而进一步提高及保障成品饲料的质量是很有必要的。

③影响磁选效果的因素。a.料层厚度。要求选料均匀,料层不宜过厚,一般为10~15 mm。b.物流速度。料流速度不宜过大,一般为0.15~0.2 m/s。c.铁杂量。原料及附着在磁极表面的铁杂过多,将影响磁选效果。d.磁铁性能。磁铁的吸力过小,则磁选效果差。

实训　输送机械设备的观察与使用

【目的要求】

通过观察各种输送机械设备,了解输送机械设备的类型、特点、用途、构造和使用方法。能根据具体饲料加工工艺的需要,合理选择相应的输送设备和辅助设备。

【实训材料与仪器设备】

带式输送机、螺旋式输送机、刮板式输送机、斗式提升机、气力输送设备及辅助设备等。

【实训内容与方法步骤】

1.观察带式输送机、螺旋式输送机、刮板式输送机、斗式提升机的与气力输送设备的构造,了解其特点、用途和使用方法。

2.观察电动(气动)闸门、三通分配器、旋转分配器、溜管的构造,了解其特点、用途和使用方法。

【实训报告】

根据观察到的内容总结出输送机械设备的类型、特点、用途,分别写出其基本构造和使用方法。

【分析和讨论】

根据观察到的各类输送机械设备情况进行分析与讨论,比较其特点和适应性。

复习思考题

一、选择题

1. 配合饲料基本生产工艺一般是由原料接收、初清（含磁选）、粉碎、（   ）、成品包装等主要工序及通风除尘、油脂添加等辅助工序构成。

A. 计算机

B. 计量配料、混合、制粒

C. 风机、粉碎机

D. 初清筛、粉碎机

2. 原料接收初清工序的作用是通过（   ）去除原料中对畜禽或其他动物生长不利或对加工设备有害的杂物，如稻草、麦秆、土块、磁性金属杂质等，保证及时供应适合下一道工序要求的原料。

A. 粉碎机   B. 除杂和磁选   C. 制粒机   D. 混合机

3. 在原料接收工序中，当接收到某料仓满后的报警后，应立即采取措施，下面的处理不正确的是（   ）。

A. 更换进料仓   B. 停止进料刮板   C. 停止粉碎机   D. 停止投料

4. 配料仓的总容量，对大中型饲料厂可按工作（   ）h 存储量计算。

A. 4   B. 6～8   C. 10～12   D. 12～16

二、简述题

1. 简述饲料厂原料接收的作用与特点。

2. 饲料厂常见的原料接收设备有哪些？

3. 饲料厂在原料接收中为什么要进行质量检验？如何进行？

4. 饲料原料储存时，哪些因素会导致数量与质量的损耗？

5. 你认为如何才能做好一个优秀的饲料工厂库房管理员？

项目3 饲料的粉碎

✦ 项目导读

配合饲料生产工艺主要包括原料接收和清理、粉碎、配料、混合、饲料成型、包装与贮藏6个工序。原料粉碎一般是饲料生产的第二道工序，是配合饲料加工的最主要的工序之一，粉碎效果是影响饲料质量、产量和加工成本的重要因素。本项目主要介绍了粉碎工艺分类（一次粉碎工艺、二次粉碎工艺）、粉碎设备（以锤片式粉碎机为主）的结构及工作原理，以及饲料粉碎的质量管理。

粉碎是指通过撞击、剪切、研磨或其他外力作用克服固体物料间内聚力从而使之破碎为更小尺寸颗粒，增大单位质量固体物料总表面积的过程。饲料原料的粉碎是饲料加工中非常重要的工序之一，其主要目的有以下两个方面：首先，增大饲料表面积，有利于动物消化吸收。适宜的饲料粉碎粒度能够增大饲料单位表面积，增加消化液与饲料的接触面积，有利于动物消化吸收，提高动物生产性能。其次，提高饲料原料均匀度，改善饲料加工性能。适宜的饲料粉碎粒度可提高饲料原料均一度，使饲料原料的粒度基本一致，减少混合均匀后的饲料原料分级，有利于饲料养分的均匀分布，改善和提高饲料加工性能；在水产饲料上，粉碎粒度还与饲料颗粒的耐久性和水中稳定性有关。此外，粉碎设备通常会占整个饲料生产总配备的三分之一，科学的饲料原料粉碎流程和设备配置能有效减少饲料质量损耗，提高饲料生产效率。因此，饲料原料粉碎质量与动物生产性能，饲料加工的质量、产量和成本密切相关。理解粉碎机工作原理、掌握粉碎工艺流程及特点、正确使用粉碎设备对饲料生产来讲至关重要，有着重要的生产意义和经济意义。

任务 3.1　粉碎设备与工艺

3.1.1　饲料粉碎方法

利用外部机械力克服固体物料内聚力而使其破碎为更小尺寸颗粒的一种操作称为粉

碎。击碎、磨碎、压碎和锯切碎是谷物和饼粕等饲料原料加工过程中常用的粉碎方法。

1）击碎

击碎是指物料受到瞬间外力冲击从而粉碎的一种方法,其特点是对于含水量较低的粉脆性物料均能很好粉碎,生产效率高,适应性好。利用击碎破碎物料的粉碎设备有锤片式粉碎机和爪式粉碎机,在饲料加工中被广泛应用,但能耗相对较高。

2）磨碎

磨碎是指物料与运动工作表面之间受一定的压力和剪切力作用后,当剪切应力达到物料剪切强度极限时物料被粉碎,或物料彼此之间摩擦受到剪切、磨削作用而使物料破碎。由于该方法得到的产品含粉末较多,升温较高,目前在饲料加工中应用越来越少。

3）压碎

压碎是指两个粉碎面之间的物料,在施加压力后因压应力达到物料抗压强极限而被粉碎的一种方法。

4）锯切碎

锯切碎是指用一个带尖棱的工作表面和一个平面挤压物料时,物料沿压力作用线的方向劈裂,当劈裂平面上的拉应力达到或超过物料拉伸强度极限时物料破碎。

在饲料加工过程中,适宜的粉碎方法在提高饲料粉碎效率、节约能耗中起着重要的作用。饲料原料的强度、硬度、脆性、韧性和易磨(碎)性5种固有物理性质是选择适宜粉碎方法的重要依据,其中强度和易磨(碎)性是选择粉碎方法的重要指标。对于脆性饲料原料以撞击破碎为主,如谷物等;对于韧性饲料原料以剪切为主,如含纤维较多的砻糠等;对于坚而不韧的饲料原料采用撞击和挤压较为有效。饲料的粉碎方法如图3-1所示。

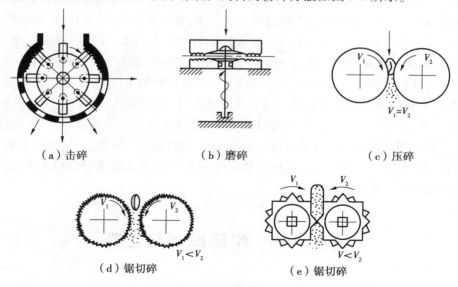

（a）击碎　　　　　　（b）磨碎　　　　　　（c）压碎

（d）锯切碎　　　　　　（e）锯切碎

图3-1　不同饲料的粉碎方法

3.1.2　饲料粉碎设备

1）饲料粉碎机的分类

在饲料加工过程中,粉碎设备是粉碎饲料原料的重要硬件设施。生产上,常按粉碎机械结构形式或产品粒度对粉碎设备进行分类。按粉碎机械结构形式可分为锤片式粉碎机、爪式粉碎机、压扁机、盘式粉碎机(盘磨)、辊式粉碎机和碎饼机 6 类;按产品粒度及粉碎比可分为粗粉碎机、中粉碎机、微粉碎机和超微粉碎机 4 类;此外,按粉碎机转子转速还可分为低速(<70 r/min)、中速(70~900 r/min)和高速(>900 r/min)粉碎机 3 类。

2）饲料生产企业常见饲料粉碎机概述

（1）锤片式粉碎机　锤片式粉碎机是目前国内外应用较广泛的饲料粉碎设备。该机型结构简单、操作方便、粉碎质量好、生产效率高、适应性广,对饲料的温度敏感性弱。锤片式粉碎机是一种冲击式粉碎设备,利用高速旋转锤片的撞击作用使饲料原料破碎。除水分较高的饲料原料外,锤片式粉碎机可粉碎几乎所有的饲料原料,如淀粉含量较高的谷物、油脂含量较高的饼粕、纤维含量较高的秸秆等。

①锤片式粉碎机的分类。锤片式粉碎机可根据转子轴位置、进料方向、筛板形式等方式进行划分。因此,锤片式粉碎机具有多种分类方式。

a. 根据粉碎机转子轴位置,可分为立式和卧式锤片式 2 种(图 3-2),一般以卧式锤片式粉碎机较常用。

（a）立式锤片式粉碎机　　　　　　（b）卧式锤片式粉碎机

图 3-2　不同转子轮布置位置的锤片式粉碎机类型

b. 根据进料方向,可分为顶部径向进料式、切向进料式和轴向进料式 3 种(图 3-3)。顶部径向进料锤片式粉碎机由于生产效率高、排料方便,且整机左右对称,转子可正转或反转,当一侧锤片磨损后,可通过改变转子旋转方向使用另一侧锤片,提高锤片利用率并节约锤片更换时间,在大中型饲料企业中广泛使用。切向进料锤片式粉碎机是一种通用型粉碎机,适应性广,但体积较庞大,能耗高,且工作室粉尘和噪声均较大,一般见于小型饲料加工机组或养殖户中使用。轴向进料锤片式粉碎机又称轴向自吸式粉碎机,通过利用装在转子上的叶片起风机作用将物料吸入粉碎室,其结构简单、粉碎室体积小,可自行吸料,生产效率较高,带切刀的轴向进料锤片式粉碎机还可粉碎茎秆类饲料,轴向进料锤片式粉碎机较适宜于小型饲料加工机组或畜禽饲料加工间。

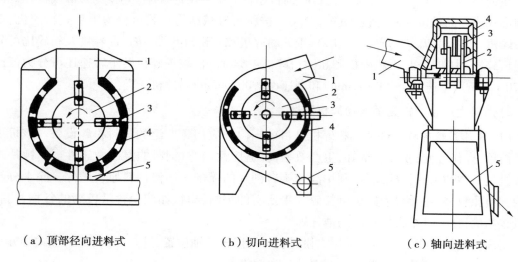

（a）顶部径向进料式　　　　（b）切向进料式　　　　（c）轴向进料式

图 3-3　不同进料口方向锤片式粉碎机结构示意图

1—进料口;2—转子;3—锤片;4—筛片;5—出料口

c. 根据筛片划分,可分为半筛式、全筛式、无筛或侧筛式、偏心式、水滴型筛式 5 种。其中,半筛式和全筛式又称为环形室粉碎机。该类机型通常转速较高,离心力作用强,使物料沿筛片内表面运动形成气流-物料环流层,小质量的物料颗粒靠近环流层内层,而大质量颗粒受离心力作用大,位于环流层外层紧贴筛面,堵塞筛孔,不利于粉碎好的物料及时排出,导致重复粉碎。低效高耗能是该类机型的最大问题。无筛或侧筛式、偏心式、水滴形筛式的锤片式粉碎机,有效破坏了气流-物料环流层,从而增强了过筛能力,提高了粉碎效率,有效降低了电能消耗。

此外,水滴形锤片式粉碎机(因筛片和粉碎室成水滴形而得名,为顶部进料锤片式粉碎机的一种改进机型,图 3-4)根据筛片结构差异又可分为部分齿板式和全水滴筛式 2 种。其中,部分齿板式锤片粉碎机仅有 270° 的筛片包角,需在其粉碎室顶部安装齿板,从而延长筛片使用寿命,但筛分效率不如全水滴筛式锤片粉碎机。

②锤片式粉碎机基本构造。锤片式粉碎机基本构造如图 3-5 所示,由图可知,锤片式粉碎机一般由进料装置、磁选装置、进料导向机构、机体、转子、齿板、筛片、排料装置、底座以及控制系统等部分构成。

a. 进料装置。进料装置的作用是使物料均匀进入粉碎机,根据物料进入位置可分为径向进料、切向进料和轴向进料 3 种。

b. 磁选装置。磁选装置为粉碎机自身所带的保护装置,能清除饲料原料中的金属物料,保障粉碎机运行安全。

图 3-4 SFSP 水滴形锤片式粉碎机

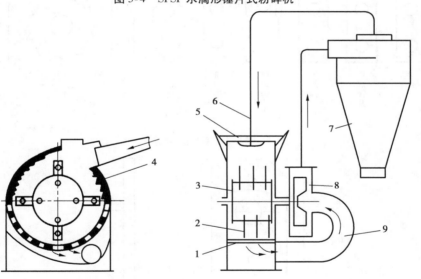

图 3-5 锤片式粉碎机基本构造示意图

1—筛片;2—锤片;3—转子;4—齿板;5—进料斗;6—回风管;
7—旋风分离筒;8—风机;9—吸料管

c.进料导向机构。进料导向机构能够调节进料方向(图 3-6)。这样当一侧锤片磨损后,可通过调整进料方向和改变转子旋转方向使用另一侧锤片锤击物料,减少锤片更换次数。

d.转子。转子是整个锤片式粉碎机的主要工作部件,包括主轴、轴承、轴承座、锤架板、销轴、锤片等零部件组成。其中,锤片是锤片式粉碎机最主要的工作部件,也是最易损工作部件之一。锤片通过销轴连接到锤片架上,按一定规律沿轴向排列,锤片之间由隔套隔开。锤片由主轴带动高速旋转,从而获得很高的线速度,物料受到高速旋转的锤片撞击而被粉碎。转子旋转时转速非常高,在使用前必须进行动平衡校验。锤片式粉碎机的锤片具有多种形状,如矩形、堆焊锤片、阶梯形、多角形、尖角形、环形和复合钢矩形等(图3-7),锤片的形状对粉碎效率和质量有极大影响。矩形双孔锤片是最常用的锤片形状,如图3-8所示,锤片上有2个对称销孔,可对锤片做掉头和换角处理,使每片锤片可使用4次。此外,锤片的材质、工作密度、制造工艺和排列方式与物料粉碎效率和质量密切相关。

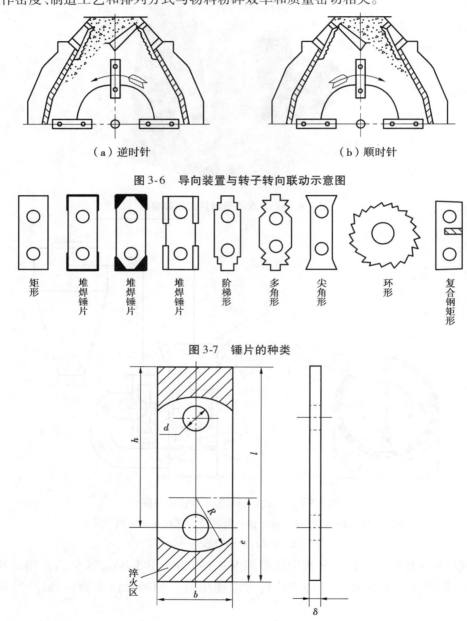

（a）逆时针　　　　　　　　　　（b）顺时针

图 3-6　导向装置与转子转向联动示意图

矩形　堆焊锤片　堆焊锤片　堆焊锤片　阶梯形　多角形　尖角形　环形　复合钢矩形

图 3-7　锤片的种类

图 3-8　标准锤片

e.齿板。齿板可破坏粉碎室内物料环流层运动,并降低物料运动速度,增强物料与锤片、筛片和齿板的打击和碰撞,使其迅速粉碎。齿板通常安装在锤片式粉碎机进料口两侧。

图 3-9 分别表示顶部径向进料式、切向进料式和轴向进料式 3 种进料方式和锤片式粉碎机齿板的 3 种安装形式。

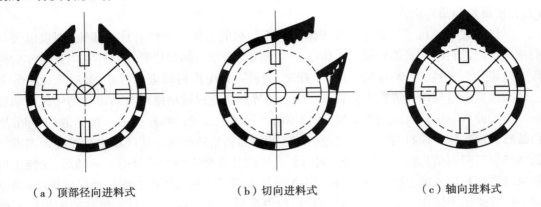

（a）顶部径向进料式　　　　　（b）切向进料式　　　　　（c）轴向进料式

图 3-9　齿板安装位置示意图

f. 筛片。筛片是锤片式粉碎机另一重要易损工作部件,其主要作用是控制物料的粉碎粒度。饲料原料被锤片击碎后,能通过筛孔的细小饲料原料颗粒被排出。筛片还对饲料原料起剪切、搓撕作用。因此,筛片对锤片式粉碎机的粉碎效率和质量有极大的影响。用于锤片式粉碎机的筛片有鱼鳞孔筛、圆锥孔筛和圆柱孔筛 3 种,其中圆柱孔筛又分为冲孔筛和钻孔筛 2 种。圆柱孔筛因结构简单、制造方便,得到广泛应用。我国筛片已标准化,规格以孔径划分,分为小孔（1~2 mm）、中孔（3~4 mm）、粗孔（5~6 mm）和大孔（>8 mm）4 种规格（表 3-1）。筛片安装在转子周围并围绕转子形成一定的空间,该空间与粉碎机侧壁构成锤片式粉碎机的粉碎室。筛片包围的粉碎室部分所对应的圆心角称为包角,是筛片的主要技术参数之一。包角角度的大小与粉碎机的进料方式有关。顶部径向进料锤片式粉碎机,筛片包角为 300°;切向进料锤片式粉碎机筛片包角为 180°（半筛）;轴向进料锤片式粉碎机筛片一般制成环筛,筛片包角为 360°。

表 3-1　我国标准筛片尺寸

筛孔号	孔径 /mm	孔中心距 /mm	筛片厚 /mm	开孔率 /%
8	0.8	1.8	0.6~0.8	17.9
10	1.0	2.2	0.8~1.0	18.7
12	1.2	2.5	1.0~1.2	20.9
15	1.5	3.0	1.2~1.5	22.7
20	2.0	3.6	1.2~1.5	28.0
30	3.0	5.0	2.0~2.5	32.7
40	4.0	6.0	2.0~2.5	40.3
50	5.0	7.2	2.5~3.0	43.7
80	8.0	11.0	2.5~3.0	48.0

g. 机体。粉碎机的机体由减震器支撑。机体外的机壳保证饲料原料能顺利进入粉碎室,收集粉碎并穿过筛孔的饲料原料,使其顺利通过排料口排出。机壳上设置有可打开操作门,方便维修和筛片更换。

③锤片式粉碎机工作原理。关于锤片式粉碎机的工作原理已有许多研究,现仅以公认的顶部径向进料锤片式粉碎机的工作原理为例简要介绍。饲料原料在粉碎室内被粉碎的过程大致可分为进料、粉碎、筛选、排出。首先,饲料原料由进料口进入料斗,经磁选设备除去金属杂质后通过导向装置进入粉料室。进入粉碎室的低速运动原料与高速运动锤片末端接触。由于原料与锤片末端速度差极大,使原料在转子上方受到锤片的第一次撞击,大部分原料被破裂或粉碎。原料与锤片初次撞击的区域称为初始破碎区。该区域也是粉碎室内唯一的物料流与筛面呈几何垂直的区域,可有效利用筛孔整个直径的筛分能力。随后,受撞击后的原料被锤片拉入加速区,并在短时间内被锤片加速形成沿筛片内表面运动的环流层(环流层的速度略低于锤片末端速度),同时物料也得到进一步的粉碎。最后,被粉碎的原料受到与筛面垂直的离心力、气流和压力的共同作用,以很高的速度将物料击向筛片,使其排出筛外。然而,由于环流层沿筛片内表面运动速度极高,大质量原料颗粒所受离心力大于小质量原料颗粒,使大颗粒贴近筛片内表面而阻碍了小颗粒及时排出,造成重复粉碎、锤片磨损加剧以及成本增加等不利影响。此外,原料在自身重力作用下,将导致大部分原料在粉碎室底部出料口处聚集。采用水滴形结构的锤片式粉碎机能有效破坏环流层,提高粉碎效率。同时,底部可对被粉碎的饲料层进行翻动,进一步提高粉碎机的粉碎效率和产量。

④饲料生产上常用的锤片式粉碎机。我国锤片式粉碎机基本由机械部门生产或商业粮食部门生产。通常,我国饲料厂普遍采用商业粮食部门生产的 SFSP 系列锤片式粉碎机产品。根据《粮油机械产品型号管理办法》(LS 91—85)规定,粮油机械产品型号由专业代号、品种代号、型式代号和产品主要规格 4 部分组成。如 SFSP112×60 型锤片式粉碎机,首字母 S 为专业代号,代表饲料加工机械设备,FS 为品种代号,代表粉碎机,P 为型式代号,代表锤片式粉碎机,最后的数字 112×60 代表转子直径×粉碎室宽度(cm)。表 3-2 列出了饲料厂中常用的 SFSP 系列锤片式粉碎机,该系列机型全为专门配合饲料生产厂家配套设计的都是顶部进料、卧式锤片式粉碎机。

表 3-2　常用 SFSP 系列锤片式粉碎机技术参数

型号规格	SFSP56×36		SFSP56×40		SFSP112×30		SFSP112×40		SFSP112×60	
转子直径/mm	560		560		1 080		1 120		1 120	
粉碎室宽度/mm	360		400		300		400		600	
主轴转速/(r·min⁻¹)	2 940/2 930		2 950		1 480		1 480		1 480	
锤片线速度/(m·s⁻¹)	86		86		84		84		84	
锤片数量/片	4×5=20		4×6=24		4×8=32		4×10=40		4×16=64	
配用动力/kW	22	30	30	37	55	75	90	110	132	160
吸风量/(m³·min⁻¹)	18	22	22	25	33	38	45	50	55	75
产量/(t·h⁻¹)	3.5~5		5~6		9~12		15~18		20~25	

a. 水滴形锤片式粉碎机。如图 3-4 所示,水滴形锤片式粉碎机是在普通锤片式粉碎机结构基础上将粉碎室由圆形改成水滴形而来。水滴形粉碎机既能有效破坏物料在粉碎室形成的环流层,同时也增大了粉碎机筛板有效面积,有利于粉碎后物料的排出,提高了粉碎效率。此外,由于水滴形粉碎机有主粉碎室和二次粉碎室,可对饲料原料进行二次粉碎。通过调整锤筛间隙能实现粗、中、细几种不同规格的粉碎要求,粉碎后饲料原料平均粒度为100 ~ 500 μm,可适应不同粉碎粒度的畜禽饲料和普通水产饲料的生产要求。

b. 立式锤片式粉碎机。立式锤片式粉碎机如图 3-2 所示。该机型粉碎机的特点为使用环筛且底面安装有筛板,筛有效面积大,排料速度快。由于重力作用,环筛的垂直筛面上黏附物料少,筛孔通过能力强。此外,粉碎机转子上配备有刮板,一方面提高了底筛的利用效率,另一方面转子上的刮板可产生一定风压,促进粉碎后物料的排出。这些特点极大地提高了立式锤片式粉碎机的粉碎效率和产量,且粉碎后的物料粒径均匀,潜在细粉少,有效节约了电能。该类型粉碎机适宜于饲料粗粉碎及二次粉碎前处理,不宜用于饲料原料的细粉碎。

c. 振动筛式锤片式粉碎机。振动筛式锤片式粉碎机采用国际专利技术,粉碎机工作时筛片振动,提高了粉碎效率,不易堵筛,且细粉通过能力强,适合加工细碎的、含油脂较多的饲料。

⑤锤片式粉碎机的选择、安装与使用注意事项。选择、安装和使用锤片式粉碎机应注意以下几个方面。

a. 锤片式粉碎机的选择。首先,根据饲料加工要求所需的粒径选择与锤片线速度相匹配的粉碎机系列;其次,根据生产规模、产量及粉碎工艺配置选择适宜的粉碎机型号。

b. 锤片式粉碎机的安装。粉碎机的安装一般由生产厂家的技术工人进行。通常,将装有减震器的底座直接安放在平面上。SFSP 系列锤片式粉碎机采用柱销联轴器直接传动,进料和排料处采用软连接方式连接。机器应单独配备相应功率的启动装置、电气仪表及保护装置。

c. 锤片式粉碎机使用注意事项及维护。ⅰ. 操作者应了解机器构造、熟悉机器性能和操作,且经过专业职业技术培训。ⅱ. 启动前仔细检查机器各连接部位是否紧固,不得有松动现象。粉碎室内是否有扳手、改锥等残留异物。转子是否灵活,是否存在摩擦或碰撞等现象。ⅲ. 必须在确认人机安全时方可启动粉碎机。机器不得负载启动,启动后需空转 2 ~ 3 min后方可进料作业。ⅳ. 进料前务必确认吸风系统处于正常运转状态。进料应均匀,并使电机处于满负荷工作状态。ⅴ. 若在运转中出现异响、强烈震动或产量不稳定等异常现象,应立即停机检查,待故障排除后方可重新启动机器。此外,若发生堵塞,严禁用手、木棍等强行喂入或脱出饲料。ⅵ. 粉碎工作结束后,机器须空转 1 ~ 2 min,待粉碎室内物料排空后方可停机。停机后需对机器做必要的清洁和检查,并作好工作日志记录。

⑥锤片式粉碎机常见故障及排除方法。表 3-3 列出了锤片式粉碎机常见的故障及排除方法。注意,在检查和维修粉碎机时务必切断电源保证人机安全。

表 3-3　锤片式粉碎机常见故障及排除方法

故障现象	故障原因	排除方法
电机启动困难	1. 供电电压过低 2. 导线截面积过小 3. 启动补偿器过小 4. 保险丝熔断	1. 避开用电高峰启动 2. 更换适宜截面积导线 3. 换用适当补偿器 4. 更换与电机功率相匹配的保险丝
电机过热	1. 电机两相运行 2. 电机绕组短路 3. 长期超负荷作业	1. 接通断相,三相运行 2. 检修电机 3. 额定负荷作业,必要时更换电机
机器强烈震动	1. 锤片安装排列有误 2. 对应组锤片质量差过大 3. 个别锤片未甩开 4. 转子上其他零件不平衡 5. 主轴弯曲 6. 轴承损坏	1. 重新安装锤片 2. 重新调换锤片,组差需小于 5 g 3. 使锤片转动灵活 4. 重新平衡校验转子 5. 校直或更换新轴 6. 更换轴承
粉碎室内有异响	1. 铁石等硬物进入机内 2. 机内零件损坏或脱落 3. 锤筛间隙过小	1. 停机清除异物 2. 停机检查修复 3. 使间隙符合要求
生产率显著下降	1. 电机功率不足 2. 锤片严重磨损 3. 原料喂入不均匀 4. 原料含水量过高 5. 筛孔大小不符	1. 修理或更换电机 2. 调整锤片方向使用或更换新锤片 3. 均匀喂入 4. 干燥原料 5. 更换适宜型号筛板
进料口反喷	1. 输送管道堵塞 2. 筛孔堵塞	1. 疏通堵塞 2. 清理筛孔堵塞或更换筛板
成品过粗	1. 筛板穿孔或严重磨损 2. 筛侧间隙过大	1. 更换筛板 2. 停机使筛板和筛架贴合紧密
轴承过热	1. 轴承润滑脂不良或过多 2. 轴承损坏 3. 主轴弯曲或转子不平衡 4. 长期超负荷作业	1. 更换符合规格及适量润滑脂 2. 更换新轴承 3. 校直主轴、平衡转子 4. 较少喂入量
联轴器有异响	弹性圈损坏	更换弹性圈

　　(2)爪式粉碎机　爪式粉碎机如图 3-10 所示,该类型粉碎机主轴上装有固定齿爪(定齿盘)与转子盘上的齿爪(动齿盘)相互交错排列。粉碎作业时,饲料原料从定齿盘中部进料口进入粉碎机,随后由动齿盘里层搅拌齿将原料抛入粉碎区(齿爪间间隙),原料受到高速旋转动齿盘锤击、与筛片碰撞、与定齿摩擦、原料间相互碰撞等力的综合作用下被磨碎,并且转

子旋转产生风压使粉碎合格的原料穿过筛孔排出,未能穿过筛孔的原料则继续被粉碎。爪式粉碎机在粉碎的同时还伴随搅拌混合作用,饲料原料在机内由中间向四周散开,相当于经过多个粉碎室,能获得较细粒度的饲料原料。因此,该类型粉碎机可用于微量元素的粉碎以及小猪、小鸡及水产动物等的微粉碎饲料。此外,爪式粉碎机的能源消耗较大。

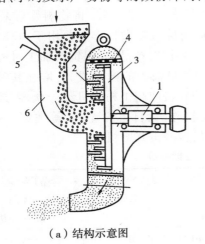

（a）结构示意图

（b）实物图

图3-10 爪式粉碎机

1—主轴;2—定齿盘;3—动齿盘;4—筛片;5—进料控制插门;6—进料管

常见爪式粉碎机有9FZ-27、31、33.37和45这5种型号,后面的数字代表转子的最大直径(cm),各型爪式粉碎机技术参数见表3-4。

表3-4 爪式粉碎机主要技术参数

型　号		270	310	330	370	450
配套动力/kW		2.8~3.0	4~5.5	7~7.5	10	13~14
动齿盘直径/mm		270	310	330	370	450
转速/(r·min^{-1})		5 500~5 700	4 900~5 100	4 700~5 000	4 100~4 400	3 300~3 600
齿最大线速度/(m·s^{-1})		78~80.5	79.5~83	81~86.5	79~85	78~85
机器质量/kg		60	75	85	115	175
外形尺寸/mm（长×宽×高）		620×550×1 165	625×525×1 145	700×580×1 260	740×630×1 340	86×720×1 480
生产率/(kg·h^{-1})	玉米筛孔（ϕ1.2 mm）	135	220	420	500	780
	玉米筛孔（ϕ2.0 mm）	35	60	85	115	140

（3）无筛式粉碎机 无筛式粉碎机主要用于粉碎贝壳等硬度较大的矿物质原料,它采用了锤块,取消了筛片,通过调节控制轮和衬套的间隙或锤块与齿板之间的间隙来控制成品的粒度。无筛式粉碎机主要由机体、转子、控制室和风机组成。

工作时,物料要先经过粗碎,然后由喂入口进入粉碎室,在高速旋转的锤块、侧齿板及弧形齿板的综合作用下被击碎、剪切碎和磨碎,符合要求的合格产品通过控制轮与衬套间的间隙被风吸出,不合格的被控制轮叶片挡住,留在粉碎室,继续被粉碎。

(4)微粉碎机 微粉碎机指专门用于完成物料微粉碎作业机器的统称。通常将物料颗粒由 3 mm 左右粉碎至 0.10 ~ 0.01 mm 粒级的产品称为微粉碎,将物料颗粒粉碎至 0.001 mm 粒级的产品称为超微粉碎。饲料工业中微粉碎或超微粉碎主要用于:鱼虾开口料、鳗鱼和甲鱼饲料、代乳饲料、微囊与微黏饲料等精心饲料产品,确保饲料加工过程中具有良好的公益性,保证饲料品质;用于配合饲料中添加量极少的微量成分,增强其颗粒总数及散落性,保证混合均匀。饲料行业中使用的微粉碎机或超微粉碎机型号众多,最常见有机械冲击式磨机、球磨机、悬辊机和销棒磨(万能粉碎机、自由粉碎机)等类型。表 3-5 列出了饲料加工厂常用的几种微粉碎机类型,均为机械冲击式磨机。

表 3-5 常见微粉碎机技术性能参数

型 号	SFSP60×60 锤片式 微粉碎机	SWFM60×36 马镫锤 微粉碎机	SWFL 立轴式 微粉碎机	SWFW85×67 无网 微粉碎机
成品粒度	玉米,90%过40目	玉米,90%过40目	玉米,90%过60目	玉米,85%过60目
生产能力/(t·h⁻¹)	2.2	2	0.5	2~4
转子直径/mm	600	600	420	850
粉碎室宽度/mm	600	360	—	670
主机功率/kW	75	55	22	160(132)
主轴转速/(r·min⁻¹)	2 970	2 970	4 865	1 936
锤片数量/片	112	96	12	48
分级电机功率/kW	—	—	4	3
分级机转速/(r·min⁻¹)			245~2 450	30~300

①SFSP60 锤片式微粉碎机。SFSP60 锤片式微粉碎机有 60×60 型和 60×45 型 2 种机型,其结构与普通卧轴锤片式粉碎机相同,但锤片较密,筛板孔径较小(0.6 mm 和 1.0 mm 2 种),可用于一般鱼虾饲料原料的粉碎。

②SWFM60×36 马镫锤微粉碎机。SWFM60×36 马镫锤微粉碎机结构与卧轴锤片式粉碎机相似,喂料采用无级调速电机,卧轴转子上装有马镫锤片(T 形锤片),机体上半部采用齿板,下半部采用筛板。然而,与卧轴锤片式粉碎机不同的是,该机采用机外气力分级机,可将粉碎后经分级不合格的粗料再送入给料器重新粉碎。但该机也是打击、有筛式,物料不可能粉碎得很细。一般用于幼小动物、对虾等饲料原料的粉碎。

③SWFL 立轴式微粉碎机。SWFL 立轴式微粉碎机有 SWFL42 型、SWFL75 型和 SWFL102 型 3 种型号,且结构相同。该机型立轴转子刀盘上方紧靠安装气流分选机(离心式风轮),可实现物料机内分级,使粗颗粒被再次粉碎。其次,在风量不变时可通过改变分选机转速调节成品粒度。该机型刀片(粉碎部件)具有较高线速度,可将物料粉碎较细。该机型是微粉碎设备中应用较广的一种机型(图 3-11)。

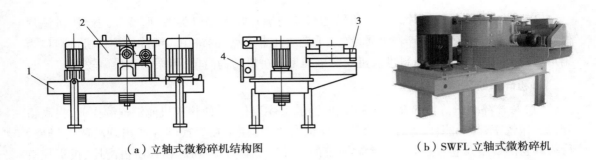

| （a）立轴式微粉碎机结构图 | （b）SWFL立轴式微粉碎机 |

图 3-11　立轴式微粉碎机

1—机架;2—机体;3—喂料器;4—蝶阀

④SWFW85×67 无网微粉碎机。SWFW85×67 无网微粉碎机是一种冲击式无筛网型微粉碎机,其成品粒度可调、粉碎物料适用范围广、易损零件较少,是目前国内适用效果较好的一种机型。特别适用于鳗鱼、甲鱼等饲料原料的粉碎。

⑤其他微粉碎机。卧式微粉碎机特别适合生产鱼饲料原料的微粉碎。结构主要由进料导向机构、机座、操作门、电机、转子、压筛机构和上机壳等部分组成。结构上采用水滴形粉碎室和合理二次粉碎结构的设计,有效地破坏环流层,有利于产量提高。轴向补风方式与顶部补风相结合获得更好的补风效果,有利于物料的粉碎和过筛,提高粉碎效率,同时也有利于轴承的降温。需粉碎的物料通过与本机相配的喂料机构由顶部进料口喂入,经进料导向板从左边或右边进入粉碎室,通过高速旋转的锤片打击与筛板摩擦,以及往二次粉碎室和侧向进风作用下,物料逐渐被粉碎,并在离心力和气流作用下穿过筛孔从底座出料口排出。

（5）碎饼机　碎饼机在饲料厂中目前主要用于大块豆饼或棉籽饼等的粗粉碎（将饼块碎成 1 cm 左右的小块）或大颗粒饲料的破碎。饲料厂中常用的碎饼机有辊式和锤片式两类。

①辊式碎饼机。辊式碎饼机有单辊式和对辊式两种类型,其中对辊式粉碎机在饲料厂中较常用。对辊式碎饼机结构如图 3-12 所示,齿辊是对辊式碎饼机的主要工作部件,齿辊由刀盘和隔套交替套在方轴上组成,一个齿辊为主动辊（快辊）,另一个齿辊为被动辊（慢辊）,两者相向回转。物料从进料口进入两个刻有沟槽的喂料辊处,并呈薄层被送入上（快）下（慢）磨辊之间,物料在转向相反的两辊表面的挤压和锯切作用下被粉碎,粉碎后的物料从下方排出机外。

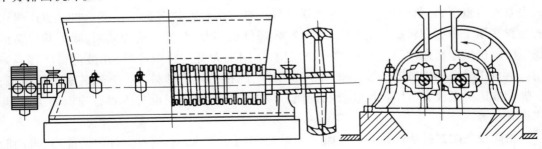

图 3-12　对辊式碎饼机

②锤片式碎饼机。锤片式碎饼机结构与普通锤片式粉碎机类似,但锤片式碎饼机锤片做得更厚以便于有效地破碎较大质量(几千克或几十千克)的饼粕。锤片式碎饼机进料口为扁形,有利于饼块类饲料原料进入机内。该类型碎饼机结构简单,但振动和噪声较大。

3)粉碎系统附属设施

(1)**待粉碎仓** 待粉碎仓位于粉碎机之前,其主要作用:使粉碎机能够连续作业,提高粉碎机工作效率,降低能耗;便于更换待粉碎饲料原料;便于在更换筛片或出现故障时维修。待粉碎仓的数目及仓容量与整套粉碎系统的设计生产能力、需粉碎物料所占配比、投资规模及自动化程度等有关。因更换饲料原料的需要,每台粉碎机配备的待粉碎仓数量应不低于2个;若采用多台粉碎机共享待粉碎仓时,平均每台粉碎机需至少配备1个待粉碎仓。此外,物料容重、储存时间、车间高度限制等因素也是确定待粉碎仓容积的重要因素。

(2)**缓冲仓** 采用先配后粉工艺时,在粉碎机前、混合机后要配置缓冲仓配。缓冲仓的仓容与混合机容积相等即可。

(3)**磁选装置** 在粉碎机前应配置磁选装置,以有效吸除饲料原料中的铁磁杂质,避免其进入粉碎室而损坏机件,从而保障粉碎机安全运行。若在清理工序已配备了磁选设备,可不用再额外增加磁选装置,依靠粉碎机自身所带的磁选装置即可。

(4)**供料器** 为保证粉碎机稳定的物料供应,使粉碎机维持在最佳工作状态以提高生产率,降低能耗,需在粉碎机前配置供料器。粉碎机供料器有多种形式,如螺旋式、振动式、闸门式、叶轮槽式、皮带式;等等。选择供料器的关键在于供料的平稳性和对被粉碎物料的适应性。供料器必须要能在沿粉碎机入口的整个长度方向上均匀喂料,并且能够提供均匀的喂料速度。此外,供料器电机应该安装自动负荷调节装置,使供料器可根据粉碎机工作情况实时调整物料流,以保证供料器供料稳定、均匀,从而保障粉碎机在最佳工作状态运行。当粉碎机工作电流低于最佳工作电流范围,自动负荷调节装置可提高供料器供料速度,反之则降低供料速度,从而保证粉碎机安全、正常工作。

(5)**分级筛** 分级筛主要配置在循环粉碎工艺粉碎机后、二次粉碎工艺第一台粉碎机后以及先配料后粉工艺粉碎机前。在分级筛中将物料分为粗细两级,合格的细粒并入细料中进入下一道工序,粗粒物料再重新进行粉碎。

(6)**输送设备** 输送设备可进一步细分为排料和输送两部分。排料设备的主要作用是将粉碎机粉碎后符合粒度要求的物料及时排出,保证粉碎机连续作业并维持较高的生产效率。因此,排料设备的性能对粉碎机的生产能力有极大影响。常见排料设备的输出物料方式主要有自重落料、负压吸送和机械输送3种。自重落料方式多见于小型单机。负压吸送式装置多用于中型饲料粉碎机,该装置可有效降低成品湿度,提高粉碎效率,降低粉碎室的扬尘度。机械输送通常与负压吸送联合使用,多用于大型饲料粉碎机,并被饲料厂普遍采用。带负压吸风的机械输送装置如图3-13所示,即在粉碎机排料口下方安装螺旋输送机,在螺旋输送机上设有负压吸风装置和旋风分离器。粉碎机排料设备主要有刮板输送机、斗式提升机等。

粉碎设备的选择从待粉碎仓开始至配料仓,由于投资规模、饲料设计生产能力、采用的粉碎工艺及对饲料质量要求不同,所选配的设备有一定差别。

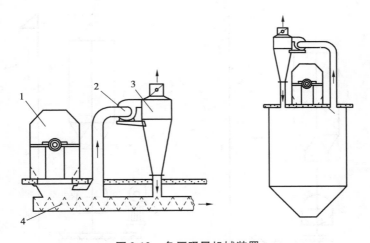

图 3-13　负压吸风机械装置
1—粉碎机;2—离心风机;3—旋风分离器;4—螺旋输送机

3.1.3　粉碎工艺

1)一次粉碎工艺与二次粉碎工艺

(1)一次粉碎工艺　一次粉碎工艺又称普通粉碎工艺,是指对物料采用一次粉碎作业满足产品粒度要求的工艺。在该粉碎系统中,储存于储存斗中经初清的粒状饲料原料,通过磁选装置后进入粉碎饥粉碎,粉碎后的产品再经螺旋输送机和斗式提升机输送入配料仓[图 3-14(a)]。一次粉碎工艺由于工艺流程简单、所需设备少和投资小等优点被我国大多数饲料企业采用。然而,一次粉碎工艺也存在产品粒度均一性差、生产效率较低、能耗较高等问题。因此,选择适宜的粉碎机类型、型号和数量是提高粉碎效率、降低能耗的重要途径。

(2)辅助吸风粉碎工艺　辅助吸风粉碎工艺是目前国类外设计粉碎工艺的主流,该粉碎系统是在普通粉碎工艺基础上增加辅助吸风系统[图 3-14(b)]。在该粉碎系统中,辅助吸风系统能及时将粉碎过程中由于锤片撞击和物料间摩擦产生热量而使物料内部水分蒸发(尤其是高水分含量饲料原料)形成的湿热空气及时排出,从而保持筛孔通畅,避免湿热空气中的水蒸气在筛板上凝结而与饲料细粉混合成浆状进而堵塞筛孔,影响排料,降低粉碎效率。吸风量的确定可按每平方米筛面 $31 \sim 43$ m^3/min,吸风风速按 $1.25 \sim 2.50$ m/s设计。

(3)二次粉碎工艺　对饲料原料采用两次粉碎作业的粉碎工艺系统称为二次粉碎工艺。二次粉碎工艺提高了饲料原料粉碎效率,改善了产品粒度均一性、降低了粉碎能耗。但是,二次粉碎工艺需添加分级筛和粉碎机等设备。该工艺根据粉碎设备的配置不同,分为循环粉碎工艺、组合二次粉碎工艺和阶段二次粉碎工艺(图 3-15)。

①循环粉碎工艺。通过将粉碎后大颗粒物料筛出并送回原粉碎机粉碎的工艺称为循环粉碎工艺,该粉碎工艺仅采用一台粉碎机进行连续粉碎作业。在循环粉碎工艺系统中,粉碎

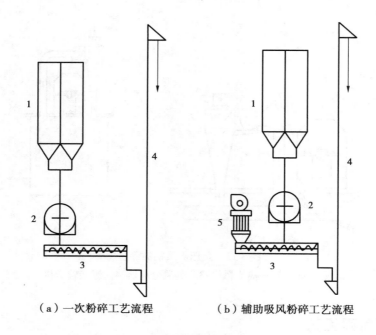

（a）一次粉碎工艺流程　　　　（b）辅助吸风粉碎工艺流程

图 3-14　粉碎工艺流程示意图

1—待粉碎仓;2—粉碎机;3—螺旋输送机;4—提升机;5—独立式除尘器

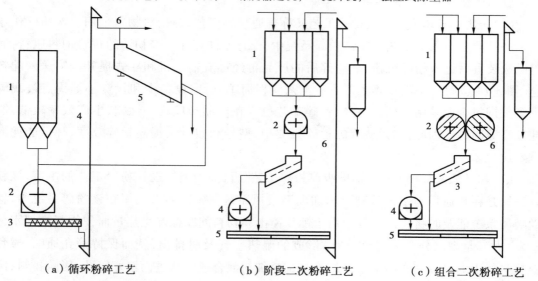

（a）循环粉碎工艺　　　　（b）阶段二次粉碎工艺　　　　（c）组合二次粉碎工艺

图 3-15　二次粉碎工艺流程

（a）1—待粉碎仓;2—粉碎机;3—螺旋输送机;4—提升机;5—分级筛;6—三通

（b）1—待粉碎仓;2—锤片式粉碎机Ⅰ;3—分级筛;4—锤片式粉碎机Ⅱ;5—螺旋输送机;6—提升机

（c）1—待粉碎仓;2—辊式碎饼机;3—分级筛;4—锤片式粉碎机;5—螺旋输送机;6—提升机

后的原料经分级筛分为粗、细两级,通过分级筛的合格细粒并入细料进入下一道生产工序,未通过分级筛的粗粒物料返回粉碎机重新粉碎。因此,循环粉碎工艺系统中,产品粒度由分级筛控制,进而减少了粉碎机对物料的过度粉碎,提高了饲料粒度的均一性。该工艺适合于原料粉碎粒度小的粉碎作业,如水产动物颗粒饲料的生产,对提高其粉碎效率、降低粉碎成本更有优越性。由理论分析和实际测量证实,循环粉碎工艺可提高产量 30% ~ 40%,单产能耗较一次粉碎降低 30% 以上。

②阶段二次粉碎工艺。与循环粉碎工艺仅采用一台粉碎机进行粉碎作业不同,阶段二次粉碎工艺采用两台锤片式粉碎机进行粉碎作业。第一台粉碎机将饲料原料初碎后,筛出大颗粒出机物料送入第二台粉碎机进行二次粉碎。阶段二次粉碎工艺不受饲料原料软硬度、含水量等因素的限制,对物料有较好的适应性。

③组合二次粉碎工艺。组合二次粉碎工艺与阶段二次粉碎工艺的不同是采用两台不同类型的粉碎机组合进行二次粉碎作业,常采用对辊式与锤片式粉碎机组合二次粉碎工艺系统。饲料经对辊式粉碎机初碎后将出机物料中大颗粒筛出,送入锤片式粉碎机进行二次粉碎。组合二次粉碎工艺采用对辊式粉碎机初碎,发挥其粉碎速度大、能耗低的优点,其对高纤维物料破碎性能差的缺陷由后面的锤片式粉碎机弥补。采用这种组合二次粉碎,有粉碎生产率高、能耗低、料升温低、粉碎粒度均匀等优点。但该粉碎工艺系统不适宜于含水量较高的饲料原料。

2) 先配料后粉碎工艺与先粉碎后配料工艺

根据配料与粉碎工序的先后顺序,可将粉碎工艺分为先配料后粉碎工艺和先粉碎后配料工艺。

(1)先配料后粉碎工艺　先配料后粉碎工艺是将饲料原料按配方配料后再进行粉碎的工艺,即将配料工序放置在粉碎工序之前的工艺。其工艺流程为先将饲料原料直接储存在不同的配料仓中,再根据配方进行配料后按批次进行粉碎和混合。

先配料后粉碎工艺的优势:①因采用先混合后粉碎工序,饲料原料不受粉碎系统和配料仓数量限制,对需粉碎饲料原料品种变化的适应性强,且减少了待粉碎仓和配料仓的数量和资金投入,降低了建厂投资成本。②该粉碎工艺连续性强,便于实现自动化控制。③使用颗粒料配料,流动性好,可有效防止较细粒度饲料原料在配料仓的结拱现象。

然而,该粉碎工艺也存在一些不利因素:①装机容量高,能耗大,其装机容量和能耗分别比先粉碎后配料工艺高 20% ~ 50% 和 5% ~ 12.5%。②由于使用颗粒料配料,在获得较好流动性的同时也给供料器控制料流量增加了难度,从而导致配料质量控制较难。③因原料粉碎时是多种原料混合粉碎,原料的硬度和粒度差异较大,粉碎机很难控制在最佳工作状态,且粉碎机的磨损较严重。④粉碎工序对整个机组系统的生产率影响较大,且当粉碎机组发生故障、停机检修或筛片更换时,将导致整个机组停止运行。

先配料后粉碎工艺适合于原料种类多,且配方经常变更的大中型企业以及水产饲料生产企业。先配料后粉碎工艺以欧洲国家应用较多,我国应用较少。我国的一些小型饲料加工机组由于受设备投资限制也常使用该工艺流程。

此外,在先配料后粉碎工艺中还需注意:①配料前要加强物料(粒料和副料)的清理,否则对后工序带来危害。②粒料清理和粉料清理要同时进行,以利于后序工序工作。

(2)先粉碎后配料工艺　与先配料后粉碎工艺不同的是,先粉碎后配料工艺是将饲料原料分别粉碎后再按照配方进行配料的工艺,即将粉碎工序放置在配料工序之前的工艺。其工艺流程为先将全部需要粉碎的饲料原料储存到待粉碎仓中,再经过粉碎和输送使符合粉碎粒度的物料进入配料仓,进而按配方进行配料并混合。

先粉碎后配料工艺的优势:①由于饲料原料分品种粉碎,可根据饲料原料物理特性选择适宜的粉碎参数,充分发挥粉碎机的工作性能,提高生产效率,减少粉碎机磨损消耗。②可根据配方情况、饲料原料品种及产量配置适宜数量的粉碎机。③采用粉碎后的粉料配料,易于保障配方执行,有利于保证配料质量。④粉碎工序对整个机组的生产没有影响,因此在粉碎机保养、更换配件或维修时整个机组可不停机,不影响生产的正常进行。⑤装机容量比先配料后粉碎工艺低,单产能耗较小。

但是,与先配料后粉碎工艺相比,先粉碎后配料工艺存在所需配料仓多、工艺流程复杂、投资大、配料仓中粉料容易结拱、生产的产品种类受限于受配料仓数目等不利因素。

该工艺流程以中国和美国为代表,适用于生产规模大、配方中需粉碎饲料原料相对较少、且粉状饲料与颗粒饲料生产变换不频繁或成品种类较少、产品质量要求高的企业采用。我国专业化饲料加工企业少,每日加工的配方多,且大多数大中型企业配合饲料产品中,浓缩饲料所占份额较大,因此,采用该工艺流程较为合理。

任务 3.2　粉碎的质量管理

3.2.1　粉碎质量评价指标

粒度、粒度分布、粉碎比以及单位是评价饲料粉碎质量及粉碎机经济性能的重要指标。用于评价粉碎质量的粉碎后饲料原料样品可在粉碎机后物料输送设备的观察口或配料仓入口处采集;粉料成品可在包装工序处采集。

1)粒度

物料颗粒的大小称为粒度,是粉碎程度的代表性指标。对于球形颗粒来讲,粒度即为其直径。而对于非球形颗粒来讲,则用质量、面积或体积为基准来表示粒度。饲料行业中的粒度一般表示物料的粒径。

筛分粒度就是物料颗粒能够通过筛网的筛孔尺寸,用"目"表示。目是指每平方英寸($1\,in = 25.4\,mm$)筛网内的筛孔数目,故又称为"目数"。目数越大,孔径越小。一般来说,目数×孔径(μm) = 15 000。比如,400 目的筛网的孔径为 38 μm 左右;500 目的筛网的孔径是30 μm 左右。由于存在开孔率的问题,也就是因为编织网时用的丝的粗细的不同,不同的国家的标准也不一样,目前存在美国标准、英国标准和日本标准 3 种,其中英国和美国的相近,日本的差别较大。我国使用的是美国标准,也就是可用上面给出的公式计算。我国常用筛网目数与粒径对照见表 3-6。

表 3-6　我国常用筛网目数与粒径(μm)对照表

目　数	粒　径	目　数	粒　径	目　数	粒　径	目　数	粒　径
2	8 000	28	600	100	150	250	58
3	6 700	30	550	115	125	270	53
4	4 750	32	500	120	120	300	48
5	4 000	35	425	125	115	325	45
6	3 350	40	380	130	113	400	38
7	2 800	42	355	140	109	500	25
8	2 360	45	325	150	106	600	23
10	1 700	48	300	160	96	800	18
12	1 400	50	270	170	90	1 000	13
14	1 180	60	250	175	86	1 340	10
16	1 000	65	230	180	80	2 000	6.5
18	880	70	212	200	75	5 000	2.6
20	830	80	180	230	62	8 000	1.6
24	700	90	160	240	61	10 000	1.3

2) 粒度分布

由于粉碎后的固体颗粒形状和大小存在较大差异,一般用全部颗粒中粒度小于 d 的所有颗粒的粒数、表面积或体积,占所有颗粒的粒数、表面积或体积的百分率表示,其所对应的百分率分别称为粒数、表面积或体积的累积分布函数,用符号 $A(d)$ 表示。将累积分布函数对粒度 d 微分,可得频率分布函数 $f(d)$,即

$$f(d) = \frac{\mathrm{d}A(d)}{\mathrm{d}(d)}$$

频率分布函数也有粒数 $f(N)$、表面积 $f(s)$ 和体积 $f(v)$ 3 种,分别表示粒度为 d,粒度增量为 1 个单位范围内颗粒数目、表面积和体积所占的百分率。

因此,粒度分布是评价粉碎后饲料颗粒粒度均一性的重要指标。

3) 粉碎比

粉碎比又称粉碎度,是物料粉碎前后粒度的比值。粉碎比是反映粉碎设备作业情况的重要指标,也是根据物料性质确定适宜粉碎设备类型、尺寸及粉碎作业程度的重要依据。一般粉碎设备的粉碎比为 3~30,微粉碎和超微粉碎的粉碎比为 300~1 000。

由粉碎比可以看出,若通过一次粉碎将大颗粒物料粉碎成细粉时,则粉碎比太大,利用率较低,因此,通常可分成若干级粉碎作业,每级实现一定的粉碎比,从而实现较大粉碎比。在水产饲料加工中常采用粗粉碎与微粉碎组合达到微粉碎的目的。

4) 单位电耗

单位电耗是指单位时间内粉碎单位质量物料所消耗的能量[j,kW(kg · h)],即

$$j = \frac{P}{M \cdot t}$$

式中,P 为粉碎设备功率(kW),M 为粉碎物料质量(kg),t 为时间(h)。单位电耗与粉碎比共同确定了粉碎机的经济指标。若两台粉碎机单位电耗一样,粉碎机的经济性能则由破碎比大小决定,反之亦然。

3.2.2 饲料粉碎粒度测定方法

饲料粉碎粒度的测定方法主要有显微镜法、沉降法和平面筛筛分分析法等多种。饲料行业中除个别少量组分因粒度极微采用显微镜法外,一般采用筛分法测定饲料粉碎粒度。筛分法又分为配合饲料粉碎粒度测定法、饲料粉碎粒度测定——两层筛筛分法、算术平均粒径法(四层筛法)和十五层筛法。

1)配合饲料粉碎粒度测定法

该测定法按我国国家标准 GB/T 5917—1986《配合饲料粉碎粒度测定法》进行,该测定方法适用于用规定的标准编制筛测定配合饲料成品的粉碎粒度。测定时,按标准采样方法从原始样品中称取试样 100 g,放入规定筛层的标准编织筛内,开动电动机连续筛理 10 min,筛完后,将各层筛上物分别称重、计算该筛层上留存百分率(%)。使用的编织筛为 7 层标准编织筛,由下至上顺序依次为底筛、4 目筛、6 目筛、8 目筛、12 目筛、16 目筛。

2)饲料粉碎粒度测定——两层筛筛分法

该测定方法按我国国家标准《饲料粉碎粒度测定——两层筛筛分法》(GB/T 5917.1—2008)进行,其部分代替《配合饲料粉碎粒度测定法》(GB/T 5917—86)。该测定方法将使用范围扩大到配合饲料、浓缩饲料、精料补充料、添加剂预混合饲料、单一饲料、饲料添加剂等;规定了"根据不同饲料产品、单一饲料等的质量要求,选用相应规格的两个标准试验筛、一个盲筛(底筛)及一个筛盖";规定了电动振筛机的振幅、振动频率和筛理运动方式;规定了手工筛分的工作条件;规定了电动振筛机筛分法为仲裁法;将《配合饲料粉碎粒度测定法》(GB/T 5917—86)中"双试验允许误差不得超过 1%",改为"第二层筛筛下物质量的双试验误差不得超过 2%"。

3)算术平均粒径法(四层筛法)

该测定方法用 10 目筛、18 目筛、40 目筛和盲筛(底筛)的标准编织筛组成筛箱,取样 100 g,用量感为 0.01 g 天平秤称重。在振动机上振动筛理 10 min 后,按下式计算:

$$M = \frac{1}{10}\left(\frac{a_0 + a_1}{2}p_0 + \frac{a_1 + a_2}{2}p_1 + \frac{a_2 + a_3}{2}p_2 + \frac{a_3 + a_4}{2}p_3 \right)\text{mm}$$

式中,a_0、a_1、a_2、a_3 为由底筛上数各层筛子的孔径(mm)(当采用国际标准时,10、16、40 目的筛孔尺寸分别为 2.0、1.0 和 0.425 mm);a_4 为假设 10 目筛上物能全部通过的孔径(mm),$a_4 = 4$ mm(5 目筛)。p_0、p_1、p_2、p_3 为由底筛向上数各筛子的筛上物重(g)。

4)十五层筛法

十五层筛法主要在粉碎机性能试验和科学研究中采用,适用于粉碎后物料为球体或方体颗粒,不适用于蒸煮压扁的片状饲料或铡过的细长碎干草。该测定方法按我国国家标准

《饲料粉碎机试验方法》(GB/T 6971—1986)附录 B《饲料粗细度的筛分测定表示方法》进行。十五层筛法假定饲料组分质量分布符合对数正态分布。粉碎粒度用质量几何平均直径表示,粒度分布情况(即均一性)用质量几何平均标准差表示。

该测定方法用 15 只(含底筛)直径 204 mm、高度 25 mm 的金属编织筛组成,饲料粗细度筛分分析筛规格见表 3-7。取 100 g 样本放在顶层筛面,开动摇筛机筛分 10 min,以后每隔 5 min 检查称量一次,直到 5 min 内最细一层筛上物料的质量变化不大于样本总质量的 0.2%,即最细一层筛子物料的质量达到稳定状态时为止。称量并记录各层筛上物料的质量。通过 270 号筛物料(即筛底的筛上物)其平均直径按 44 μm 计算。计算公式如下:

$$d_{gw} = \log^{-1}\left[\frac{\sum (W_i \log \overline{d_i})}{\sum Wi}\right]$$

$$S_{gw} = \log^{-1}\left[\frac{\sum Wi (\log \overline{d_i} - \log d_{gw})^2}{\sum W_i}\right]^{\frac{1}{2}}$$

式中,d_{gw} 为质量几何平均直径(μm);$\overline{d_i}$ 第 i 层筛上物料颗粒的几何平均直径(μm),$\overline{d_i} = (d_i \times d_i + 1)^{\frac{1}{2}}$;$d_i$ 为第 i 层筛的筛孔直径(μm);$d_i + 1$ 为比第 i 层筛孔大的相邻筛子的筛孔直径(μm);W_i 为第 i 层筛上物料的质量(g);S_{gw} 为质量几何平均标准差(μm)。可在正态对数概率纸上以粒度大小为横坐标,以各层筛累加质量为纵坐标绘出几何平均直径和常用对数几何标准差的图解。

表 3-7　饲料粗细度筛分分析筛规格

筛　号	网孔基本尺寸/mm	对应目数
4	4.75	4
6	3.35	5.5
8	2.36	7.6
12	1.70	10.2
16	1.18	14
20	0.850	18.8
30	0.600	25.4
40	0.425	36
50	0.300	50.8
70	0.212	72.2
100	0.150	101.6
140	0.106	149.4
200	0.075	203
270	0.053	300
底筛	0	—

3.2.3　粉碎粒度要求

粉碎后的饲料粒度大小不仅对后续工艺的加工性能、成品质量和生产成本有非常重要的影响，而且不同种类的饲养对象以及不同的饲养阶段对饲料原料的粉碎粒度有不同的要求，并且这种要求差异较大。因此，满足饲养对象对粒度的基本要求是饲料加工过程中的首要指标，此后再根据饲养对象其他需求的重要程度依次考虑其他指标。表3-8给出了不同饲养对象不同饲养阶段适宜的粒度要求，以作参考。

表3-8　饲养动物饲料适宜粒度参考值

饲养动物	生长阶段	适宜粒度 参考值	备　注
猪	仔猪	300 ~ 500 μm	断奶后0 ~ 14 d仔猪，300 μm为宜；断奶15 d后仔猪，500 μm为宜
	肥育猪	500 ~ 600 μm	粉碎过细会导致肥育猪胃肠损伤及角质化现象
	母猪	400 ~ 500 μm	
鸡	肉鸡	700 ~ 900 μm	粉碎过细会导致鸡肌胃萎缩、小肠肥大、消化率降低、采食量下降
	产蛋鸡	1 000 μm	产蛋鸡对饲料原料粉碎粒度反应不敏感，一般控制在1 000 μm为宜
鱼虾	鱼	≤0.5 mm	全部通过40目筛（0.425 mm筛孔），60目筛（0.250筛孔）筛上物 <20%
	中国对虾	<200 μm	全部通过40目筛（0.425 mm筛孔），60目筛（0.250筛孔）筛上物 <20%
鳗鱼、甲鱼	仔鳗、稚鳖	<100 μm	98%通过100目筛
	成鳗、成鳖	<150 μm	98%通过80目筛

3.2.4　影响粉碎质量的因素

1）物料种类及其含水量

由于各饲料原料的纤维、淀粉含量及结构状态存在较大差异，因此物料物理性质对物料的粉碎质量、粉碎机能耗和粉碎产品的粒度有很大影响。一般如玉米、高粱等淀粉含量高的谷物粉碎较易，类似于大麦、燕麦等纤维含量较高的谷物则粉碎较难。表3-9列出了玉米和大麦两种不同物理性质的饲料原料在不同筛孔直径时对粉碎机粉碎效率和能耗影响的试验结果。由表3-9可知，大麦的度电产量远低于玉米，尤其是当筛孔较小时度电产量的差异更显著。

表 3.9 不同筛孔直径时大麦和玉米的度电产量

筛孔直径/mm	度电产量/[kg·(kW·h⁻¹)]		
	大麦	玉米	大麦/玉米
1.2	40	96.5	0.41
2	53	120	0.44
3	76	148.5	0.51
4	106	174.5	0.61
5	147	215	0.68

此外,饲料原料的含水量对粉碎效率也有较大影响。研究表明,含水量为 10% 的玉米度电粉碎产量比含水量为 17% 的玉米度电粉碎产量增加 33% ~ 38%。因此,对于含水量高于安全贮藏含量(12% ~ 13%)的玉米等饲料原料应先进行预干燥后再粉碎,否则将增加锤片式粉碎机的能耗。

2)粉碎机工作部件对粉碎质量的影响(以锤片式粉碎机为例)

(1)供料器对粉碎质量的影响 不稳定均匀供料会引起粉碎机工作状态不稳定,导致粉碎机对物料的粉碎不均匀,从而严重影响粉碎质量并大幅降低粉碎效率。比较而言,螺旋式供料器不是最佳选择。叶轮槽式供料器在转子上有许多交错排列的槽,供料比较均匀稳定,且可沿粉碎机入口的整个长度上供料,我国目前使用较多。

(2)锤片对粉碎质量的影响 锤片是锤片式粉碎机的重要工作部件,其形状、厚度、数量及排列方式等均对粉碎机的工作效率和粉碎质量有极大的影响。

①锤片形状。我国的专业标准和行业标准《锤片式粉碎机锤片》规定,锤片式粉碎机的锤片形状为矩形。然而,近年来的研究发现,一些异形锤片,如 T 形锤片的使用能减少筛片的数量,极大地降低了锤片式粉碎机的能耗。

②锤片厚度。由于锤片式粉碎机利用高速旋转的锤片撞击和切碎物料,锤片厚度直接影响其撞击性能、切碎性能和使用寿命。研究表明,在同等条件下粉碎玉米,使用 3 mm 厚锤片[产量为 114.7 kg/(kW·h)]比使用 5 mm 厚锤片[产量为 100.2 kg/(kW·h)]其产量提高了 14.5%。此外,中国农机院研究结果也证实薄锤片有利于提高锤片式粉碎机粉碎效率。因此,随着锤片厚度的减小,粉碎机生产效率增加,然而锤片厚度减小将使锤片耐磨性降低,使用寿命缩短。我国锤片厚度标准分别是 2 mm、5 mm 和 8 mm,其中以 5 mm 应用居多。

③锤片数目和排列。转子上锤片数目对粉碎粒度和效率都有较大影响。锤片数目决定了每个锤片所负担的工作区域。由于不同型号粉碎机锤片数目差异较大,因此,使用锤片密度系数 ε 作为确定锤片数目的设计依据,可用如下公式表示:

$$\varepsilon = \frac{BD}{Z\delta}$$

式中,B 为粉碎室宽度(m);D 为转子直径(m);Z 为锤片数目;δ 为锤片厚度(m)。我国锤片式粉碎机的锤片密度系数 ε 为 1.00 ~ 2.34。同时,锤片的排列方式会影响物料的分布以及转子平衡,是导致粉碎机在工作过程中产生震动的重要因素。合理的锤片排列方式可提高转子的平衡,有效较小机器震动的产生,并可使物料分布均匀。目前,螺旋排列、对称排列或对称交错排列是锤片式粉碎机锤片的常用排列方式。

④锤片末端线速度。锤片粉碎机在正常工作状态下,锤片最外端的线速度,称锤片末端线速度。根据物料的强度、脆性和韧性不同,锤片末端线速度的最佳值不同。如对于玉米、大麦等淀粉含量较高的物料适宜线速度为 60 ~ 90 m/s;而对于麸皮、米糠等纤维含量高、韧性大的物料,适宜线速度为 110 ~ 120 m/s。在合理线速度范围内,锤片式粉碎机生产效率会随着转速的加快而增加,但若转子转速超出一定范围,空载功率会增加,进而增大震动与噪声。一般情况下,末端线速度控制在 65 ~ 90 m/s 为宜。

(3)筛片对粉碎质量的影响

①筛孔形状。筛孔形状对锤片式粉碎机粉碎效率和粉碎质量有显著影响。前面已提到过,常见的锤片式粉碎机筛片按筛孔形状筛孔有圆柱孔筛、长方孔筛、梯形筛、鱼鳞筛和方孔筛等几种类型。如使用鱼鳞状筛的锤片式粉碎机产量高于冲孔圆筛,但鱼鳞筛转子不能正反转使用、成本高、成品平均粒度大。其他孔筛,如梯形筛虽然破坏了环流层结构,有效提高了分离效率,但筛片磨损严重。根据性价比来看,圆柱孔筛略占优势,在饲料生产加工中使用较多。

②筛孔孔径。筛孔孔径与物料通过率密切相关。一般而言,物料通过率随孔径的减小而降低,当筛孔直径过小时,物料将很难通过筛孔。若在符合粒度要求的情况下增加筛孔直径,可提高谷物粉碎后通过率,提高粉碎机生产效率,降低能耗。研究表明,筛孔由 1 mm 增加到 1.5 mm 时,粉碎机生产效率至少提高 40%。然而,值得注意的是,需根据产品实际情况选择适宜的筛孔,否则过大的筛孔将使粉碎成品粒度增加。筛孔直径与粉碎细度的关系为

$$成品平均粒度(mm) \approx 1/3 ~ 1/4 筛孔直径(mm)$$

③筛孔排列方式。在实际生产中,常见的筛孔排列方式有如图 3-16 所示 3 种,分别是由相邻筛孔 a、b、c 中心构成的等边三角形,其中一边垂直于物料运动方向[图 3-16(a)];由相邻筛孔 e、f、g 的中心构成的等边三角形,其中一边平行于物料运动方向[图 3-16(b)];任何相邻三孔中心没有构成等边三角形,筛孔则为有序的纵横排列方式[图 3-16(c)]。研究表明,使用图 3-16(c)型筛片的产量最低,图 3-16(a)型筛片的产量比使用图 3-16(b)型筛片的产量高。同时,标准中也明确规定,优先采用图 3-16(a)型筛片,图 3-16(c)型筛片由于其筛孔排列方式不合理,未在标准中列出。

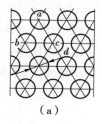
（a）
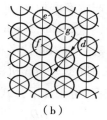
（b）
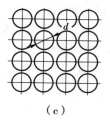
（c）

图 3-16　常见筛孔排列方式

④筛理面积。筛理面积大小直接影响粉碎后的饲料通过筛片的速度,筛理面积越大其粉碎机的生产效率越高,能耗越低。因此,应合理选取筛片筛理面积。提高筛理面积的有效

途径是在保证筛片强度要求的情况下,适当扩大筛孔直径、提高开孔率和增大筛片的包角。

⑤锤筛间隙。锤筛间隙是指转子旋转时锤片末端与筛片之间的最小距离,其决定了粉碎室内物料层的厚度。若物料层太厚则不易排料,太薄则导致研磨作用减弱。研究表明,不同的物料有最佳锤筛间隙,一般谷物为 4 ~ 8 mm,秸秆为 10 ~ 14 mm,通用型为 12 mm。此外,转子直径大小也与锤筛间隙的确定有关,直径大的转子锤筛间隙也应相应大些。我国粉碎机的锤筛间隙一般设计为 12 ~ 16 mm。

(4)粉碎室形状对粉碎质量的影响　圆形粉碎室的锤片式粉碎机易使物料在筛面上形成环流层,不利于粉碎物料的及时排出,导致细小物料的过度粉碎,增加了物料与筛片的摩擦发热,降低生产效率。为破坏锤片式粉碎机的环流层,提高粉碎物料的粉碎效率,研究人员开发了不同形状的粉碎室结构,试图通过改变粉碎室形状来达到破坏环流层的目的,如水滴形、椭圆形、八角形、涡流式等不同形状的粉碎室。水滴形粉碎室不仅能有效破坏环流层,同时增加了有效筛理面积,有利于物料排出,在饲料加工企业中得到广泛应用。近年来,一些在粉碎室内增加了二次粉碎结构新型的锤片式粉碎机被研制出来,如 U 形或 W 形等,有效改变了饲料颗粒的运动轨迹,极大地提高了锤片式粉碎机的产量。

(5)排料方式对粉碎质量的影响　粉碎机排料方式对粉碎机工作性能有较大影响。粉碎后的饲料原料必须及时被排料装置排出并输送到下一生产环节,从而保证饲料生产作业的连续性。同时,在满足工作性能的同时,粉碎机的排料装置还要求成本低、粉尘少、噪声小。目前常见的有机械式排料和气力负压式排料两种方式,机械式排料用于筛孔直径1.5 mm 以上的粗粉碎作业较适宜,气力负压式排料用于筛孔直径 1.5 mm 以下的细粉碎作业较适宜。

(6)风机对粉碎质量的影响　粉碎机系统以"通风为主,吸尘为辅"的设计原则来确定风网形式及吸风量,组成风网。其功能不仅有效地控制粉尘外逸,而且能降温,吸湿,提高物料通过筛孔速度,促进筛孔排料顺畅,防止物料过度粉碎,从而提高粉碎效率,降低能耗。风机是构成粉碎机风网系统的主要部件,因此选择合理的风机组成风网对粉碎机的产量影响比较大。吸风量是粉碎机风网系统中风机的主要参数,按单位时间内通过粉碎机筛片单位面积的风量来计算,吸风量以保证管道中的输料风速及产量并留一定余量为宜,过大过小均会带来不利影响。一般吸风量选用范围为 2 300 ~ 3 200 m³/h,时产 5 t 以上、10 t 以下的选用 3 000 m³/h 左右,微粉碎机的吸风量应更大一些。我国 SFSP 系列粉碎机的额定吸风量为每平方米筛面31 ~ 43 m³/min。一般吸风阻力为 700 ~ 1 000 Pa,而微粉碎机在 3 000 ~ 4 000 Pa范围内选用,效果比较理想。风压是粉碎机风网系统中风机的另一主要参数,风压以保证克服设备、管道中阻力损失并留一定的余量,保证粉碎机筛板下方 – 1 500 ~ – 1 000 Pa 为宜。

3.2.5　粉碎质量管理措施

1)选择适宜的粉碎工艺

根据投资规模、生产规模、产品种类及主要生产配方,科学合理地选配粉碎工艺。生产规模大,产品质量要求高,可考虑按原料配置粉碎工艺。根据产品种类和加工要求,主、辅原料分别确定粉碎工艺。此外,还需考虑粉碎工艺对产品质量和粉碎成本的影响。

2）合理配置粉碎机

根据投资规模、加工工艺、产品质量要求、粉碎质量等方面合理配置粉碎机，可以考虑采用双速电机或变频调速技术；选择稳定性好的供料器，配置有负荷自动控制装置；考虑排料过程对粉碎效率、粉碎质量的影响，合理配置排料工艺及相应设备；粉碎后产品的输送应尽量降低交叉污染机会。

3）合理确定粉碎技术参数

根据原料种类、产品粉碎要求，合理选择粉碎机工艺参数，包括供料速度、粉碎机锤片末端线速度、粉碎机筛片等。

4）原料水分控制

饲料原料水分影响粉碎质量及成本。原料含水量低，有利于保证粉碎粒度，降低粉碎成本，因此在原料采购验收中，要注意控制原料含水量。

实训　配合饲料粉碎粒度测定——两层筛筛分法

【实训目的】

饲料粉碎粒度测定是评价饲料粉碎质量和粉碎机性能的重要指标，熟练掌握配合饲料粒度的测定，对于正确评价饲料粉碎质量和粉碎机性能非常重要。

【实训材料与仪器设备】

1. 标准试验筛。

①采用金属丝编织的标准试验筛，筛框直径为 200 mm，高度为 50 mm。试验筛筛孔尺寸和金属丝选配等制作质量应符合《试验筛　金属丝编织网、穿孔板和电成型薄板　筛孔的基本尺寸》（GB/T 6005—2008）和《试验筛　技术要求和检验　第 1 部分：金属丝编织网试验筛》（GB/T 6003.1—2012）规定。

②根据不同饲料产品、单一饲料等的质量要求，选用相应规格的两个标准试验筛、一个盲筛（底筛）和一个筛盖。

2. 振筛机。采用拍击式电动振筛机，筛体振幅为（35 ± 10）mm，振动频率为（220 ± 20）次/min，拍击次数为（150 ± 10）次/min，筛体的运动方式为平面回转运动。

3. 天平。感量为 0.01 g 的天平。

【实训内容与方法步骤】

测定方法按《饲料粉碎粒度测定——两层筛筛分法》（GB/T 5917.1—2008）的规定进行，具体步骤如下。

1. 采样。采样方法按《饲料采样》（GB/T 14699.1—2005）第 4 章、第 5 章、6.1、6.2、6.4、7.1—7.3、8.1、8.3、8.4.2—8.4.6、8.5、第 9 章和第 10 章规定进行。一般而言，粉碎半成品可在粉碎机后物料输送设备的观察口处采集，也可从配料仓入口处采集。粉料成品在包装工序采集。

2. 测定步骤。

①将标准试验筛和盲筛按筛孔尺寸由大到小上下叠放。

②从试样中称取试料 100.0 g，放入叠好的组合试验筛的顶层筛内。

③将装有试料的组合试验筛放入电动振筛机上,开动振筛机,连续筛 10 min(电动振筛机筛分法为仲裁法)。若无电振筛机,可手工筛理 5 min。筛理时,应使试验筛做平面回转运动,振幅为 25 ~ 50 mm,振动频率为 120 ~ 180 次/min。

④筛分完成后将各层筛上物分别收集、称重(精确到 0.1 g),并记录结果。

⑤按下式计算各层筛上物的质量分数:

$$P_i = \frac{m_i}{m} \times 100$$

式中,P_i 为某层试验筛上留存物料质量占试料总质量的百分数($i = 1,2,3$),%;m_i 为某层试验筛上留存的物料质量($i = 1,2,3$),g;m 为试料的总质量,g。

⑥结果表示。每个试样平行测定两次,以两次测定结果的算术平均值表示,保留至小数点后一位;筛分时若发现有未经粉碎的谷粒、种子及其他大型杂质,应加以称重并记入实验报告。

⑦允许误差。试料过筛的总质量损失不得超过 1%;第二层筛筛下物质量的两个平行测定值相对误差不超过 2%。

【实训报告】

完成实训报告。

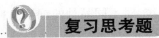 **复习思考题**

一、选择题

1.颗粒原料在机械力作用下,克服内聚力(结合力),变为粉状料的过程,称为(　　)。

　A.混合　　　　　　B.粉碎　　　　　　C.制粒　　　　　　D.磨碎

2.根据对物料加力情况不同,粉碎可分为(　　)。

　A.击碎　　　　　　B.磨碎　　　　　　C.压碎和锯切碎　　　D.以上都对

3.锤片式粉碎机,转子上任意两组锤片之间的质量差不能超过(　　)。

　A.3 g　　　　　　B.5 g　　　　　　C.10 g　　　　　　D.15 g

4.粉碎机中,用来控制粉碎产品粒度的主要部件是(　　)。

　A.锤片　　　　　　B.筛片　　　　　　C.齿板　　　　　　D.粉碎室

5.评价粉碎机工艺效果的性能指标包括(　　)。

　A.粉碎程度　　　　　　　　　　　　　B.产量

　C.粉碎过程的单位能耗　　　　　　　　D.以上都对

二、简述题

1.简述物料的粉碎原理及不同物料适宜的粉碎方法。

2.简述锤片式粉碎机的粉碎机理及物料的粉碎过程。

3.简述影响锤片式粉碎机的工艺效果的因素。

4.简述立轴式锤片式粉碎机与普通锤片式粉碎机的异同点。

项目 4　饲料的配料

🖊 **项目导读**

　　配合饲料生产工艺主要包括原料接收和清理、粉碎、配料、混合、饲料成型、包装与贮藏 6 个工序。配料是实现饲料配方的重要工序。本项目主要介绍了配料工艺分类（多仓一秤配料工艺、多仓数秤配料工艺、一仓一秤配料工艺）、配料设备（以电子配料秤为主）的结构及工作原理，以及饲料配料质量管理。

　　饲料的配料是按照饲料配方要求，采用特定的配料计量系统，对不同品种的饲用原料进行投料及称量的工艺过程。将经配制的物料送至混合设备进行混合，生产出营养成分和混合均匀度都符合产品标准的配合饲料。饲料配料计量系统指的是以配料秤为中心，包括配料仓、供料器、卸料机构等，实现物料的供给、称量及排料的循环系统。现代饲料生产要求使用高精度、多功能的自动化配料计量系统。电子配料秤是现代饲料企业中最典型的配料计量秤。

任务 4.1　配料工艺与设备

4.1.1　配料工艺

　　合理的配料工艺可以提高配料精度，改善生产管理。配料工艺流程组成的关键是配料装置与配料仓、混合机的组织协调。目前最常见的配料工艺流程有多仓一秤、一仓一秤和多仓数秤等几种形式。

　　（1）多仓一秤配料工艺　多仓一秤配料工艺是中、小型饲料厂普遍采用的一种形式，其工艺组成简单（图 4-1）。整体布局容易，设备维修方便，易于实现自动化控制。一般配料仓可根据需要设置 8~24 个，主要存放粉碎后的主、辅料，预混料可以用一只仓存放，配比率为 1%~3%，也可由人工加入混合机中。使用这种配料工艺，应注意配料秤和混合机作业周期配合，当逐个对组分进行称量时，配料秤必须关闭卸料门；配料秤卸料时，必须保证混合机处于空机并卸料门关闭的待料状态。整个配料系统可自动地协调控制进料、称量、换料、卸料等系列动作。该工艺的缺点是累次称量过程中对各种物料产品的称量误差不易控制,从而导致配料精度不稳定。多仓一秤工艺配料周期相对较长,配料仓多了就有配料周期比混合周期长因而降低生产效率的问题;更重要的是小配比(5%~20%)的原料称量时的误差很大,会降低产品的质量和增加生产成本。故目前这种工艺应用也不广。

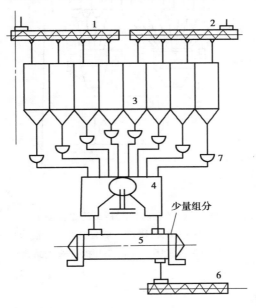

图 4-1　多仓一秤配料工艺流程图

1,2—螺旋供料器;3—配料仓;4—配料秤;5—混合机;6—水平输送机;7—供料器

(2)一仓一秤配料工艺　一仓一秤配料工艺流程具有速度快、精度高的配料效果。它的特点是在每一个配料仓下各设一台相应的配料秤,配料秤的形式及称量范围可根据物料的特性差异、配比要求和生产规模大小而定。称量过程中,各机械秤独自完成给料、称量、卸料等动作,从而缩短配料周期,减少称量过程的随机误差。但其设备占地面积大,投资较高,现使用少。

(3)多仓数秤配料工艺　多仓数秤配料工艺流程应用日趋广泛,特别适用于大型饲料厂和预混料生产。多仓数秤配料工艺是将各种被称量物料按照它们的特性差异或称量配比进行分组,每一组配置相应的称量设备,最后集中进入混合机,是一种较为合理的配料工艺流程。多仓数秤配料工艺适用于有 12~16 个配料仓的中型饲料厂或有 16~24 个配料仓的大型饲料厂。优点是大配比的用大秤、小配比的用小秤,故可提高配料准确度;同时也增加了可直接配料的原料品种和数量。此外,大小秤同时配料,可缩短配料周期;配料系统不仅可同时向大小数个秤同时给料,也可由两个给料器同时向一个秤斗给料(如主原料玉米可双仓或多仓给料),均可缩短配料周期。现代饲料厂的配料周期已可由过去的 5 min 左右缩短至 3 min 左右,适应了推广发展高速高效混合机例如双轴桨叶式混合机的要求,成倍地提高了饲料生产效率与设备利用率。

应用较多的配料工艺是多仓两秤(图 4-2)与多仓三秤的工艺形式。多仓三秤是在多仓双秤的基础上增加一台预混合载体的定量秤,其余工艺相同。

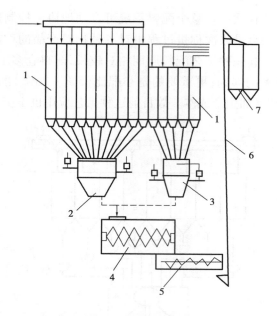

图4-2 多仓两秤配料工艺流程图
1—配料仓;2—大配料秤;3—小配料秤;4—混合机;
5—水平输送机;6—斗式提升机;7—成品仓

4.1.2 配料设备

（1）配料装置分类 配料装置按其工作原理可分为质量式和容积式,按其工作过程又可分为连续式和分批式。

质量式配料装置是以各种配料秤为核心,按照物料的质量进行分批或连续地配料称量,其配料精度及自动化程度都比较高(手动秤除外),对不同的物料具有较好的适应性,但其结构复杂、造价高,对管理维修水平要求高。质量式连续计量装置因其称量准确性达不到配料工艺要求,目前饲料厂一般采用质量式分批式配料装置。其常用的配料秤有机械秤、电子秤等。一般大、中型饲料厂均采用电子秤,小型饲料厂则采用机械秤。

容积式配料装置是按照物料的容积比例大小进行连续或分批配料的。其结构简单、操作维修简便,但易受物料特性(容重、颗粒大小、水分、流动性等)、料仓结构形式、物料充满程度的变化等因素影响,导致配料精度不高、工作不够稳定。所以,这类配料装置已不见采用。

（2）供料设备 供料设备的作用是在粉碎机前配置供料器,保证供应粉碎机稳定的料流,使粉碎机安全、正常工作,并维持在较佳的工作状态,以提高生产率,降低能耗。为使粉碎机能够保持在最佳的工作状态安全运行,粉碎机上应该安装负荷自动控制仪,以保证供料器能根据粉碎机工作状况(额定电流)自动调整供料量,使粉碎机电动机工作电流处于最佳工作电流范围。

①电动机负荷自动控制仪。控制仪通过检测粉碎机电动机的电流值情况,与设定的电流值进行比较,然后输出控制信号给变频器或电磁调速控制器,使供料器电动机的转速改变或频率改变,从而调整供料器的供料量。

②供料器。常见的供料器(又称喂料器、给料器等)有螺旋供料器、叶轮供料器、电磁振动供料器、皮带式供料器和气动自动控制供料器等。

螺旋供料器又称螺旋给料器或螺旋喂料器,主要由料斗、闸门、机槽、螺旋体、传动装置、进出料口等组成(图4-3),工作原理与螺旋输送机相同。饲料厂采用变频器控制电动机或电磁调速电动机通过传动装置来带动螺旋供料器供料,以实现变速供料,调节供料量的多少。螺旋供料器以其结构简单、工作可靠、操作维护方便而应用最广。

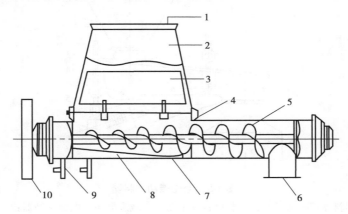

图4-3 螺旋式供料器
1—进料口;2—连接管;3—减压板;4—机壳(槽);5—螺旋体;
6—出料口;7—检查门;8—衬板;9—电机架;10—三角带轮

叶轮供料器由自清式磁选机构、进出料口、叶轮传动装置、叶壳、壳体和调风板等组成(图4-4)。叶轮由电动机、传动装置带动,通过负荷自动控制仪和变频器根据粉碎机的电流值控制其转速(15~30 r/min),实现自动调节供料量。工作时,物料通过进料口到叶轮处,然后经自清式磁选机构去除铁杂后进入粉碎机。这种供料器进料稳定,调节方便可靠,电动机电流波动小,可在不停机状态下清除铁杂质。

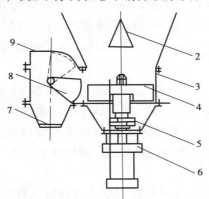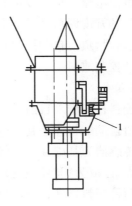

图4-4 叶轮供料器
1—供料调节机构;2—匀料锥;3—机壳;4—叶轮;5—联轴器;
6—电动机;7—出料口;8—扇形料门;9—观察孔盖

电磁振动供料器主要由料槽、电磁振动器、减震器、吊架、吊钩、法兰盘、进出料口等组成(图4-5)。电磁振动供料器的进出料口分别通过帆布袋与待粉碎仓和粉碎机进料口相连,做成软连接,这样才能使电磁振动供料器的料槽自由振动。帆布袋利用压板通过螺钉与法兰盘连接,固定夹紧。减震器安装在吊架上,利用吊钩将电磁振动供料器吊在固定支架上。工作时,电磁振动供料器通过电磁振动器的驱动,使料槽沿倾斜方向做周期性往复振动,物料整体向前运动。供料量的调节可通过调节振动器的振动频率来实现。电磁振动供料器的驱动功率小,振幅瞬时可达稳定值。缺点是工作噪声大,调速时灵敏度过大。

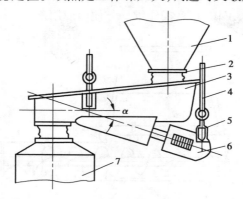

图 4-5　电磁振动供料器

1—卸料器;2—法兰盘;3—料槽;4—吊钩;5—减震器;6—电磁振动器;7—秤斗

皮带式供料器的主动轮是永磁滚筒,通过皮带输送物料。通过负荷自动控制仪和变频器根据粉碎机的电流值控制皮带轮的转速,实现自动调节供料量。皮带式供料器的结构较复杂,但流量易控,供料均匀平稳,自动去除铁杂质,适用范围广,粉料粒料均可,使用较多。

气动自动控制供料器中,物料自待粉碎仓从供料器的进料口的感应式料位器感知待粉碎仓有料后,可以开启放料闸门,否则不放料。物料通过放料闸门和导流板,经风选和磁选后,从出料口进入粉碎机。泥沙石块等非铁杂质进入储杂斗,打开去石门清除。铁杂质被吸附在平板磁铁上,定期打开除铁杂门清除。放料闸门的开度通过负荷自动控制仪,根据粉碎机电动机的负荷电流大小与设定的负荷电流进行比较,提高气动系统控制气动膜片阀调节,调节放料闸门的开度即可调节供料量。该供料器可与粉碎机吸风系统的风机进行连锁控制,风机不运转时,负荷自动控制仪不工作。在负荷自动控制仪或气动系统有故障时,可用手动放料手柄控制放料。

（3）称量设备

①电子配料秤类型。目前,应用最为广泛的是 PGZ 型字盘定值自动配料秤和电子配料秤。字盘定值自动配料秤是利用电器控制系统,实现自动进料、称重和卸料等过程。电子配料秤以称重传感器为基础,因其称量精度高、速度快、稳定性好、使用维修方便、质量轻、体积小等显著优点,已成为饲料厂配料秤的主流。

除上述两种配料秤外,尚有台秤、字盘秤等常规衡器,在小型饲料厂中广泛使用。预混料配料时,可选用人工配料或专用微量配料秤。

选择配料装置时,必须充分考虑称量范围和配料精度。尤其是预混料,不同添加量的原料必须采用相适称量范围及精度的配料秤来完成称量。配料系统中除配料秤外,还需给料设备、控制部分及配料仓等才能构成完整的工作系统,完成配料工作。

随着电子技术的发展,配料秤已普遍采用电子控制配料系统。常用的配料系统控制方式有继电器控制、微机控制等。微机控制更为先进,使饲料的配料更为精确,自动化程度更高。

②电子配料秤的组成。电子配料秤主要由给料器、秤斗、称重传感器、称重显示仪表框架、卸料系统组成(图4-6)。

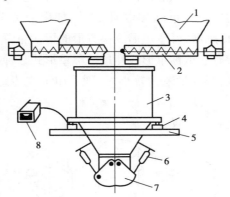

图4-6 电子配料秤系统
1—料仓;2—螺旋给料器;3—秤斗;4—称重传感器;
5—框架;6—气缸;7—料门;8—称重显示仪表

称重传感器和称重显示仪表是电子配料秤的核心部分,其性能参数直接影响电子配料秤的工作质量。放大器用来将传感器的输出信号进行放大,并传送给数显表。电源是为了给电子秤提供稳定可靠的电源,以保证传感器、放大器和数显表等电子器件的正常工作。连接件是用来连接秤斗与传感器的吊装式结构件,并配有调节环,以便安装时调整秤斗的位置和传感器的受力状况。

a. 秤斗。秤斗是用来承受待称物料质量并将其传递给传感器的箱形部件,由秤体和秤门组成。

秤体由钢板制成圆形或方形、矩形。一般为圆形,因其刚性好、传感器布置方便。圆形秤体上部为圆柱体,下部为倒锥体,并在圆柱体部分设置吊耳以连接传感器。在秤体上通常设有验秤时放砝码用的砝码架,砝码架沿秤体周边设置,以便在秤体周边各个点都可以放置砝码。秤斗的容积一般按照饲料容重(常取 $0.5 \ t/m^3$)计算,并留有10%~20%的容积余量。如称量为500 kg的秤斗,容积应为 $1.1 \sim 1.2 \ m^3$。秤门有电动和气动两种,若按机构形式分,又可分为水平插板式秤门和垂直翻板式秤门。

选用气动门或电动门,一般应与混合机门驱动方式一致,以便于计算机控制。为使秤斗独立承重,秤体上部与给料器、秤门下部与混合机的连接部分应采用软连接。软连接体可选择棉布或其他柔软织物,并在安装时注意使软连接体处于非受力状态,以免影响称量准确度并保持密封、避免粉尘外溢。

b. 称重传感器。称重传感器是一种将非电的物理量(如温度、质量等)转换成电量(电压、电流、电阻或电容)的转换元件。有电阻应变片式、电容式、压磁式和谐振式等几种,其中以电阻应变片式称重传感器应用最广。

称重传感器的性能通常由非线性误差、滞后、重复性误差、额定载荷下的输出灵敏度、抗侧向力的大小、耐过载能力、温度变化对输出灵敏度和零点的影响、蠕变等指标衡量。称重传感器要由专业生产厂商制造,并应在产品出厂前对上述主要性能指标进行测试合格,标记在产品合格证书上,以便用户选用。

选用称重传感器的原则:良好的线性度、较高的输出灵敏度、长期稳定性能好、抗侧向能力强、结构简单、易于安装和调整。

电子配料秤一般采用3~4个传感器将秤斗支承或吊挂起来。对于圆形秤斗,称重传感器的位置一般按圆周等分的位置分布;对于方形秤斗,如果采用3个传感器,可按等腰三角的形式布置;如果采用4个传感器,可按矩形或正方形的形式布置。

称重传感器的设置形式有支承称重形式和吊挂称重形式2种(图4-7)。一般情况下,常采用传感器支承秤斗的形式;当称量范围较小时,则采用批式传感将秤斗吊挂起来的形式。使用中应注意,无论采用哪一种设置形式,都应保证秤斗的平稳。支承点一般要求在与秤斗重心同一水平或高于秤斗重心的位置。

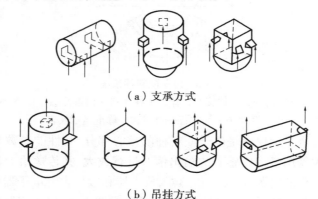

(a)支承方式

(b)吊挂方式

图4-7　秤斗传感器的设置形式

为了防止传感器在较大的载荷冲击下过载,并考虑到秤斗卸料时的抖动对传感器的影响,通常在传感器的压头上方加设缓冲弹簧。此外,配料秤上还配有休止装置,当电子配料秤处于不称量状态时,使传感器处于不受力的状态。

c.称重显示仪表。显示称重显示仪表的作用是将称重传感器的称重结果用模拟形式或数字形式显示出来。称重显示仪表随着称重传感器及集成电路的进步而发展,由模拟式到数字化,由分立元件到集成电路,到电脑化、智能化。称重显示仪表是电子配料秤的重要组成部分,又称为二次仪表。

称重显示仪表主要计量功能包括5个方面:a.最大量程设定功能。用户可以根据自己的要求对称重仪表进行最大量程的设定,其中包括对显示分辨率(0.1%~0.01%)及小数点的设定,使传感器与称重仪表的量程相匹配。b.置零及零点自动跟踪功能。置零功能是指以下状态下所应实现的功能。第一种是置零以后可以实现显示纯重、准确读数和静态准确度校验;第二种是电子配料秤在开始运行前对空秤质量的自动置零;第三种是置零后对空秤质量(皮重)实现保护,当判断出皮重异常(例如秤斗上有外力作用),称重显示仪表应停止工作并发出故障信号。零点自动跟踪功能主要是消除传感器和称重显示仪表的温度、时间漂移对示值准确度所产生的误差。c.空中量(料柱)自动修正功能。目的是消除因空中料柱的变化而引起的配料误差,提高配料秤的配料准确度。d.数字滤波设定功能。数字滤波值越大,影响量对称重显示仪表显示值的影响越小。这一功能可确保在现场出现秤台振动、秤斗摆动或3级以上风力的不利条件下,称重仪表显示值仍有较好的稳定性。e.超载报警功能。当载荷超出传感器的最大量程时,称重显示仪表应报警,以免损坏传感器。

③电子配料秤的特点。随着电子技术的发展,以称重传感器为基础的电子配料秤得到普及。电子配料秤得以广泛使用并成为当前秤的发展主流,是因为它与传统机械秤和机电秤相比具有以下特点:

a.称重传感器的反应速度快,可提高称重速度。

b.质量轻、体积小,结构简单,不受安装地点的限制;对于大吨位的电子配料秤还可以做成移动式。

c.称重信号可以远距离传送,并可用微机进行数据处理,自动显示并记录称重结果,还可给出各种控制信号,实现生产过程的自动化。

d.称重传感器可以做成密封型的,从而有优良的防潮、防尘、防腐蚀性能,可在机械无法工作的恶劣环境下工作。

e.电子配料秤没有机械秤那种作为支点的刀承和刀子,稳定性好,机械磨损小,减少了维修保养工作,使用方便,寿命长。

f.精度高。采用电子配料秤可以实现连续称重、自动配料、定值控制,这对保证产品质量、提高劳动生产率、减轻劳动、降低生产成本、提高管理水平有着重要的意义。

④电子配料秤的配料误差。电子配料秤在使用中的核心是保证其配料准确度符合表4-1的规定。其中静态误差是准确度的基础性指标。不论何种状况,配料秤的动态准确度都不可能高于其静态准确度;即使配料时显示配料误差为零的情况,也是存在其静态误差的前提下的零误差。但是配料秤又是在动态状况下工作的,故动态准确度是电子配料秤的主要性能指标。

表 4-1　配料秤自动称量的最大允许误差

准确度等级	累计载荷质量的百分比/%	
	首次检定	使用中
0.2	±0.10	±0.20
0.5	±0.25	±0.50
1.0	±0.50	±1.00
2.0	±1.00	±2.00

配料误差来源于称量误差和给料误差。

称量误差是指示值与标准砝码量值之间的绝对误差。在配料秤静态试验时得到的称量误差,可表征配料秤的正确性与重复性(精密度)。称量误差主要由称重传感器、数显表、控制器,以及称重单元的联结件等的系统误差所导致,可以预测和控制,但只能在静态检验中测出,不能在物料试验或生产中检出。

给料误差是指示值与配方给定值之间的绝对误差。它可以由微机比较识别并显示打印出来。在动态称量时获得的给料误差,可表征配料秤的稳定性与重复性。给料误差主要由给料、电源与电网干扰、机械干扰等外部因素的随机误差构成。给料误差还是时间的函数。一般无法预知其量值,但可根据经验作出方向性的判断。现在已知给料器的工作质量是主要的影响因素,其次是外部条件的变化。给料误差可用"单次称量相对误差(稳定性)"和

"单一物料累计称量相对误差（重复性）"等指标来表示。这两个指标均在动态检验下得到。

称量误差与给料误差在动态称量时的综合作用结果就是配料误差。根据配料误差的相对值和表 4-1 给出的值,可评判配料秤的自动称量准确度等级。

在实际生产中,由于称量误差反映不出来,常将给料误差当作配料误差来处理,忽视了称量误差,往往掩盖产品的质量问题。如有的饲料厂微机统计的生产量与打包口的实际生产量不符,主要是忽略了称量误差而导致的。

a. 引起给料误差的因素。

一是微机计算出的补偿值不准确。一般是微机控制软件的自适应功能不完善所致。生产中微机检查每批料的配料结果并前后比较,随配料批次增加,配料误差的下降速度应比较快。目前,市场上不少软件的自适应功能没有用于单品种配料误差控制,选购时应注意比较。此外,应注意防止病毒侵害;用于生产控制的微机应严禁使用来路不明的软件,总控室微机最好不用做他途。

二是物料崩塌。螺旋给料器停转时,出口物料发生崩塌,崩塌具有不确定性,可能因微机判断错误而将一批物料的误差带入下一批物料。减少物料崩塌的方法:在给料器出料口的一段螺旋采用双头叶片,将螺旋给料器出口提高,安装仰角为 3°～5°,在给料器出料口断面用钢丝条按"井"字形焊接,可阻断崩塌。

三是"空中料柱"。由给料器出料口下落到秤斗内料面前的物料,不能被称量。空中料柱所导致的"落料误差"不可能完全消除。微机控制软件自适应功能可通过补偿降低落料误差,但"空中料柱"的量值也存在随机性和不确定性,故不可能完全消除。减少空中料柱的办法:一般缩短给料器出口与秤斗进口的距离为 100 mm 以内;先配用大组分的物料,后配用小组分的物料。

四是给料速度。给料器的给料速度应考虑配比大、密度小、价格低的物料(麸皮、玉米等)高速给料,石粉、鱼粉等可以慢速给料。实行快慢二次给料是行之有效的给料方式。

五是配料秤的稳定。检定时配料秤曾做过零点(空秤)稳定性试验。稳定性是指秤的平衡状态受到破坏后迅速恢复平衡的能力。如果稳定性差,较长时间不能得出称量结果,必定使给料器不能适时动作,增加配料误差。在使用中,应使配料秤远离振动源(如风机、粉碎机和制粒机等)。如车间为钢架结构,应将配料秤安装平台与主钢架分开建造;采用稳定性与重复性好的配料秤,提高配料系统的抗干扰能力,改善配料秤环境外部条件的质量。

b. 引起称量误差的因素。

一是传感器质量和量程。传感器由专业生产厂专门制造,其质量取决于其受力与电信号输出呈线性关系的程度。传感器量程选择,以其工作在该传感器量程约 70% 为适宜。称重传感器不允许过载使用。因配料秤是多点加料,故应注意其偏载误差。同一台秤上使用的传感器其量程规格相同,并严格选配灵敏度一致的传感器;当配料秤年检时应注意偏载性能结果并排除超差。安装传感器时应避免横向载荷作用于弹性体,横向载荷不得大于额定载荷的 6%。选用防震抗冲击能力强的传感器。因出厂时传感器同连接电缆一起进行过标定,故不允许接长或减短电缆,否则将使线阻变化导致称量误差的增大。应选用较好屏蔽电缆并正确接地,安装时应使其远离交流电源、动力线等干扰源。传感器和电缆均应远离热源。

二是传感器受力要均衡。实际应用中,每组 3 个或 4 个传感器的受力不均衡时有发生。

一是支承点分布不均,使本组各传感器受力不均。二是秤斗在一侧受力大、另一侧受力小,造成秤斗严重偏斜。解决方法:在设计配料仓给料器及秤斗进料方案时,将配比大的原料给料器位置错开,使秤斗各方向进料均匀。玉米在配合饲料中配比在50%以上时,可设置2个玉米配料仓并对称向秤斗进料。

三是测量电路误差。测量电路仪器的精度、灵敏度均较高,元件老化、环境变化等会导致测量误差。零点漂移是常见的问题,应定期校正,予以消除。

四是秤斗安装不正确。常见的是秤斗与各传感器的接触点不在同一平面,这会使传感器受力不均、受力方向偏移轴线、传感器受到侧向作用力而造成测量误差。此外,秤斗上、下软连接安装不当,会引起力的传递,也会造成称量误差。

⑤电子配料秤的维护与保养。由于长期使用,电子配料秤的传感器经常承受外力的拉压,仪表的使用环境、温度的变化,均使传感器仪表的精度发生变动或损坏。为了保持电子配料秤应有的精度、灵敏度及自动化功能,必须经常进行维修与保养,培养和配备专门的操作人员和维修人员,负责电子秤的使用操作和日常维护管理。

a. 传感器的维护与保养。

传感器各固定螺钉应保持紧固,不得松动,传感器部件应保持干燥;及时清除特别是连接部件处的灰尘;限位装置应经常检查,平时不得有卡死现象,并调整到应有的位置。传感器应保证经常通电,电桥电压要经常检查;发现电子秤出现误差时,应切断电桥电源,用万用表电阻挡测量传感器输入端、输出端是否断路或短路,若出现断路或短路则应调换传感器;调换新传感器后应对电子秤重新进行校验。

b. 仪表的维护与操作。电子秤所使用的仪表为专门设计的称量显示仪表。

一是仪表应置于通风、干燥、温度适宜的控制室内,并应有良好的接地装置;仪表应经常通电,开机后先进行预热,然后检查显示值是否正常,功能键动作是否可靠;操作完毕后,应将仪表电源切断,防止意外;发现有异常时,先切断电源,检查电源部分接触是否松动,电源熔断器是否断路等;如果仪表内部有故障,则应由专门维修人员进行修理,其他人员不得擅自进行拆装,避免损坏仪器和造成计量失准。

二是应根据电子配料秤使用场合的频繁程度,规定每天、每周、每月、每年进行例行检查和保养的工作内容。做好其他执行部件的例行检查和保养工作,如电磁阀、汽缸等运动部件,以保证电子配料秤的正常工作和应有的使用精度。

⑥电子配料秤的抗干扰措施。电子配料秤的干扰源来自电源电压波动和电磁干扰。在验秤时,抗干扰试验是一项重要内容。安装时,则应采取一系列抗干扰措施,以保证配料秤的准确度与稳定性。

一是抗静电干扰。物料在给料和卸料的过程中与料斗壁等摩擦会产生静电,故秤体应接地,以释放高压静电。

二是工频噪声的抗干扰。当输电线与电子配料秤信号线平行走线时,工频交变磁场就会在信号线上激发电动势而引起噪声。变压器和电动机也会产生漏磁磁通,使信号线产生电磁感应噪声。为此,安装时应使信号线避开动力线;如不能避开,则应在信号线外加套金属防护管,并将防护管接地。此外,采用传感器并联的工作方式,可降低系统的输出阻抗,亦可降低静电荷对信号线的干扰电压。

三是射频和放电的抗干扰。电子配料秤的信号线对空间存在的射频电磁场(如广播、电视、通信、雷达和高频淬火等设施设备），相当于一根接收天线。对"天线"引入的感应电压，通过低通滤波器可将其高频分量滤掉，但低频分量仍可对电子秤信号产生干扰。电焊、电加工机床、汽车点火装置和雷电都会产生火花放电，会对电子配料秤产生干扰。正确地使用屏蔽接地技术，可对此类干扰起强烈的抑制作用。

电子配料秤的传感器数量一般为 3 个或 4 个。由于 3 点决定一个平面，故选用 3 个传感器时调整其受力大小就更简单方便。我国 20 世纪 90 年代中期之后，大多数采用 3 个传感器的圆形秤斗，传感器处在同一水平面上呈 120°对称分布，采用滚珠支撑形式，传感器采用压式剪切梁式结构，在这种支撑称重方式下，秤斗处于基本固定状态，其优点是占用空间小、结构简单、无残留料，缺点是对地面振动的影响较为敏感。

4.1.3　配料工作过程

配料秤的工作过程是一种多品种物料依序连续、累计称量、示值停顿显示，并分批周期作业、自动控制操作的一种动态的、复杂的称量过程。

电子配料秤工作前的准备包括 3 个方面：

（1）称量校对　首先进行零位校对，即秤斗质量为皮重，去皮后显示质量应为零。然后进行称重校对，即用标准砝码加在秤斗上，使仪表显示质量与加上的砝码质量一致，并要求分度值质量以及最大量程都要在允许误差内。称量校对要对新秤或修理后的秤进行。

（2）确定生产参数　包括秤数、料仓数、首号仓及下料顺序等。

（3）确定饲料配方　向计算机输入所选用的配方号，显示料仓号与料名，向配料仓输入配料原料，并将混合时间、放料时间等工艺参数输入计算机。

电子配料秤工作时，将每批（每秤）被称物料按品种（或料仓）排列成一份份不连续的序列。依次称重（可实时显示单次称量和累计称量结果），将示值累加得出累计称量结果，得出该批物料总质量。完成一个配料周期之后，由配料混合控制系统指令，再进入下一个配料周期，称量第二批次。如此配料生产得以协调与连续进行。

电子配料秤工作时，由 3 个称重传感器做秤体的支承点，将物料质量转换成电信号输出，并输入数显表，经电压放大非模数转换，由数码管显示称量结果。同时经译码电路输出二进制码（BCD），经输入输出接口（PIU）传输给工控机，由工控机对输入的质量信号与给定值进行比较后，输出控制信号，经 PIU 输出，经光电耦合器，控制继电器动作，以控制供料器等的运转。

配料工段的自动控制同其他工段控制一起，由总控室操作人员据工艺流程模拟屏上显示的信号，监视与判断设备的运行状况。操作人员在微机等进入配料程序后，应根据显示屏的提示，输入配料生产参数（配方、落料差调整、置入混合时间和混合机门打开时间等），同时应掌握微机的磁盘操作系统，以及数据存储、调用、修改、传送和打印等内容与技巧，并应能在配料过程中及时排除故障。例如在称重超差、空仓、秤斗门和混合机门开闭不符合生产要求时，迅速查明原因并予以消除。

任务 4.2　配料的质量管理

4.2.1　影响配料质量的因素

1）配料工艺选择

根据饲料产品质量要求,选择不同的配料工艺。水产饲料生产,尤其在虾饲料生产中,常用二次先粉碎后配料再混合工艺,其配料精度非常高,高于一般配料工艺。

2）配料秤

此项影响主要来源于配料秤的硬件状况(静态精度和响应速度)以及使用操作过程控制。

影响配料秤准确度的因素有以下 3 种:

①供料器对系统计量准确度的影响。供料器下料口设计是否合理、执行机构是否顺畅,都会影响到配料秤的称量速度和计量准确度。供料速度越快,越难以控制供料器的供料速度、慢加料方式供料均匀性等,会影响配料精度。

②计量装置对系统计量准确度的影响。传感器和称重显示仪表稳定性关系到称重系统的准确性和可靠性。只有称重系统静态称量性能得到保证,才能保证动态称量性能的准确度。安装称重传感器的支撑框架刚度不够,加载时振动会引起框架变形,颤动会影响系统计量准确度。

③参数设置对系统计量准确度的影响。秤体本身的计量准确度是整个配料系统优劣的决定因素。但由于配料工作过程的连续性,输出控制系统对计量准确度的影响也不可忽略。给料控制装置在配料过程中,控制快、慢、中加料过程的进行是决定配料秤准确度的关键。参数的设置值,影响到自动衡器的速度和计量准确度。动态是否准确是在静态准确基础上通过调整加料速度、落差、过冲量、自动补偿等参数来判断的。合理设置参数是保证配料秤准确度的决定因素。

3）饲料配方

饲料配方折算成每批投料量后,低于配料秤最小称量时,该种原料就应采用手加料口投料,例如添加剂预混料。如果配方折算后,数值不符合配料秤计量显示分度值要求,则应该对配方进行调整。在进行配方设计时,必须要依据生产工艺与设备状况来考虑各种原料的添加量是否便于生产的实际操作、是否符合本厂的生产方式。

4）饲料原料

饲料原料容重越大,越难控制供料量,误差越大;原料流动性越强,调整供料器供料量难度越大。

5）空中料柱

空中料柱是指从供料器出口到物料重量被秤斗采集到之前的这段空中物料。空中料柱的重量受以下因素影响：

①供料器到秤斗的距离。距离越大,空中料柱越大。一般来说,配料秤所对应的配料仓越多,供料器出口到秤斗的距离就越大。

②物料容重。物料容重越大,空中料柱重量越大。

③配料顺序。配料过程中,配比量小的原料如果先配料,秤斗底部与供料器出口距高越大,空中料柱越大。

④供料均匀性。供料器供料不均匀,空中料柱很难被配料软件估算并加以及时修正,必须合理配置供料器及其相应制造参数。

⑤供料器供料速度。供料速度越大,空中料柱越大。应合理设计慢加料方式,否则对配料质量影响很大。

4.2.2　配料的质量管理

1)配料工艺科学合理,尽量降低静态误差

配料工艺流程设计及设备选型合理,应尽量降低配料误差。采用多仓数秤工艺,大小秤配置,以保证配比量小的原料配料精确度。定期检定配料秤。配料系统应有较高的数字采集频率。

2)饲料配方设计应考虑配料工艺流程

配方设计应科学、符合配料工艺要求,以尽量降低配料误差。配料工艺不同、配料秤配置不同,配方中配比所引起的误差不同。

3)生产中提高配料秤准确度

(1)正确使用和维护

①保持整机清洁,检查电路及气路有无故障、接地是否良好;检查各执行机构有无异物阻挡;附近应避免强电、强磁的干扰。

②螺旋输送机连接处应防水防潮,并便于维护,确保称量的准确度,该机配备专人操作及管理,严格按说明书要求操作。

③不要在配料系统上进行电焊作业,以免损害传感器,影响称量准确度。

④料斗与部件之间应柔性连接,气管管道不能过于紧张,以免影响称量准确度。

⑤安装称重传感器的支撑框架必须牢固可靠,并应有足够的刚度,不应由于加载振动而引起框架变形或颤动影响系统计量准确度。

(2)不定期校准　配料秤是在动态下对物料实现称量,因此,除了必须严格按照国家计量检定规程由法定计量技术机构定期检定外,使用中还应根据生产工艺的实际需要对其进行校准,确保称量的准确度。根据检定规程规定配备一定数量标准砝码,根据实际需要不定期对其静态进行校准;经常用物料进行使用中动态测试,发现失准及时联系计量技术机构重新检定。

(3)合理设置参数　为了满足配料秤使用准确度,必须合理设置分度数,累计分度值应不小于最大称量的0.01%,不大于最大称量的0.2%;使静态准确度等级与自动称量准确度等级匹配。累计分度值设置过小,影响静态准确度,累计分度值设置过大则影响自动称量准

确度。合理设置加料速度、落差、过冲量、自动补偿等参数是保证配料秤准确度的决定因素。

（4）配料顺序合理 根据原料配比、容重等,设计合理的配料顺序。一般来说,按照配比量应由配比大到配比小,按照容重应由容重小到大。配料顺序以配比量为主,在此基础上考虑容重。对于容重大、配比量小的原料,考虑实现将几种原料加工成混合料然后上仓,或者通过手加料口投料。

（5）供料器供料速度适当 供料器供料速度影响配料周期,但配料速度过快,配料质量差。为解决这一问题,目前多数采用变频调速供料。当配料接近终点时,供料器输入电流频率自动调整到10 Hz,而配料开始则以正常50 Hz电流频率,可保证降低配料周期,保证配料精度。

实训 中控操作观察

【目的要求】

观察了解饲料加工配料混合工段机械设备的组成,初步掌握配料混合工段机械设备操作方法。

【实训材料与仪器设备】

饲料加工机械设备1套。

【实训内容与方法步骤】

1.熟悉饲料加工机械设备组成与加工工艺流程。

2.操作前的准备。根据生产任务做好各种检查和准备工作,需要粉碎的原料通过清理粉碎工段粉碎后进入配料仓,不需要粉碎的粉料经过清理后进入配料仓。

3.操作。

（1）打开配料电脑,调出需要生产的饲料配方,根据技术部提供的配方要求调整电脑中的饲料配方;设定混合时间、放料时间、混合批次、慢加料量、允许误差等技术参数。预混合料添加剂和油脂在混合机加入,不计入配料秤中。

（2）开动空气压缩机,安排成品仓位号或待制粒仓位号;关闭混合机门,启动后续输送设备。

（3）电子配料秤的配料方式是分批累积称量,按电脑配方的自动配料按钮,电脑进行自动配料。首先启动第一台供料器向秤斗加料,到慢加料量时,自动转换为慢加料状态,到剩下空中料柱时停止进料。然后转换为第二台供料器工作,直到所有饲料配合完毕。电脑检测混合机是否有料,混合机门是否关闭;如混合机门关闭,秤斗门打开,饲料进入混合机,秤斗门关闭,开始下一批配料工作。在饲料进入混合机中,如需加入预混合料添加剂,电脑报警提示加入预混合料添加剂,加完后按下按钮,返回信号;如需加油脂,饲料加入混合机后开始喷油,再混合一段时间。当混合时间到,自动打开混合机门放料,放料结束后关闭混合机门,进入下一批配好的饲料,以后每批次按序重复循环进行。

（4）一种饲料配料完毕后,重新调整电脑和其他机械设备,准备下一批饲料的生产。配料生产中,电脑自动统计并记录各种饲料原料的用量、配料累积误差量、生产的各品种饲料的数量等,下班时通过打印机打印出生产报表,分送各有关部门,也可以统计每月的生产报表。

【实训报告】

根据观察到的内容,总结配料混合工段机械设备的操作方法和顺序。

【分析与讨论】

结合操作进行分析与讨论。

 复习思考题

一、选择题

1. 电子配料秤工作前的准备不包括( )。

A. 称量校对　　　B. 确定生产参数　　　C. 设备检查　　　D. 输出信号控制

2. 给料误差是指示值与( )之间的绝对误差,可以由微机比较识别并显示且打印出来。

A. 配方给定值　　　B. 配方估算值　　　C. 配方基础值　　　D. 配方误差值

3. 配料周期是指配料秤完成从给料、称量的多次操作直至( )的一批次操作过程的时间。

A. 秤斗卸料完毕秤门开启　　　　　　　B. 传送至混合机

C. 结束称量　　　　　　　　　　　　D. 秤斗卸料完毕秤门关闭

4. 使用越来越广泛的配料工艺是( )。

A. 多仓一秤　　　B. 双秤配料　　　C. 一仓一秤配料　　　D. 多仓数秤配料

二、简述题

1. 试述电子配料秤的组成及其特点。

2. 饲料生产企业对电子配料秤有哪些基本要求?

3. 你对配料系统的配料误差是如何认识的?

4. 如何防止配料仓结拱?

5. 试述影响配料质量的因素。

项目5　饲料的混合

项目导读

配合饲料生产工艺主要包括原料接收和清理、粉碎、配料、混合、饲料成型、包装与贮藏6个工序。混合是保证配合饲料质量的基础,将各组分均匀分布在饲料中,混合饲料设备的生产能力决定饲料厂的规模。本项目主要介绍了混合机分类(卧式混合机、立式混合机)、混合设备(以卧式螺带混合机、双轴桨叶混合机为主)的结构及工作原理,以及饲料混合的质量管理。

混合,就是各种饲料原料经计量配料后,在外力作用下各种物料组分互相掺和,使其均匀分布的一种操作。混合类型按被混合物料的状态(性质)来分,有固-固混合和固-液混合两种。按混合工艺来分,混合操作又分为分批混合和连续混合两种。按照混合的原理,可主要分为对流混合、剪切混合和扩散混合3种类型。对流混合又称体积混合,对流混合中物料在外力作用下从一处移向另一处,即物料团作相对运动,这种类型的混合使物料达到粗略的混合,混合程度决定于机械作用的强度,而物料特性对混合质量的影响较小。剪切混合是在混合机构作用下,使物料间彼此形成许多相对滑动的剪切面而发生的混合。扩散混合是物料由于受到压缩,或在流动的过程中,粒子间的相互吸引、排斥或穿插,而引起的物料间的无定向无规律的移动。无论采用何种混合设备,这3种混合类型总是同时存在的。但混合机类型与混合时间不同,所起的作用大小也不同。

在饲料生产中,混合机的工作状况不仅决定着产品的质量,而且对生产线的生产能力也起着决定性的作用,因此被誉为饲料厂的"心脏"。

任务 5.1　混合设备与工艺

5.1.1　混合技术要求

对混合工段的要求是混合周期短、混合质量高、出料快、残留率低以及密闭性好,无外溢粉尘。在饲料混合过程中,混合效果随着混合时间而迅速增加,达到最佳混合均匀状态。当物料已经充分混合时,若再延长混合时间,就有分离倾向,使混合均匀度反而降低,这种现象称为过度混合。混合越充分,则潜在的分离性越大,所以应在达到最佳混合之前将混合物从混合机内排出,否则将会在后续工段中出现分离现象。物料的物理机械特性(如参与混合的各种物料组分所占的比例、粒度、黏附性、形状、容重、水分、静电效应等)的不同,往往会影响其混合均匀性。所以对于不同的物料,不同的混合机有其最佳混合时间。

饲料混合效果的好坏主要通过混合均匀度来反映。《饲料工业标准》中规定,配合饲料的混合均匀度变异系数≤10%,预混合饲料的混合均匀度变异系数≤5%。

5.1.2 饲料混合的工艺

混合工艺是指将饲料配方中各组分原料经称重配料后,进入混合机进行均匀混合加工的工艺方法和过程。

饲料混合的工艺,按作业方式可分为分批混合(或称批量混合)和连续混合。

1)分批混合

分批混合是将各种混合组分根据配方的比例配合在一起,并将它们送入周期性工作的"批量混合机"分批进行混合。混合一个周期,即生产出一个批次混合好的饲料。

分批混合工艺的每个周期包括混合机装载、混合、混合机卸载及空转时间(图5-1)。分批混合机工艺的循环时间包括以上每个操作时间的总和,混合机的生产率可按下式计算:

$$Q = \frac{60v\Phi\gamma}{\sum t}(\text{kg/h})$$

式中,Q 为混合机产量,kg/h;v 为混合机容积,m³;Φ 为物料充满系数,一般取 $\Phi = 0.80 \sim 0.85$;γ 为物料容积,kg/m³,一般实测,参考值为 $400 \sim 500$ kg/m³;$\sum t$ 为混合周期需要总时间,min,包括进料时间、混合时间、卸料时间及空转时间。

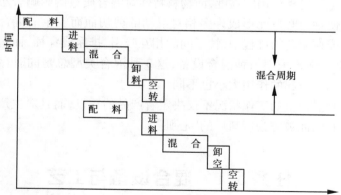

图5-1 分批混合工艺混合周期示意图

这种混合方式改换配方比较方便,每批之间的相互混杂较少,是目前普遍应用的一种混合工艺。但这种混合工艺的称量给料设备启、闭操作比较频繁,因此大多采用自动程序控制。

典型分批式混合工艺流程(图5-2)是以混合机为主体,上盖入口有3个,包括大、小配料秤,人工添加口,旁侧有油脂添加接口,下面有出料缓冲斗,再经刮板输送机和斗式提升机输送。

　　主要原料由大配料秤称重后进入混合机,含量为0.5% ~5%的小料,由小配料秤称重后进入混合机,量更少的添加剂及易潮解食盐等经称重后由人工添加口加入。大型混合机的顶盖上配有独立除尘系统,使混合机始终处于微负压状态下工作,消除了混合机混合时产生的正压,从而免除了对配料称重精度产生影响。除尘的细粉同时又回到混合机内部,避免灰尘外溢。对于小型混合机只要求设计气流平衡管,以沟通配料秤与混合机,使装卸料时产生的气流往返于混合机与秤斗之间,这样就可以消除对配料精度产生的影响。混合机下设的缓冲斗的容量要比混合机容量大10%。

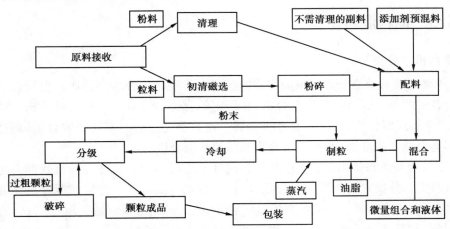

图 5-2　典型分批式混合工艺流程

2) 连续混合

　　连续混合工艺是将各种饲料组分同时分别地连续计量,并按比例配合成一股含有各种组分的料流,当这股料流进入连续混合机后,则连续混合而成一股均匀的料流,工艺流程如图 5-3 所示。

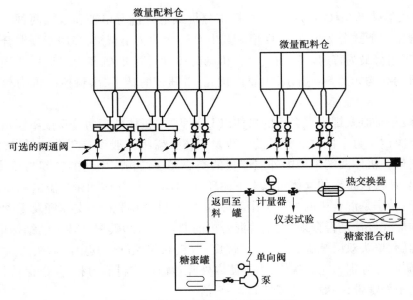

图 5-3　典型连续式混合系统示意图

连续混合工艺由喂料器、集料输送、连续混合机3部分组成。喂料器使每种物料连续地按配方比例由集料输送机均匀地将物料输送到连续混合机,完成连续混合操作。这种工艺的优点是可以连续地进行,容易与粉碎及制粒等连续操作的工序相衔接,生产时不需要频繁地操作。缺点是在更换配方时,流量的调节比较麻烦,而且在连续输送和连续混合设备中的物料残留较多,所以两批饲料之间的互相混合问题比较严重。近年来,由于添加微量元素以及饲料品种增多,连续配料、连续混合工艺的配合饲料厂日趋少见。一般均以自动化程度不同的批量混合进行生产。

5.1.3　饲料混合设备

1)混合机的分类

(1)根据容器的状态分类　根据容器的状态可将混合机分为容器固定型混合机和容器旋转型混合机两类。容器固定型混合机,在固定的容器内装有转动的搅拌机构。螺带式混合机、立式螺旋式混合机、行星式混合机等属于这种类型。容器旋转型混合机,通过容器旋转使内部物料混合的形式,如V形混合机和滚筒式混合机。

(2)根据物料流动情况分类　根据物料流动状态可将混合机分为分批式混合机和连续式混合机两类。分批式混合机是指分批、反复进行混合的形式。连续式混合机是混合操作不间断地连续进行的形式。一般畜禽饲料厂常选用分批式混合机以适应分批式混合的工艺。

(3)根据机器主轴设置分类　根据机器主轴设置可分为卧式混合机和立式混合机两类。卧式混合机的工作主轴水平设置,机器内的螺旋带或桨叶旋转,以对物料混合作用为主。立式混合机工作主轴为立式,通过机内立式螺旋输送机的转动,使物料达到混合目的。卧式混合机因混合周期短、混合质量高、出料快、残留率低以及密闭性好,无外溢粉尘等原因,目前广泛应用于饲料加工企业。

2)卧式螺带混合机

(1)卧式螺带混合机的结构　卧式螺带分批式混合机有单轴和双轴两种。单轴式的混合机按混合室的形式分为U形和O形。其中O形主要为小型机,多用于预混合饲料的生产上;U形机应用得最为普遍。双轴式混合机则为W形,W形机多为大型厂选用。U形卧式螺带混合机的结构如图5-4所示,主要由机壳、带螺带的转子、出料控制机构和传动机构等组成。

①机体:单轴卧式螺带混合机的机体以U形为主,机体外壳由普钢或不锈钢制造。机体容积的大小决定了每个批次混合量的多少。机体上盖板一般设有2个进料口,大型混合机有3个进料口。机体两端采用内外层墙板的空心夹层结构。中间的空间与机体上、下部相通,在进、出料时,被排出的气体可以上下循环,而不至于使气体和粉尘溢出机外。

②转子:转子是混合机的主要工作部件,由螺旋叶片(螺带)、支撑杆及主轴组成。其中螺带的结构形式设计是否合理,决定着混合机的混合质量和效率。转子的结构形式很多,如单头单层螺旋、单头双层螺旋、单头三层螺旋、双头双层螺旋。其中以双头双层双旋向的居多,内外螺旋叶片分别为左右螺旋,为了使内外叶片输送物料能力相等,以保持料面水平,所以内螺带宽于外螺带,一般为外螺带的3～5倍。

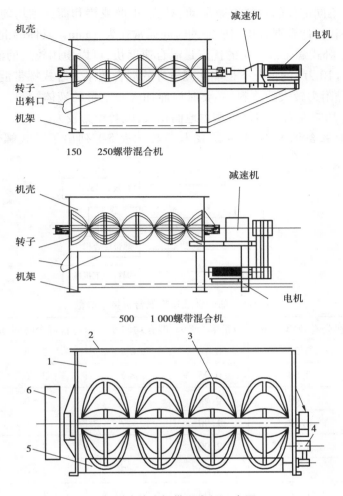

图 5-4　卧式螺带混合机示意图

1—机壳;2—进料口;3—叶片转子;4—出料门控制机构;5—出料门;6—传动机构

③出料及控制机构:出料门在机体底部,其形式有一端小开门和大开门两种。大开门形式具有卸料速度快、物料残留量少的优点,但因为出料门较大,要求门体的强度高、密封性能好。小开门形式结构简单,但卸料速度慢、残留量多,所以仅用于小型混合机。出料门控制机构有手动、电动和气动 3 种形式。手动仅用于小型混合机,大、中型混合机使用电动或气动控制。

④油脂添加系统:油脂添加系统包括油罐、油泵、过滤器、流量计、电磁阀、喷嘴及电控箱,喷嘴管道安装在混合机上,喷嘴有 3 ~ 4 个,均匀分布在主轴侧上方,向着主轴旋转方向安装。喷油时间是在进料后再喷油,喷油结束后再持续混合 1 ~ 1.5 min。

(2)工作原理　卧式螺带混合机一般都设计成内外两层螺带,内外两层螺带分别为左右螺旋。当一条螺带把物料由混合机的一端送向另一端时,另一条螺带则把物料作反向输送,在混合机设计中,内层螺带又宽于外层,因此在机内产生强烈的对流和剪切混合作用。在混合机的下面设置有大于混合机容量的缓冲仓,保证在短时间内将物料排空。混合机是空载启动连续运行的,当配合好的物料进入混合机之后,各组分料就同时受到混合机螺带的作用,使处于混合机不同部位的物料不断翻动、对流、扩散或掺和而达到均匀分布。用这类混合机混合配合饲料时,达到混合均匀所需的时间通常在为 6 min。具体的混合时间应根据混合试验结果而定。卧式螺带混合机的优点是混合速度快,可以使用较短的混合周期,在混合稀释比较大(如 1:10 万)的情况下也能达到较好的混合效果。卧式螺带混合机不仅能混合散落性较差以及黏附力较大的物料,必要时尚能加入一定量的液体饲料。当添加油脂或糖蜜时,添加量可达 10% 左右。但该机型占地面积大,配套动力较大。

(3)卧式螺带混合机规格、型号及技术参数　表 5-1 列出了卧式螺带混合机的技术参数。

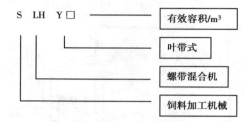

表 5-1　部分卧式螺带混合机技术参数

混合机型号规格	机壳有效容积/m³	每批混合量/t	混合均匀度/%	每批混合时间/min	配用动力/kW
SLHY0.25	0.25	0.10	≤7	3~6	2.2
SLHY0.6	0.60	0.25	≤7	3~6	5.5
SLHY1	1.00	0.50	≤7	3~6	11
SLHY2.5	2.50	1.00	≤7	3~6	18.5
SLHY5	5.00	2.00	≤7	3~6	30
SLHY7.5	7.50	3.00	≤7	3~6	37
SLHY10	10.00	4.00	≤7	3~6	45
SLHY12.5	12.50	5.00	≤7	3~6	55
SLHY15	15.00	6.00	≤7	3~6	75

3)卧式双轴桨叶混合机

卧式双轴桨叶混合机是在 20 世纪 90 年代中期推出的一种新型混合机,它具有混合速度快、混合质量好、适用范围广等特点,在大型饲料厂、预混合饲料厂中迅速获得广泛应用。该机型有如下优点:混合速度快,每批混合时间为 0.5~2.5 min;混合均匀度高,混合均匀度变异系数 $CV \leqslant 5\%$;液体添加量范围大,添加量最大可达到 20%;充满系数可在 0.4~0.8 范围内调节。

(1)机械结构　卧式双轴桨叶混合机主要由机体、双转子、卸料门控制机构、传动部分及液体添加系统组成。如图 5-5 所示。

①机体:机体为双槽形,其截面积形状如"W"形。机体顶盖有 1~3 个进料口,用于进料、排气、观察等。两机槽底各开有一个卸料口,用于快速排空机内混合好的物料。

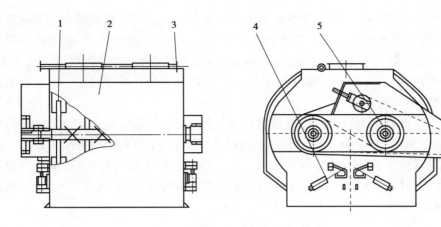

图 5-5　卧式双轴桨叶混合机
1—转子;2—机体;3—喷油系统;4—出料系统;5—传动系统

②转子:机体内装有两组转子,转子由轴、3 组桨叶和撑杆组成。桨叶一般成 45°角安装在轴上。一根轴上最左端的桨叶和另一根轴上最右端的桨叶与轴线的夹角小于其他桨叶,这两个桨叶除了混合作用外,还使物料在此获得更大的径向速度而较快地进入另一转子作用区。两轴安装的中心距小于两桨叶的最大回转直径。转子运动时,两轴桨叶端部在机体中线部分成交叉重叠区。由于桨叶在轴向对应错开,工作时安装在两转子上的叶片互不相碰。

③卸料门控制机构:卸料门控制机构有手动、电动、气动 3 种形式。手动控制仅用于小型混合机,大、中型混合机主要是电动和气动控制机构。

(2)双轴桨叶混合机工作原理　双轴桨叶混合机内物料受两个相反旋转的转子作用,进行着复合运动,即物料在桨叶的带动下围绕着机壳作逆时针旋转运动,同时也带动物料上下翻动,在两转子交叉重叠处形成失重区,在此区域内,不论物料的形状、大小和密度如何,都能使物料上浮处于瞬间失重状态,这使物料在机体内形成全方位的连续循环翻动,相互交错剪切,从而达到快速、柔和、混合均匀的效果。

由于在卧式双轴桨叶式混合机的混合过程中同时具有强烈的对流、剪切和扩散 3 种混合作用,混合效果明显优于卧式螺带混合机。

①对流混合:两轴区物料将分别沿轴向流动,到达轴端后,由于轴端有一组小角度桨叶的作用,物料转向另一轴区运动,使整个机内物料形成一个水平面的循环流动;另一方面同时又将分别绕各自轴线转动,各个轴区形成一个垂直面和循环流动物料流;且两轴区交界的物料还有横向的相对轴区交叉流动。由于这种多方位的复合循环对流,将使机内物料更多更快地从一处向另一处移动混合。

②剪切混合:转子采用桨叶而不像螺带混合机那样采用连成一体的螺旋带,由于桨叶与桨叶间互不连接,物料受到的作用力时强时弱,物料的运动时快时慢或有时停止,这种非连续运动使物料内产生较大的速度差。速度差的存在,使物料在桨叶作用下彼此形成剪切面,各物料团状或颗粒相互滑动、参插和碰撞,形成较强的剪切混合。

③扩散混合:扩散混合作用在整个机内都存在,但在机内中线附近区域更显著,因两转子反向同步旋转,并在机体有一桨叶的运动重叠区,这就使得中线附近的物料受旋转桨叶的作用,这个区域中被桨叶翻动的物料在离开桨叶的瞬间,每个颗粒可在流态化区域中自由运

动,物料颗粒相互摩擦渗透,在机体中线附近形成流态化区域。每个颗粒可在流态化区域中自由运动,物料颗粒在自由运动中充分进行扩散混合。该区域中摩擦力小,混合作用轻而柔和,混合物无离析现象。特别是微粒物料(微量添加剂)在流态时,扩散作用混合效果更好。流态化区域的形成,加上对流混合和剪切混合作用,使得双轴桨叶混合机比一般混合机的混合速度快,混合均匀度高。

卧式双轴桨叶混合机的最大的优点是混合速度快,混合含有总量十万分之一的微量组分饲料,每批料仅需混合 1 min,混合物的均匀程度就可达到全价料的均匀质量要求。这一混合时间仅是卧式螺带混合机所需时间的三分之一左右。由于混合时间短,单位产量的混合电耗也较低。但卧式双轴桨叶式混合机采用了双转子结构,增加了机壳、传动及卸料系统的复杂性,机体大、造价高。

(3)卧式桨叶混合机规格、型号及技术参数

型　　号	有效容积/m³	每批混合量/kg	每批混合时间/s	混合均匀度/%	动力/kW
SSHJ2	2	1 000	30～120	5	15
SSHJ3	3	1 500	30～120	5	22
SSHJ6	6	3 000	30～120	5	37
SSHJ6(s)	6	3 000	30～120	5	45
SSHJ8(s)	8	4 000	30～120	5	45(55)

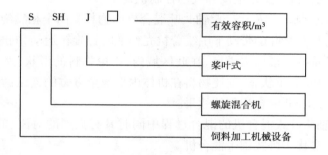

4)立式螺旋混合机

立式螺旋混合机又称立式绞龙混合机,主要由立式螺旋绞龙、机体、进出口和传动装置构成,如图 5-6 所示。

混合筒是一带锥底的圆筒,锥底母线与水平面的夹角应在 60°自然下落,壳体直径与高度之比为 1:(2～5),壳体正中装一根垂直绞龙,用作提升筒体下部的物料使之在筒内产生上下对流及扩散作用。绞龙的直径与筒体直径之比为 1:(3～4.5),绞龙转速为 120～140 r/min。为了改善提升的效果,可在垂直绞龙外面设置套管,以利于下部物料输送到绞龙的顶部,以提高混合速度。物料可由下部进料口进入混合筒。对于由上面落下的物料亦可由混合筒顶部的进料口落入机内。卸料口大多设在混合机的下部,以减小卸料后的机内残留量。

工作时,将定量的物料依次倒入进料口进入筒内,进料的次序一般按配料量比例的大小先多后少,顺次进料,物料由下部进料口进入料斗后,即由垂直绞龙垂直送到绞龙的顶部,抛

出绞龙面抛撒在混合筒内。当全部物料进入混合筒体之后,筒内的物料继续由垂直绞龙的底部输送到顶部,再次抛撒在筒内物料的上面,这样经过多次反复循环,即达到均匀混合的目的。当混合均匀后,即可打开排料口的活门而将物料自流排出机外。立式螺旋混合机具有配备动力小、占地面积小、结构简单、造价低的优点。但混合均匀度低、混合时间长、效率低,且残留量大、易造成污染,更换配方必须彻底清除筒底残料,甚为麻烦。一般适于小型饲料厂的干粉混合或一般配合饲料的混合,不适用于预混合饲料厂。

5)立式行星锥形混合机

立式行星锥形混合机结构如图5-7所示。

主要由圆锥形壳体、螺旋工作部件、曲柄、减速电机、出料门等组成。传动系统主要是将电机的运动径齿轮变速传递给两悬臂螺旋。实现公转、自转两种运动形式。工作时由顶端

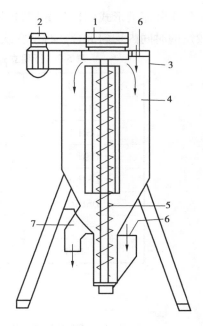

图5-6　立式螺旋混合机
1—传动机构;2—电机;3—机壳;4—绞龙套筒;
5—绞龙;6—进料口;7—出料门

的电动机、减速器输出两种不同的速度,经传动系统使双螺旋轴作行星的运转,物料在机内的流动形式如图5-8所示。

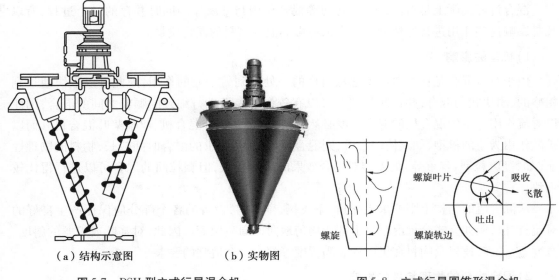

（a）结构示意图　　　　（b）实物图

图5-7　DSH型立式行星混合机

图5-8　立式行星圆锥形混合机
内物料流动形式

由于有螺旋公转、自转的运动形式存在,物料在锥筒内有沿着锥体壁的圆周运动和沿着圆锥直径向内的运动,也有物料上升与物料下落等几种运动形式存在。螺旋的公转、自转造

成物料作 4 种流动形式:对流、剪切、扩散、掺和。这 4 种形式相互渗透与复合,因而使混合料在较短的时间内均匀混合。行星立式锥形混合机主要技术特性参数见表 5-2。

表 5-2　行星立式锥形混合机主要技术特性参数

型　号	全容积/m³	装载系数
DSH-0.5	0.50	0.6
DSH-1	1.00	0.6
DSH-2	2.00	0.6
DSH-4	4.00	0.6
DSH-6	6.00	0.6
DSH-10	10.00	0.6
DSH-0.05	0.05	0.6

任务 5.2　混合的质量管理

5.2.1　影响混合质量的因素

混合过程实际上是对流、扩散、剪切等混合作用与分离作用同时并存的一个过程,所以凡是影响这些作用进行好坏的诸因素都将影响混合物料的混合质量。

1)机型的影响

由于对流混合是将物料成团地从料堆的一处移到另一处的作用,因此可以很快地达到粗略的、团块状的混合,并在此基础上可以有较多的表面进行细致的颗粒之间的混合,因此以对流作用为主的混合机的混合速度必然较快,如卧式螺带混合机、双轴桨叶混合机。而以扩散作用为主的机型,如滚筒混合机,则混合作用较慢,要求的混合时间较长,物料的物理性能(如粒度、粒型、容重等)的差异对混合效果的影响较大,但颗粒间的混合可以进行得比较细致。

从混合机的结构上则要求无死角、不飞扬、不漏料,设备的各个部分应保证产生良好的对流、扩散,例如立式分批混合机上部能均匀地向四周喷撒等。因此,对桨叶或绞龙的斜度、宽度、直径、转速以及物料在机内的装满程度等都有一个适宜的要求。

2)混合物料的物理特性的影响

物料的物理机械特性(如参与混合的各种物料组分所占的比例、粒度、黏附性、形状、容重、水分、静电效应等)的不同,往往会影响其混合均匀性。在混合物料时,其密度和颗粒大小对混合均匀性有很大影响。混合物料的平均粒径小,混合物料的粒径均匀,则混合的速度慢,而混合所能达到的均匀度高。当两种粒径不同的物料混合时,两者粒径的差别越大,则混合所能达到的精度越差。所以力求选用粒度相近的物料进行混合。当混合物料之间的容重差异较大时,则所需的混合时间较长,而且混合以后产生的分离现象也较严重,可以达到的最终混合精度较低。在条件许可时,尽量选择容重相近的原料,特别是预混合料载体和稀释剂的选择,更应该注重这一点。不同的混合机及不同的混合转速对容重差异及粒度差异的影响敏感程度不一样。例如 V 形混合机在达到动态平衡时,CV 值波动的幅度较大,即显得有时均匀,有时不均匀;而采用卧式螺带混合机时,即使混合料之间的容重差异较大,由于主要利用对流混合作用进行混合,因此仍可将物料混合得较为均匀,故饲料加工中应用较广泛。

物料粒子表面的粗糙程度、物料水分、散落性等因素影响物料的流动性能。物料的流动性能对混合状态的影响可归结为一条规律:物料的流动性好,易于混合,但混合最终的均匀程度不高,且混合产品易于分级。为了减少混合后的再度分离,可在混合接近完成时添加黏性大的糖蜜、油脂等,以降低其散落性而减少分离作用。物料的相对湿度为 14% ~ 15% 时,可以得到较适宜的物料密度,有助于达到所要求的混合均匀度。若湿度等于或高于这个范围,则需要增加混合时间或采取其他措施才能达到一定的混合效果。此外,某些微量成分还会产生静电效应附着在机壳上,影响混合效果。

3) 充满程度的影响

混合机的充满系数是指装入粉料的容积(F)与混合机容积(V)的比值,即充满系数 = F/V。充满系数的大小明显影响混合的精度和速度,无论对于哪种类型的混合机,适宜的装满状况是混合机能正常工作,保证混合效果的前提条件。若装料过多,会使混合机超负荷工作,装料过少,则不能发挥混合机的效果。例如对于卧式螺带混合机以转子所占有的体积为机容(v),充满系数(φ)一般取 0.6 ~ 0.8,当大于 100% 和小于 40% 时,混合效果明显下降。

各类混合机的充满系数:分批卧式螺带式混合机为 0.6 ~ 0.8,双轴桨叶式混合机为 0.8 ~ 0.9,分批立式混合机为 0.8 ~ 0.85,连续型混合机为 0.3 ~ 0.5。

4) 进料程序的影响

为提高混合均匀度,减少物料的飞扬,对卧式螺旋混合机及立式绞龙混合机来讲,应先将配比率大的组分全部进入混合机以后,再将配比率小的物料置于已进入的物料的上面,以防止微量组分成团地落入混合机的死角或底部某些难于混匀之处;对于易飞扬的少量及微量组分则应先放置在 80% 的大量组分的上面,再将余下的 20% 的大组分物料覆盖在微量组分的上面,既保证易于混匀,又保证不致飞扬。如在间隙混合机中混合液态组分,则先投入所有粉料并混合一段时间,而后加入液态组分并将其与粉料混合均匀。

5) 混合机混合时间和转速的影响

多种试验证明,批量混合机的混合速度、混合质量与混合机的转速和混合时间有关。不同规格的混合机都有其适宜转速和最佳混合时间。

5.2.2　饲料混合的过程控制和质量管理

饲料原料只有在搅拌机中均匀混合,饲料中的营养成分才能均匀分布。如果不能将饲料原料混合均匀,配方的目的就不能完全实现,饲料的质量就不能保障。如果微量成分如维生素、氨基酸、微量元素和药物混合不均匀,将直接影响饲料的质量,影响畜禽生长速度,不能充分发挥其作用,造成很大的浪费,甚至引起畜禽中毒。

1)适宜的装料

不论哪种类型的混合机,适宜的充满系数是混合机正常工作,并且得到预期混合效果的前提条件。常用混合机适宜的充满系数见表5-3。

表5-3　混合机适宜的充满系数

混合机类型	适宜充满系数
卧式螺带混合机	50%～80%
立式绞龙混合机	80%～85%
行星绞龙混合机	50%～60%
水平圆筒混合机	间歇作业 30%～50%
	连续作业 10%～20%
V形混合机	30%～50%

2)混合时间

最佳混合时间是指达到最高混合均匀度(变异系数最小)所需要的最短混合时间。由于一台混合机达到最高混合均匀度需要的时间,因原料的粒度等物理性质不同而不同。为了要准确地掌握最佳混合时间,提高生产效率,最好结合本厂的原料条件,在生产条件下做最佳混合时间的测定。最佳混合时间与所加入的被混合物料的数量也有关系。在预混合饲料的生产过程中,往往加入微量的成分,所需混合时间往往也较生产全价配合饲料的混合时间长一些。对于同一混合机,使用浓度高一些(例如占饲料总量0.5%)的预混饲料所需的混合时间较之使用浓度低一些(例如占饲料总量的2.5%)的预混饲料所需的混合时间,可能会长一些。当然,混合机本身的性能也是决定最佳混合时间的一个重要因素。测定最佳混合时间的具体方法,以卧式螺带混合机为例说明如下:投入饲料并添加示踪剂后,开动混合机1 min停机,由于这种类型的混合机一般的最佳混合时间为2.5～5 min,所以我们设定混合1 min为起点,测定其混合均匀度(变异系数CV)。再开动混合机0.5 min测定一次均匀度直至累积混合时间5 min。假定我们在不同的混合时间得到的变异系数见表5-4。

表5-4　不同混合时间的混合均匀度变异系数

搅拌时间/min	1.0	1.5	2.0	2.5	3.0	3.5	4.0	4.5	5.0
变异系数/%	23	17	11	7	5.5	5.5	5.5	6.3	6.5

试验结果表明,搅拌3 min即达到了该机的最高混合均匀度($CV=5.5\%$),继续延长混合时间,并不能进一步提高其混合均匀度;相反,当混合时间增加到4.5 min以上时,变异系数反而趋于增大。一般认为这是由于饲料各组分的物理性质(如容重)不同而引起的"自动分级"现象。根据以上资料,我们就可以将该机的最佳混合时间定为3 min。

立式混合机一般需要较长的混合时间(8～15 min),因此测定其最佳混合时间的起点可以迟一些,例如5 min或6 min;时间间隔也可以稍长一些,例如1 min。

根据一些饲料厂的经验,混合机在使用一段时间以后,其混合均匀度和最佳混合时间都有可能因工作部件的变形和损坏而改变。建议每隔一段生产时间,例如 3 个月或半年检测 1 次,以便及时发现问题,进行必要的维修和调整。

3)操作顺序

饲料中含量较少的各种维生素、药剂等添加剂或微量组分,均需在进入混合机之前用载体事先稀释,做成预混合物,然后才能和其他物料一起进入混合机。

在加料的顺序上,一般是配比量大的组分先加入混合机内,将少量及微量组分置于物料上面,在各种物料中,粒度大的一般先加入混合机内,而粒度小的则后加。物料的容重亦会有差异,当差异较大时,一般是先加容重小的物料,后加容重大的物料。

4)尽量避免分离

在混合过程中,一方面机械对物料起着混合作用,另一方面由于物料粒子间存在的相对密度、粒度、表面特性等的差异,在运动时必定也产生着自动分级。自动分级将使物料的均匀状态受到破坏,这种使均匀状态受到破坏的现象,称为"离析",也称为"自动分级"。无论采用什么混合设备,混合和离析这对矛盾都是同时存在的,只是程度不同而已。在这一过程中,对流混合起着主要作用,使物料很快从不均匀到粗略的均匀,这一过程的快慢主要决定于混合设备的构件。随着时间的进行,对流混合作用逐步减弱,而扩散混合作用逐步成为主流混合。对流混合使物料混合得更为细致、更为均匀。这一阶段的混合主要决定于物料的物理特性,以及组分的多少和组分的大小。伴随着混合的进行,离析也始终存在。进一步的作用使混合与离析达到动态平衡,达到动态平衡后,混合的均匀性随时间不再改变。

固体颗粒的混合物有静态流动性,即使物料在仓内或袋内明显地处于静止状态时,物料的颗粒仍在不断地相对运动着。任何有流动性的粉末都有分离的趋势。

分离的起因有 3 个:一是物料落到一个堆上时,较大的粒子由于有较大的惯性就会滚到堆下去,而惯性较小的粒子有可能嵌进堆上的裂缝;二是当物料被振动时,较小的粒子有移至底部的趋向,较大的粒子有移至顶部的趋向;三是当混合物被吹动或流动时,随着粒度和密度的不同相应发生分离。

避免分离的措施:

①力求混合物料组分的容重、粒度一致,必要时添加液体饲料。

②掌握好混合时间,以免混合不均或过度混合。

③掌握适宜的装满系数及安排正确的进料程序。

④把混合后的装卸工作减少到最小程度。物料下落、滚动或滑动越小越好,混合后储仓应尽可能地小一点,混合料成品最好采用刮板或皮带输送机进行水平输送,不宜采用绞龙和气力输送,以避免严重的自动分级。

⑤混合后立即压制颗粒,使混合物成粒状。

实训　饲料混合机的观察与混合质量评定

【目的要求】

通过观察了解不同类型饲料混合机的构造、特点,初步掌握其使用方法,能根据饲料加工工艺的需要合理选择不同类型的混合机。了解混合性能测定的意义,掌握混合性能测定方法,合理确定生产技术参数。

【实训材料与仪器设备】

立式混合机、卧式螺带式混合机、双轴桨叶式混合机、拆卸工具、各种粉碎后的饲料原料、混合均匀度测定的仪器设备等。

【实训内容与方法步骤】

1. 混合机的构造观察。观察立式、卧式螺带式混合机构造。观察项目：进料口位置、出料口位置、电动机和传动装置的位置、电动机的功率、转速。

2. 混合机的使用。记录开始工作时间，按一定的加料顺序，通过进料口逐渐添加经过计量后的各种饲料，添加一定比例的油脂。到混合时间后，打开出料口插板放出饲料。根据记录的数据计算混合周期。

3. 取样。打开电脑，调出一种饲料配方，按混合机满载量调整配方。设定混合时间分别为 0.5 min，1.0 min，1.5 min，2.0 min，3.5 min，4.0 min，4.5 min，5.0 min，每个净混合时间加工一批；然后进行自动配料，并在手动加料口加入示踪剂，配料完成后将饲料排入混合机混合。每批物料在混合机排料口的不同位置取 10 份样。

4. 根据示踪法或沉淀法测定混合均匀度。

【实验报告】

1. 根据观察到的内容总结各种混合机的类型、特点、用途，并写出其基本构造和使用方法及使用注意事项。

2. 根据测定的技术性能参数，绘出混合时间与混合质量曲线图，确定合理的净混合时间。写出混合性能测定的方法。

【分析与讨论】

1. 根据观察到的混合机进行分析比较，讨论操作注意事项。

2. 根据测定的技术性能参数进行分析讨论。

复习思考题

一、选择题

1. 混合机在加料的顺序上叙述不正确的是（　　　）。

A. 先加入量大的，后加入量小的　　　B. 先加入粒度大的，后加入粒度小的

C. 先加入比重小的，后加入比重大的　D. 先加入比重大的，后加入比重小的

2. 在进行饲料厂工艺设计时，应以（　　　）为核心，确定生产能力和设备型号等。

A. 初清筛　　　　B. 粉碎机　　　　　C. 制粒机　　　　　　D. 混合机

3. 按混合机的工作原理，可分为（　　　）混合机。

A. 双轴式与单轴式　　　　　　　　B. 分批式与连续式

C. 回转筒式和固定腔　　　　　　　D. 桨叶式与叶带式

4. 卧式螺带式混合机物料充满系数一般以（　　　）为宜。

A. 0.2～0.4　　　B. 0.4～0.5　　　C. 0.5～0.6　　　　D. 0.6～0.8

5.对混合机来说,混合物的均匀度与混合时间有关,越(　　)越(　　)。

A.多,好　　　　　B.少,好　　　　　C.多,差　　　　　D.合适,好

二、简述题

1.什么是混合? 饲料混合的原理是什么?

2.简述常用的混合工艺流程。

3.混合机如何分类?

4.混合质量的评价指标是什么?

5.影响混合工艺效果的因素有哪些?

6.以卧式螺带混合机与双轴桨叶混合机为例,简述混合机的基本结构特点和混合过程。

项目 6　饲料的成型

✎ **项目导读**

　　配合饲料生产工艺主要包括原料接收和清理、粉碎、配料、混合、饲料成型、包装与贮藏 6 个工序。成型是影响饲料质量、产量和加工成本的重要因素,是决定颗粒饲料厂生产能力的主要设备。本项目主要介绍了制粒工段的工艺流程(包括调质、制粒、冷却、破碎、筛分等环节)、制粒机分类(环模制粒机、平模制粒机)、制粒设备(以环模制粒机、螺杆式膨化机为主)的结构及工作原理,以及饲料成型的质量管理。

　　饲料的成型是指利用机械将配合粉状饲料经挤压作用或者膨化作用制成颗粒状或片状等形状的过程。随着饲料工业和现代养殖业的发展,成型饲料在全价配合饲料中所占的比重逐年提高,其中以颗粒饲料为主。

　　颗粒饲料虽然制造成本高,但是有许多优点,经济效益显著,故得到广泛采用和发展。一般颗粒饲料的主要优点:①制粒过程中,在水、热和压力的综合作用下,使淀粉糊化和裂解,酶的活性增强,纤维素和脂肪的结构有所改变,经蒸汽高温杀菌,减少饲料霉变生虫的可能性,改善适口性,有利于畜禽充分消化、吸收和利用,以提高饲料消化率;②营养全面,减少了营养成分的分离,保证每日供给平衡饲料;③颗粒料体积减小,可缩短采食时间,减少禽畜由于采食活动造成的营养消耗,饲喂方便,节省劳动力;④体积小,不易分散,在任意给定空间可存放更多产品,不易受潮,便于散装储存和运输;⑤在装卸搬运过程中,饲料中各种成分不会分级,保持饲料中微量元素的均匀性。

任务 6.1　饲料成型工艺与设备

6.1.1 成型原理

饲料制粒机成型的原理有挤出制粒和压缩制粒两种。挤出制粒采用螺旋、活塞或轧辊等挤出装置,使物料从模孔中挤出而制粒。经调质后的粉料具有一定的温度、湿度,粉粒松散,空隙大,淀粉部分糊化,具有一定的黏结力,蛋白质部分变性和糖分受热而具有可塑性,在外界挤压力的作用下,粉粒体相互靠近、重新排列、连接力增大,最后被压成具有一定强度、密度的颗粒。

膨化加工的定义及原理:膨化过程中原料进入机器后,由螺旋送料器送到出口,锥体反向推力将产生的压力作用于物料,一旦原料离开机器,温度与压力骤降,变形成膨化产品,在此过程中发生淀粉颗粒的破坏。经膨化后淀粉糊化、蛋白质结构变化,从而提高饲料的利用率。选择适当的原料及设备,可生产出鱼类的漂浮料及沉降料。

6.1.2　成型过程

在压粒过程中,依粉料压实的程度可分为 3 个区域:①供料区:指物料基本处于自然松散状态,不受模辊的作用,密度为 $0.4 \sim 0.7$ g/cm³。②压紧区:随着模辊的转动,把物料带入此区域,由于模辊之间空间变小,粉料受到挤压作用,粉料间孔隙逐步减小,物料产生不可逆变形,因此密度也增至 $0.9 \sim 1.0$ g/cm³。③挤压区:物料被继续带至空间更小的区域,粉料进一步靠紧、镶嵌,相互接触面积增大,产生较好的黏结,并被压入模孔,经过模孔一段时间的饱压作用,形成颗粒饲料,密度达到 $1.2 \sim 1.4$ g/cm³。

颗粒饲料有硬颗粒和软颗粒之分。硬颗粒调质水分小于 20%,成品水分小于 12.5%。软颗粒调质水分为 20% ~30%,温度低于 60 ℃。

膨化机按添加水分的多少分为干法膨化机和湿法膨化机两种,按主轴的设置分为单轴膨化机和双轴膨化机。干法膨化水分在 20% 以下,湿法膨化水分在 20% 以上。湿法膨化与干法膨化相比,附属设备多且价格昂贵。同样,单轴比双轴简单,用途受限制,但价格便宜。一般单轴膨化机主要用于观赏动物及大豆制品的生产。

按其工作原理的不同,膨化分为挤压膨化和气体热压膨化两种(图 6-1)。

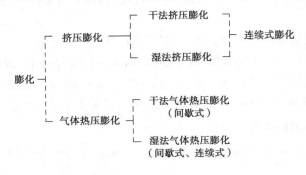

图 6-1　膨化方法

挤压膨化是对物料进行调质、连续增压挤出、骤然降压,使体积膨大的工艺操作。常采用螺杆式挤压膨化机连续作业。气体热压膨化是将物料置于压力容器中加湿、加温、加压处理,然后突然喷出,使其因骤然降压而体积膨大的工艺操作。气体热压膨化通常是采用回转式压力罐、固定式压力蒸煮罐、连续式热压筒进行间歇式或连续式膨化作业,其中回转式压力罐类似爆米花机,固定式压力蒸煮罐指热喷设备,连续式热压筒指连续式气流膨化设备。

干法膨化是对物料进行加温、加压处理,但不加蒸汽和水的膨化操作。而湿法膨化是对物料进行加温、加压并加水或蒸汽处理的膨化操作。

6.1.3 饲料产品的主要质量指标

1)颗粒饲料的加工质量指标

将饲料制粒的原因有多条,其中主要是制粒提高饲料的利用效果及改善饲料的存储特性,要想发挥优势必须注意颗粒料品质。颗粒料的质量除了有关的化学及营养指标外,还规定了特定的物理品质指标。颗粒饲料的加工质量常用硬度、粉化率、耐水性等来评定,必要时再测定淀粉糊化度。

(1)硬度 硬度表明颗粒的结实程度,向单颗粒直径方向施加压力,颗粒压碎前所能承受的最大力表示颗粒的硬度,颗粒硬度可用颗粒硬度计来测量。每个样品测定 10 ~ 20 个颗粒,计算平均值。一般来说,用户通常都希望颗粒比较坚硬。但无论是从饲用效果还是从制造成本的角度,都不能说是越硬越好。根据饲料品种的不同,一般为 0.06 ~ 0.12 MPa (0.6 ~ 1.2 kgf/cm^2)。

(2)粉化率 测定粉化率的方法是将一定数量的颗粒成品放在专门的粉化率测定仪中,在规定的时间内以规定的速度翻转,然后测定由颗粒变成的粉料在全部饲料中所占的比重。一般要求粉化率不超过 10% ,优质品不超 5% ,粉化率往往也用坚实度来表述。如粉化率为 8% 也可用坚实度为 92% 来表述。

(3)耐水性 耐水性又称水中稳定性。对于鱼虾颗粒饲料很重要的物理指标是颗粒耐水性,其测定方法国内外均没有统一的标准。一般测定方法是在 3 只容量为 500 mL 盛满清水的量杯中部设置筛网,筛孔基本尺寸为 2.5 mm 金属丝编织的方孔筛网,取颗粒饲料成品,分别投入筛网上,记录颗粒投入水中至开始溃散的时间,并求其平均值。有几种不同的测定方法,可理解为颗粒浸泡在水中直至散开的时间。一般鱼饲料要求 0.5 ~ 2 h,虾饲料要求 3 ~ 6 h。

(4)外观质量 要求颗粒表面光滑,色泽和粒度均匀,无明显裂纹,粉末少。

(5)其他特性

①水分。颗粒饲料成品的水分要求一般控制在 12.5% 以下。

②颗粒的直径与长度。不同动物不同饲养期有不同的直径要求(或称粒度要求)。颗粒直径单位为毫米,常用的规格有 ϕ2、ϕ2.5、ϕ3、ϕ3.5、ϕ4、ϕ5、ϕ6,还有 ϕ1.5、ϕ1.8、ϕ3.2、ϕ4.5、ϕ8、ϕ12、ϕ16、ϕ20 等规格。颗粒长度一般为直径的 1.5 ~ 2.5 倍。

2)挤压膨化产品的加工质量指标

在评定膨化产品水分、粒径时,还可参考以下几项指标,使用时可根据具体产品使用范围取用。

(1)膨胀率 膨化物料直径与模孔直径的百分比。

(2)吸水率 样品吸收量与样品量的百分比。称取 100 g 饲料样品浸没于 25 ℃ 水中,静置 10 min,取出样品沥干 5 min 重新称量,得出吸水重,即可算得吸收率。

(3)漂浮率 取 100 粒风干样(水分 13% 以下),放入 500 mL 清水中,1 h 后计数漂浮在水面的颗粒数,即为漂浮率。

(4)漂浮时间 取 100 粒风干样,放入 500 mL 清水中,沉降颗粒数为浸泡 1 h 后的颗粒数 3~4 倍时所需的时间。

（5）糊化度　淀粉中糊化淀粉与全部淀粉量之百分比。

（6）维生素 A、维生素 C 留存率　以挤压膨化前后样品中维生素 A 或维生素 C 的含有量计算维生素 A 或维生素 C 留存率。

颗粒饲料若作为鱼饵料,除测粉化率、硬度和水中稳定性外,还要测定颗粒的沉降性、漂浮性等,对于膨化颗粒饲料,可以测定其表观密度作为膨化度指标,也可将膨化颗粒饲料放到一定容积的水里浸泡一定时间后测定残留水量来求得吸水率。

6.1.4　饲料成型的工艺流程及设备

1) 饲料成型的工艺流程

制粒系统的工艺流程是由预处理(调质等)、压粒及后处理 3 部分组成,它们互相制约,决定制粒的质量和经济性。其简单生产工艺流程如图 6-2 所示。图中实线表示工艺流程走向线,点划线表示加工过程中的粉状料及大颗粒重新返回加工的路线,该工艺流程的主要设备有:待制粒仓、喂料器、调质器、制粒机、冷却器、破碎机、分级筛、油脂喷涂机、成品仓、打包缝口机。其中喂料器和调质器一般是制粒机本身带有的部件。在这个工艺流程中还包括风机、旋风分离器、料位器、蒸汽管、提升机等输送设备,这些都是制粒工段生产中不可缺少的设备。有的工艺流程中还有熟化、干燥等没备,以满足生产不同种类颗粒饲料的需要。

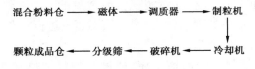

混合粉料仓 ——→ 磁体 ——→ 调质器 ——→ 制粒机

颗粒成品仓 ←—— 分级筛 ←—— 破碎机 ←—— 冷却机

图 6-2　制粒工段的工艺流程

制粒工艺流程设计中应注意:①为了便于更改配方,减少制粒机停车,至少应配两个制粒仓。这些仓应配有机械出料装置。②在压粒机之前,必须安装有高效的去除金属物的磁选装置,以保护制粒机的安全生产。③制粒机最好安装在冷却器上面,这样从制粒机出来的易碎的热而潮的颗粒可以直接进入冷却器,以减少粉化率。破碎机可安装在冷却器下面,碎粒或颗粒通过提升机送到上面的分级筛,使细粉和筛上物回流方便。④经筛理后的颗粒应用带式输送机或其他不易破碎颗粒的水平输送设备输送,避免使用螺旋绞龙输送,以减少颗粒的粉化。⑤一般来说,压制大颗粒的产量比压制小颗粒的产量高,单位消耗也低。

膨化工艺中挤压膨化是生产膨化饲料的最主要工艺形式。分类较完整的挤压膨化生产工艺流程如图 6-3 所示。

当对单种原料进行挤压膨化作业时,通常为不加油脂、添加剂等,只使用蒸汽或水来调质,或只进行干法膨化,当饲料中要加较多肉浆、油脂组分时,需采用双螺杆挤压膨化机。

饲料的调质效果和膨化效果与饲料的粉碎粒度有密切关系。水产动物,特别是幼小水产动物要求对饲料进行微粉碎,通常粉碎粒度要在 1 mm 以下,甚至达几十微米。当进行湿法膨化时,饲料的水分要达到 18%~25%,因而膨化后必须对饲料进行烘干和冷却,以保证产品的安全储存和运输。为了最大限度地保持调味剂和维生素的效力,满足生产要求,对玩赏动物饲料或某些水产动物饲料常进行膨化后表面喷涂。

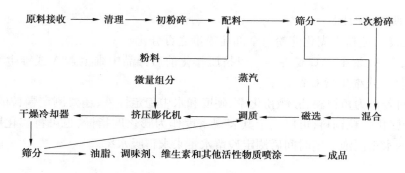

图6-3 挤压膨化流程图

2) 调质和液体添加

（1）饲料的调质 调质就是对饲料进行水热处理，使物料软化、淀粉糊化、蛋白质变性，提高压制颗粒的质量和效果，并改善饲料的适口性，提高其消化吸收率。调质一般采用简单调质设备。当然，一些畜禽饲料生产也采用了强化调质熟化工艺，但制粒过程需要有较高的操作技术，严格控制调质熟化时间，否则容易产生模孔堵塞和物料焦化现象，难以达到最佳制粒效果。调质器的图形符号如图6-4所示。

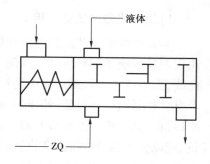

图6-4 调质器

调质的方式一般是通过引入蒸汽而实现。最常见的办法是直接通入蒸汽进行水热处理，其次为通过间接蒸汽进行加热，另有少数同时加入蒸汽和糖蜜等液体对物料进行调质处理。

调质器的用途：调质是制粒的前道工序，通过对物料加热和增湿（一般是加干饱和蒸汽），使之软化以利于物料制粒成型。物料在进入压制室进行挤压前含有一定的水分，若水分含量太低，则各饲料组分的黏性较差，成型能力差，制粒能耗高，还会增加制粒机压膜及压辊的磨损。一般来说，对物料通入蒸汽进行调质处理有几个好处：①提高制粒机的制粒能力。通过添加蒸汽使物料软化、具有可塑性；有利于挤压成型，并减少对制粒机工作部件（环模和压辊）的磨损，在适宜的调质条件下，用蒸汽调质比不用蒸汽调质产量可提高1倍左右，同时适当的调质也可提高颗粒密度，降低粉化率，提高产品质量。②促进淀粉糊化和蛋白质变性，提高饲料消化率。在调质器中，饱和蒸汽和物料接触，蒸汽在粉料表面凝结时放出大量热，被粉料吸收使粉料温度大幅上升（一般上升38~50℃），最终达到82~88℃。同时水蒸气以水的形式凝结在粉料表面。在热量和水分的共同作用下，粉料开始吸水膨胀，直至破裂（谷物淀粉在50%~75%时开始吸水），使淀粉变成黏性很大的糊化物，有利于颗粒内部相互黏结，同时物料中的蛋白质变性后，分子成纤维状，肽键伸展疏松，分子表面积增大，流动滞阻，因而黏度增加，有利于颗粒成型。又因为肽键疏松，有利于动物消化和吸收。特别是水产动物或特种经济动物。据资料，当有蒸汽调质时，淀粉糊化率可达35%~45%，而不用蒸汽制粒时糊化度不大于15%。③改善颗粒产品质量。用适当的蒸汽调质，可提高颗粒饲料的密度、强度和水中稳定性等。④杀灭有害病菌。调质过程的高温作用可杀灭饲料中的大肠杆菌及沙门菌等有害病菌，提高产品的储存性能，有利于畜禽健康。沙门菌的最高承受温度为 89 ℃,因此经调质后粉料温度只要达到 90 ℃以上,就能杀灭全部的沙门菌。⑤有利于液体添加。新的调质技术可提高颗粒饲料中的液体添加量,满足不同动物的营养需要。

在调质器内除了加入蒸汽外,还可加入糖蜜、油脂等液体添加剂。对调质器的要求是能保证物料在调质器有足够长的停留时间,使水分能逐渐渗透到物料内部,停留时间太短,物料里面吸不到水而仅在表层有游离水,不利于制粒。

调质的机理:调质分为即时调质和早期调质两种。即时调质是把调质器直接装在制粒机上,调质时间较短,蒸汽消耗量也较大,优点是工艺布置方便,投资较省。早期调质是将液体添加剂(糖蜜、油脂等)加入物料后放在一只调质熟化器内,并加入适量蒸汽,使其保持一定的温度,并让物料在调质器内停留较长的时间,然后再通过喂料器送入制粒机。一般生产虾饲料等特种水产饲料需采用早期调质方法。

调质器是生产颗粒饲料最常用的调质设备(图 6-5),它以喂料绞龙为主体,可以控制制粒机的流量,保证进料均匀。变直径、变螺距的绞龙均可选用。喂料绞龙的直径和螺距应与喂料速率相适应。调质器的转速一般取100 r/min,这样能保证出料均匀。

为保证调质过程中蒸汽及液体饲料组分的添加量,控制喂料速度是很重要的。为保证饲料在调质器内有足够的停留时间,调质器的

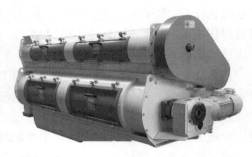

图 6-5　常用饲料调质装置

大小应按物料的体积进行计算。物料在普通调质器内的停留时间较短,通常只有 15 ~ 20 s。调质器的混合作用有利于饲料与添加组分的互相拌和。为提高混合效率,应尽可能降低主轴的转速。

(2)蒸汽调质　蒸汽调质是制粒工程中最重要的影响因素,水蒸气添量取决于饲料结合水的含量和饲料的种类。蒸汽调质的优点:①增加生产能力;②延长压膜寿命;③减少电力消耗;④提高颗粒的品质;⑤减少粉尘发生量。

在制粒生产中,蒸汽具有重要作用,蒸汽供给质量如何直接关系到调质的温度、水分,影响着颗粒成品的质量。

在颗粒饲料压制过程中,充足而均匀地供应蒸汽可以增加糖蜜、油脂的流动性,促使淀粉部分糊化、破裂,使粉料容易黏合,从而提高成型颗粒的硬度。压粒的适宜温度为 80 ~ 85 ℃,因为饲料通过压模孔的时间为 7 ~ 8 s,所以对饲料营养价值影响不大。

饲料制粒时,蒸汽从压粒机搅拌室的后部送进。这个部位能有较充足的物料,使蒸汽不得不进入物料内并穿过物料。由于物料的每一颗粒全部暴露于蒸汽之中,搅拌桨叶的转动就使蒸汽连续不断地进入物料里。

蒸汽送进制粒机,压力要稳定,不能产生冷凝现象。冷凝水进入制粒机,会使制粒机堵塞。因此,蒸汽系统通常设置有防止冷凝水进入制粒机调质室的汽水分离器。汽水分离器应尽可能靠近调质室。这样可以阻止蒸汽在进入调质室前形成冷凝水。

通过蒸汽调质使热汽和水分可渗透到饲料中。水分作为润滑剂,可减少饲料通过压模时的摩擦,即减少压模磨损,增加颗粒料的生产能力。许多研究结果表明,适当的蒸汽调质可改善 30% 的生产能力。生产等量的饲料时可减少作业次数,所以可减少电力消耗。调节

水蒸气的条件也可改善颗粒料的品质,但根据饲料种类的不同而异。达到最佳生产性能的水蒸气调质参数可因饲料种类分为5种。按原料可分为以谷物为主的饲料、热敏性饲料、蛋白饲料、高尿素饲料、全价奶牛饲料。

谷物为主的饲料是指谷物含量达50%~80%的饲料,为了提高谷物饲料的制粒效果,必须进行高温蒸汽调质。颗粒料的品质很重要,为了达到较好的制粒效果,部分谷物需达到一定糊化程度,即进行82 ℃以上,含水16%~17%的处理比较合理。Pfost报道,制粒过程中淀粉的糊化率仅为16%~25%。淀粉糊化度因温度、水分含量、时间的不同而变化。在制粒过程中饲料在设备中存留时间很短,淀粉几乎不发生糊化作用。但压模内的摩擦和压力作用可促使其发生糊化作用。

热敏性饲料含有5%~25%的糖,其原料有奶粉、蔗糖、乳清粉等,这些原料在60 ℃时就可起焦化反应,实际在无水条件下厚压模内很容易上升到该温度。焦化后摩擦系数升高,饲料通过压模的时间迟延,导致压模口堵塞。所以除避免添加水蒸气外,应选择薄的压模、添加脂肪等措施。

蛋白质含量为25%~45%的高蛋白质饲料属于蛋白质饲料。这些饲料需要高的热,但对水分需求量低。热处理可使蛋白质自然形成颗粒。

尿素含量高的饲料应禁止添加水蒸气。热或水分可溶解尿素,阻碍饲料通过压模,也可使已形成的颗粒料在包装袋内或仓中互相凝集。

属于第五类的饲料有纤维素含量高而谷类或蛋白质含量低的反刍饲料。这些饲料吸水力低,所以在加工前应添加12%~13%的水,温度调节到54~60 ℃。

很多资料报道有关各种不同饲料蒸汽压力方面的研究。一般17.7~20.6 Pa时称低压水蒸气,大于20.6 Pa时称高压水蒸气。一般蒸汽气压降低时其温度也下降。在机器内饲料和水汽接触的时间为7~8 s,在此时间内温度降到100 ℃以下并凝结。所以,当高压蒸汽处理时很多热会进入饲料内。高蛋白质饲料凝固需要热量,相反应尽可能减少水分的添加,一般常采取高压蒸汽方法。但是以谷类为主的饲料,为了提高淀粉糊化度应需水分和热量,所以一般常采取低压蒸汽方法。

蒸汽的前处理过程是颗粒料加工时最重要的工序之一,水蒸气除了饲料的水化作用外,还可减少压模和饲料间摩擦,具有润滑功能,有助于颗粒料的凝结。但水蒸气处理可因饲料的种类不同而变化。

(3)蒸汽供给系统

①蒸汽管路。蒸汽使用的一般原则是高压输送、低压使用。由锅炉产生的0.6~0.8 MPa的饱和蒸汽,高压输送到制粒机附近的分汽缸中。输送管路必须保温和设置疏水阀,而且锅炉尽可能靠近主车间,一般不超过30 m,确保输送蒸汽的质量。在使用前通过减压阀,根据不同配方,调整蒸汽压力。一套完整的蒸汽管路,应包括分汽缸、疏水器、减压阀、汽水分离器、截止阀、安全阀、压力表、过滤器、观察镜和检查阀等附件。

一套完整的蒸汽管路系统应具备下列功能:a.具有供应制粒机最高产量的蒸汽量,则需足够容量的锅炉、管道尺寸和控制阀等保证;b.分离并排出蒸汽中冷凝水(汽—水分离器、疏水阀和放水阀等);c.蒸汽压力要稳定,并根据配方不同可以调节汽缸和减压阀。在完好的蒸汽管路中,通过分汽缸和疏水阀等的作用,可将冷凝水和悬浮物在蒸汽输出分汽缸前收集并流回锅炉或排到机外。合理选用蒸汽管路直径非常重要。应根据蒸汽输送量、蒸汽压力和输送速度来选用管路直径。减压阀下游蒸汽速度一般为 18 m/s，根据制粒机的最大产量及蒸汽添加量(产量的百分比)来计算蒸汽用量，从而可确定减压阀下游的管道直径。减压阀是整个蒸汽管路中的重要附件，必须正确选择产量相适、性能稳定、出口压力波动小、性能可靠的减压阀，否则将直接影响颗粒饲料的产量和质量。过滤器(内置 40~200 目滤网)的作用是除去蒸汽中的悬浮物和固体杂质，一般安装在分汽缸上方，为了防止过滤器中积聚凝结水造成水滴和减少过滤面积，当内径大于 25 mm 时过滤器应水平安装。汽—水分离器的主要作用是使蒸汽和水分离，并将分离出的水滴沿倾斜的管壁聚集后由一专门排水口排出，从而确保设备所使用蒸汽的干燥性，并可延长设备及其他控制阀的使用寿命。安全阀确保设备的使用压力在规定的安全范围内。在减压系统中，当减压阀上游压力高于设备运行的额定压力时，必须安装安全阀。安全阀选型应保持在设定压力下能通过减压阀所能流过的最大流量。

②饱和水蒸气的性质。在饲料调质蒸汽系统中，减压阀前的蒸汽压力一般在 0.6~0.8 MPa，减压后一般在 0.2~0.4 MPa，当压力过低时，在固定的时间内达不到调质要求的蒸汽量。压力过高容易造成物料温度过高、水分低，某些营养物质易损失和颗粒质量变坏。

③蒸汽纯度。蒸汽的纯度指湿蒸汽中实际所含干蒸汽量占湿蒸汽总量的百分数，即当蒸汽中不含有未汽化的水滴时，蒸汽的纯度为 100%。如果把纯度为 100% 的蒸汽 1 kg 在 0.7 MPa 的压力下输送，热量损失为 207.2/2071.5 = 0.1 kg 的蒸汽冷凝为水滴，即输送后蒸汽纯度为 $(1-0.1) \times 100\% = 90\%$。如果按热量计算，蒸汽纯度即为输送后每千克蒸汽的汽化潜热与该条件下饱和蒸汽的汽化潜热之百分比。在制粒机进行水热调质时，希望采用干蒸汽或过热蒸汽与物料接触，以加强调质效果。

(4)脂肪的喷涂　颗粒饲料表面涂上脂肪，能提高饲料发热量、抗水性以及适口性，还能减少散装的配合饲料在运输过程中的损失。

饲料中脂肪的含量不论是原有的或添加的，对颗粒饲料的产量和质量都有明显的影响。在饲料中添加1%的脂肪就会使颗粒变软、产量提高、电耗降低，但如果脂肪添加过多，又会使颗粒散松。因此，脂肪的添加应限制在 1%~2%。为了增加脂肪的添加量，又不使颗粒变软，目前普遍采用的是在制粒后进行脂肪表面喷涂，脂肪喷涂量取决于颗粒表面积与颗粒质量(表 6-1)。

表6-1　脂肪喷涂量

颗粒直径/mm	颗粒长度/mm	颗粒质量/mg	表面积/mm²	表面积质量/($mm^{-2} \cdot g^{-1}$)	油脂喷涂量(质量)/%
3	6	42	71	1.69	6.00
4	8	100	126	1.26	4.50
6	12	339	283	0.83	3.10
8	16	804	502	0.62	2.25
10	21	1 570	785	0.50	1.80

油脂喷涂量也有最小极限,一般为1.5%左右,低于这个极限值,脂肪就不能均匀涂在颗粒上。

目前普遍使用的脂肪喷涂设备是转盘式脂肪喷涂机。颗粒饲料由料斗经振动喂料器进入喷射筒,喷射筒内装有分料油盘和喷嘴,颗粒沿圆盘边下落时,在中心位置喷嘴便将油脂喷向四周,喷涂后的颗粒由螺旋传送机送至出料口排出,然后将颗粒放在料仓中冷却以使油脂完全被吸收。颗粒在压制后喷涂热脂,脂肪的添加量可为5%~6%而不致使颗粒软化。

3) 饲料成型的设备

(1) 制粒机的种类 根据压粒成型机构的工作原理,制粒机大体可分为型压式和挤压式两大类。型压式具有一定形状模子,挤靠在一个密闭的机体内压缩饲料而制成颗粒;挤压式则是利用具有通孔的模子、压辊,将粉料挤出模孔,靠模孔对物料的摩擦阻力而压制成的产品。按制粒机制粒部件的结构特点,可将制粒机分为活塞式、冲头式、卷捆式、输送成型式、滚式挤压式、螺旋挤压式和模辊挤压式几种类型。

活塞式、冲头式、卷捆式、输送成型式、滚式挤压式主要用于秸秆、牧草等青粗饲料的制饼和压块生产。螺旋挤压式和模辊挤压式则主要用于畜禽配合饲料的生产。

(2) 环模制粒机 环模制粒机也称卧式制粒机,我国生产SZLH系列环模制粒机。

通常有齿轮传动和皮带传动两种形式。皮带传动型环模制粒机又可分为单向皮带传动(单电机)和双向皮带传动(双电机)两种。一般构造环模制粒机主要由料斗、喂料器、除铁磁选装置、搅拌调质器、料槽、压制室(环模、压辊)、主传动系统、过载保护及电气控制系统组成。

①给料器(喂料器)。为保证从料仓来的物料能均匀地进入制粒机,通常采用螺旋输送机作为给料器来均匀地给制粒机喂料。由于开机、关机以及物料品种和模孔大小的变化,制粒机的给料量都是变化的,所以给料器要在一定范围内无级调速,通常选用电磁调速器来控制给料器的转速,一般控制为17~150 r/min。

②调质器。通用型调质器的机构与连续混合机相同。喂料器将一恒定的粉状饲料均匀地喂入调质器。在这里,粉状饲料与蒸汽和其他需要添加的液体原料,如油脂、糖蜜等得到充分的混合,并将调质好的物料输送至压制室。调质器也称水热处理绞龙,它的主要作用是通过水、热处理,增加物料的塑性和弹性,有利于物料成型。调质器主要由桨叶或绞龙和喷嘴组成,通常在调质器中喷入蒸汽、糖蜜或水,使物料在调质器内与添加物均匀混合并软化,调质的时间越长越好,一般畜禽饲料的调质时间为20 s,在这期间,粉状饲料吸收水蒸气中的热量和水分,使自身变软,有利于颗粒成型。对于特种动物、水产饲料,为提高其质量,提高耐水性,一般要延长调质时间。这种调质器被称为延时调质器。延时调质器被设计能提供20 min以上的调质时间,一般是通过多级调质,或通过改变普通调质器桨叶的转速来延长调质时间。鱼虾颗粒饲料要求高,特别是在水中的稳定性,对鳗鱼和对虾的颗粒料在水中要求浸泡2 h,对虾颗粒料散失率要小于12%,鳗鱼应小于4%。为了满足这一特殊要求,制粒前通常采用3层加强夹套调质器。

③压制机构。压制机构是制粒机的核心部分,主要包括环模(压模)、压辊、匀料板和调节机构。制粒的质量、产量在很大程度上取决于压模、压辊的工作状况及压模和压辊的相对位置。压模所包围的空间称作压制室。进入压制室的物料经匀料板沿整个压辊宽度均匀分

布,为所有模孔提供均一的物料,以使颗粒机平稳、高效地工作。压模和压辊的挤压使物料成型。环形压模壁均布小孔,物料在强制压力作用下在通过这些小孔的过程中被压实成型。压模同减速箱轴连接,由电机带动旋转。

a. 压辊。制粒机一般有 2~3 个压辊。压辊将物料挤压入模孔,在模孔中受压成型。为使物料入模孔,压辊与物料间必须有一定的摩擦力。将压辊制造成不同形式的粗糙表面,以防止压辊"打滑"。

齿形压辊有开端式和闭端式两种,其中以开端式最为常见,闭端式可减少物料的向外滑移。

窝眼式压辊表面钻有许多窝眼,窝眼中填满了饲料,产生一个摩擦表面,成为动力。

碳化钨压辊是将碳化钨颗粒嵌入焊接基质的粗糙表面,碳化钨颗粒非常耐磨。对于磨损压辊严重及黏性大的物料,这种辊面尤为见效。具有碳化钨涂面的压辊,其使用寿命比颗粒辊长 3 倍以上,但在使用时务必使该辊定位准确,避免磨损压模。每个压辊绕其中心旋转。中轴为偏心轴,旋转调节螺栓使偏心轴转动,压辊的旋转中心轴也随之改变,由此改变压辊与压模的间隙,以供不同原料或产品获得理想的压制效果。`

b. 环模(压模)。环模是颗粒饲料成型作业的心脏。在环模内,经过调质的粉状饲料被压制成需要的形状。在生产中,根据质量要求以及设计制成的类型选择合适的环模。环模的主要结构参数:Q(环模内径),主要参数,一般在制粒机型号表现;B(环模总宽度);W(有效宽度);d(模孔直径),一般为 2.0~19.0 mm;L(模孔有效长度),对粉料实际进行压缩作用的模孔长度;T(模孔总长度),表示环模的总厚度,为增加环模的强度,总厚度可能大于环模的有效长度;D(入口直径),多数环模有锥形的入口,使粉料容易流进模孔,粉料的压缩过程始于这个锥形入口;$D2/d2$(压缩比),环模入口面积与颗粒料横截面积之比,这是物料进入环模模孔后被压缩的一个指标;L/D(长径比),是压模的重要参数之一,其大小影响成品的紧密程度和产量。

c. 安全装置。为了防止因大块异物或过多物料进入压制室而造成模、辊损伤或主电机负载过大导致电机烧毁,在主轴上装有安全销,一旦出现冲击载荷,安全销就自动断裂,同时切断主电机的动力输入,从而保护主电机。

d. 传动。我国生产的大部分环模制粒机采用齿轮作为主传动,这种传动方式的传动比较准确,但机体较笨重。西欧及我国的一些新型环模制粒机采用三角带或防滑平皮带传动,一些大功率机型采用双马达传动,使设备运转更为平稳,并有较好的缓冲能力,但对皮带的质量要求较高。

e. 自动控制。采用微机自动控制的制粒机能达到较佳的工作状态,而手动一般只能达到制粒机生产能力的 80%~85%,自动控制系统主要是根据主电机的负荷来控制给料量。按照进入压模的粉料温度控制蒸汽及糖蜜或其他液体的添加量等。微机控制压粒可以延长压模寿命,提高产品质量和产量,降低生产每吨颗粒料的能耗及其他成本。

（3）平模制粒机　平模制粒机型号及其含义如下所示。

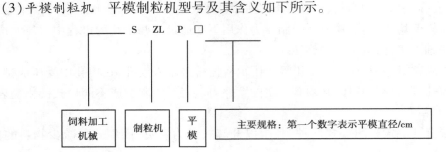

①平模制粒机的结构。平模制粒机主要由喂料调质机构、压制机构、出料机构、传动机构、电气控制系统、蒸汽系统等组成（图6-6）。

图6-6　卡尔平模制粒机结构示意图

②平模制粒机的分类。按平模制粒机压辊和平模的运动形式来分，平模制粒机可分为3种形式：一是动辊式，平模不转动，压辊在电机驱动下公转，并在粉料的摩擦力作用下自转，以小型机型为主；二是动模式，平模在主电机的驱动下绕立轴转动，压辊在物料摩擦力的作用下自转，以大中型机为主；三是动辊动模式，压模和压辊在电机驱动下绕主轴相向转动，同时压辊在物料摩擦力作用下自转。

③平模制粒机的工作原理。以最为常见的中型动辊式为例，介绍平模制粒机工作原理。平模制粒机工作时，粉料由料斗进入调质器与蒸汽和水调质后，进入压制机构。压辊由主电机带动绕主轴作公转，同时在摩擦力作用下自转。压辊是一固定的圆盘，其上有许多按一定规律排列的模孔。物料通过模孔成为结实的颗粒。压辊转动时，压辊前面的物料层被挤入压缩区压实，如果挤压力大到能克服下面模孔内料柱的摩擦力，则新的物料会被一点点压进模孔，从而将物料柱排向前进，连续动作，物料不断压出孔外，由切刀切断，形成颗粒。

④平模制粒机的优缺点。平模制粒机与环模制粒机相比，具有结构简单、制造方便、价格低廉等优点，特别是平模的加工，比环模容易得多。但平模制粒机工作时，压辊内外侧线速度不一致，所以压辊在转动过程中既有滚动又有滑动，最终导致压辊内外侧摩擦不一致，物料受力不一致。为克服上述存在问题，国外有些大型平模制粒机的压辊制作成锥形，以保

证压模的磨损一致。

(4)制粒工艺的其他设备

①冷却器。粉状原料在调质器吸收了来自蒸汽中的大量热能和水分,以及来自机械摩擦的附加热量,一般出机的颗粒料温度为75~95 ℃,水分为14%~18%。这么高的温度和水分不便储存和运输,同时高温高水的颗粒较软,容易粉化。因此应及时将颗粒料进行冷却、去水,降低物料的温度,提高颗粒料的硬度。当颗粒出机后,颗粒具有纤维状结构,使水分沿毛细管作由内向外的移动。一般的冷却器设计成使用周围空气与颗粒的外表面接触,通过空气的流动达到冷却目的。所以只要大气不呈饱和状态,它就会从颗粒料表面带走水分。水分在蒸发作用下脱离颗粒,同时使颗粒得到冷却。空气吸收的热量并使空气加热,高温空气提高了载水能力。因颗粒饲料的冷却是利用周围空气来进行冷却物料的。因此颗粒排出冷却器的温度不会低于室温,一般认为比室温高3~5 ℃。水分能降至12%~13%(即安全贮藏水分),使之便于破碎处理和贮运。目前,饲料企业使用的冷却器主要有3种,即立式、卧式和逆流式。逆流式冷却器以其自动化程度高、占地面积小、吸风量小、功耗低等优点,迅速取代其他两种冷却器成为当今主流产品,为饲料企业广泛采用。

a. 立式冷却器。立式冷却器的工作原理:制粒机压制出来的湿热颗粒从冷却器的进料口进入,经塔形分料挡板,使颗粒料分流后,从机头分两路流向冷却筒。颗粒料至冷却筒后经两道塔形活动涡板和塔形筛板分流,逐渐流向冷却筒,再经塔形筛板分流后流出料斗。开始时,颗粒料逐渐堆积,待到料充满全部冷却筒的2/3处时,由于颗粒料的自重作用使进料门挤开并转过一定的角度,使进料门轴上的料位器接通,开启振动电机,振动电机开始振动排料。出料量的大小因由进料门联动控制,出料速度大于进料速度。工作一段时间后,延时开关复位。振动电机断电,停止排料,如此循环往复,振动电机始终处于间歇工作状态,使颗粒料在冷却器内始终处于充满状态,这样可保证冷却时间,保证冷却效果。冷却器在整个工作过程中,风机始终是工作的,由于粒料是从上往下流动的,而风是从下向上流动的,与料的流动方向相反,且冷风与下部已冷却的物料相接触,热风与上部热料相接触。颗粒料在料仓停留期间,与进入的冷风进行热交换。并由风带走物料的热量与水分,起到对物料进行冷却和降低水分的作用。该冷却器特点是避免了冷风与热的颗粒料直接接触而产生骤冷现象,因而能防止颗粒产生表面开裂,同时由于采用关风器进料,且进风面积大,因此冷却效果显著。

立式冷却器的结构:立式冷却器的结构简单,制造成本低,主要由进料机构、匀料机构、风管、吸风管、进料门、出料门、联动机构、机架等组成。

b. 逆流式冷却器。目前饲料厂主流冷却设备结构如图6-7所示。

结构:主要由旋转闭风喂料器、菱锥形散料器、冷却箱体、上下料位器、机架、集料斗及滑阀式排料机构组成。菱锥形散料器起散料作用,使物料均匀铺放在冷却箱体内,主要由两个半菱锥体和支撑架组成。两个半锥体之间的距离可调,以改变物料的扩散面积。滑阀式排料结构主要由固定框、分隔框、排料框、导轨座、刹车电机、减速器偏心传动机构、滚轮以及固定框调整装置等组成。可调排料框通过刹车电机减速器和偏心传动机构带动,在轨道上作往复运动,机体内的物料经排料框和固定框变化的间隙中排入出料斗,自然空气从滑阀式排料机构的底部全方位进入,垂直穿过料层,经热交换带走颗粒料中的水分和热量,从出风口排出,从而使颗粒料顺向逐步冷却。排料流量的大小,可通过调整固定框的固定装置,改变排料框与固定框之间的相对位置来控制。停机不生产时,排料框顶部的积料由分隔框中的隔板清除。

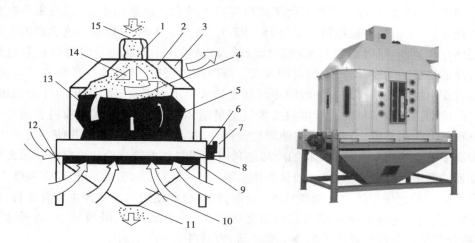

图 6-7 逆流式冷却器结构原理图

1—闭风器;2—出风顶盖;3—出风管;4—上料位器;5—下料位器;

6—固定框调整装置;7—偏心传动装置;8—滑阀式排料机构;

9—进风口;10—出料斗;11—出料口;12—机架;13—冷却箱体;

14—菱锥形散料器;15—进料口

c. 卧式冷却器。卧式冷却器有翻板型和履带型两种。其中履带型冷却器适应性强,能冷却不同直径和形状的颗粒料、膨化料,而且产量高,冷却效果好,目前使用较多。

工作原理:高温高湿的颗粒料从冷却器的进料口进入,经均料器使物料均匀分布在筛板的整个宽度上,让气流均匀穿过料层。履带的传动通常配用无级调速机构,因为制粒机的产量随制粒机颗粒大小及物料性质等因素而变化。因此,为使冷却器产量与之匹配,需相应地改变筛板的运动速度,使筛板上保持一定的料层厚度,得到良好的冷却效果。筛板线速度一般为 1 m/min。冷却器筛板的作用是承载物料及通过气流,需要有较高的开孔率,目前常用的筛板由很多小块组成,以便于在尾部转弯时将物料翻转到下一层筛面。在冷却器底板上装有清扫机构,及时清除从筛板散落的物料。卧式冷却器与立式冷却器相比,占地面积大,结构复杂,投资大,但其冷却效果好,冷却均匀,颗粒碎率小。

结构:主要由进料匀料器、机头、匀料段、中间段、履带型传动链装置、机尾及出料斗等组成。

②破碎机。不同的畜禽在不同的生长期,对颗粒饲料大小要求不同,如喂养雏鸡就需要较小的颗粒饲料。若使用小孔径压模直接压制小颗粒,则产量低,动力消耗大。破粒机是将大颗粒($\phi3.0 \sim \phi6.0$ mm)破碎成小颗粒($\phi1.6 \sim \phi2.5$ mm)的专用设备。采用先压制大颗粒再用碎粒机破碎成小颗粒,可提高产量近 2 倍,大幅度降低了能耗,并提高了饲料厂全流程的生产效率。

a. 工作原理。破碎机工作原理与磨粉机相似,利用一对转速不等的轧辊作相对运动,当压制的颗粒经冷却器冷却后进入破碎机入口,再经已打开的活门进入两个轧辊中,通过两压辊上的锯形齿差速运动,对颗粒剪切及挤压而破碎,所需破碎粒度可通过调节两轧辊间距来获得。如不需破碎可推动操纵杆,使活门关闭,颗粒料从旁路通过,同时碰触行程开关,使电机断电停机。

b. 结构。破碎机目前有对辊和四辊两种形式,一般以对辊较多,其由一快辊和一慢辊构成,其结构如图6-8所示。快辊表面为纵向(轴向)拉丝,锯齿形丝。斜度1:24或1:12。慢辊表面为周向(径向)拉丝。快、慢辊转速比为1.5:1或1.25:1。拉不同形的丝的目的是增加切割作用,减少挤压,以减少细粉,一般要求成品中细粉不超过5%~10%。辊的单位流量可按70~90 kg/(cm·h)计算,动力按0.75 kW·h/t计算。

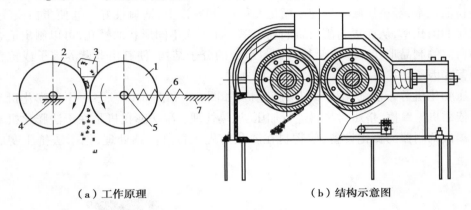

（a）工作原理　　　　　　　　　（b）结构示意图

图6-8　双式破碎机

1—慢辊;2—快辊;3—物料;4—固定轴承;5—可动轴承;6—弹簧;7—机架

使用较多的SSLG型颗粒破碎机,将4.5~8.0 mm的颗粒破碎成2.0~2.5 mm不规则形状的小碎粒。生产能力为2~20 t/h,功率为4~22 kW。破碎机附有轧距调节装置,以调节轧碎粒的大小,达到最佳工作状态。破碎机进料处设有旁路装置,不需破碎时,颗粒即从轧辊外侧流过,进入筛理分级。

③颗粒分级筛。颗粒分级筛是制粒工段中的最后一道工序。当粉料被压制成形经冷却或颗粒料被破碎后,需经过分级筛提取合格的产品,把不合格的小颗粒或粉末筛出来重新制粒,并把几何尺寸大于合格产品的颗粒重新回到破碎机中破碎。分级筛是根据物料粒度大小进行筛选,必须选择适当的筛孔和相对运动速度,使物料能与筛面充分接触。在筛选过程中,凡大于筛孔尺寸,不能通过筛孔的物料称为筛上物,小于筛孔尺寸,穿过筛孔的物料称为筛下物。颗粒分级筛与一般分级筛的结构基本相同,结构比较简单。常用的分级筛有振动筛和平面回转筛两种。平面回转筛又分平面回转运动和平面回转及纵向水平振动结合两种。振动筛产量小,一般用于小型饲料厂;回转筛产量大,一般用于大型饲料厂。根据饲料的品种、颗粒的粒径大小及破碎情况来选用和配置分级筛的筛网。

④熟化器。在生产鱼、虾等水产饲料时,为提高粉状物料的调质效果,采用熟化器加强调质。混合粉料在第一个调质器中加入蒸汽、糖蜜,然后送入熟化器,物料达到一定量时,料位器可使送料停止,送入的物料通过熟化器时得到连续搅拌。经一定时间后被排到制粒机的调质器,再补充添加约1%蒸汽后再调质,进入制粒机。在熟化器内停留的时间,一般畜禽饲料为3~4 min,高纤维饲料为20~30 min。由于物料有较长时间吸收蒸汽及液体,得到充分的水热处理,使物料的柔软性、可塑性及部分物料的润滑性大大改善。采用熟化后,制粒机电耗降低10%~20%,并延长了压模、压辊的使用寿命,颗粒产品的质量更好。在生产对

虾或其他特种水产饵料时,为了提高颗粒饲料在水中的稳定性,可采用后熟化工艺,将熟化器置于制粒机之后,让温热的颗粒焖一段时间,消除颗粒的内应力,并使颗粒中的淀粉,尤其是颗粒表面的淀粉得到充分糊化,从而提高颗粒在水中的稳定性。

(5)膨化饲料加工设备与机械 挤压膨化机是生产膨化饲料的关键设备。配合好的粉状原料,加蒸汽调质后,经挤压机挤压,在物料从模孔中排出的一瞬间迅速膨胀,成为一种多孔质的饲料,经切刀装置切成颗粒制品。

挤压加工的主要特点:①对饲料进行有效的灭菌、消毒,并去除某些有害物质。②大大提高淀粉消化率,经挤压膨化后淀粉糊化度可达90%以上,适口性好。③使蛋白质变性,提高蛋白质的消化率,从而提高蛋白质的利用率。④更换不同形状的模孔,可以制出适合于各种动物所需的制品形状。⑤改变某些饲料组分的分子结构,使其由非营养因子或抗营养因子变为营养因子。

挤压膨化机分干法膨化机和湿法膨化机,如图6-9和图6-10所示。干法膨化机工作过程完全依靠机械摩擦、挤压对物料进行加压、加热处理。湿法膨化机是在干法膨化机基础上增加了蒸汽调制器的膨化设备,使物料在膨化前先进行蒸汽预处理,把干法挤压变成湿法挤压。

图6-9 干法膨化机实物图

图6-10 湿法膨化机实物图

湿法膨化机与干法膨化机相比具有以下优点:①增设蒸汽预处理有助于饲料异味的挥发和去除。②提高膨化生产率。在相同配套功率下,湿法膨化机比干法机生产率提高70%~80%。③降低原料损失。干法膨化机膨化原料后,原料损失率高达5%~6%,相比之下,使用湿法膨化机仅损失2%左右。④湿法挤压膨化,延长易损件使用寿命22%~50%。

螺旋挤压器及其机筒是该机进行加温、加压膨化制粒的主要工作部件。螺旋挤压器为一几何形状较复杂的螺杆,螺距由大变小,螺纹深度由深变浅,腔室容积逐渐变小。机筒的外部是温度调节夹套,以便通入蒸汽或冷却水,来调节膨化机的工作温度。

在螺旋挤压器的出料端,装有成型模板,模板上一般开有圆孔。切粒刀为旋转式,安装有1~6把刀片,通常单独由一台小电动机驱动,其转速可调。

挤压膨化机的工作原理:含有一定量淀粉比例(20%以上)的粉状原料,由螺旋供料器均匀地送进调质室,在调质室内加热蒸汽或水,经搅拌、捏合,粉料水分升高到18%~20%,温度升高到70~98℃,调质好的物料进入螺旋挤器和机筒组成的挤压腔内。由于挤压腔空间逐渐变小,使物料受到的压力逐步加大,在一定压缩比(一般为4:10)的螺旋的强大挤压下,物料与机筒壁、螺杆与物料,以及物料与物料之间的摩擦力越来越大(有的还要利用蒸汽或电加热),使腔内物料处于高温、高压(温度可达120~170 ℃,压力可达3~10 MPa)下,物料中的淀粉发生糊化。

当物料被很大压力挤出模孔时,由于突然卸压,温度和压力骤降,水分快速汽化、蒸发,使饲料体积迅速膨胀,脱水凝固再由切刀切成短粒,形成膨化颗粒饲料。

双轴膨化机在以下条件下使用,即脂肪添加量在17%以上,新鲜肉汁或其他湿原料占35%以上,且制粒直径为1.5 mm以下时效果明显。

典型的膨化机模型如图6-11所示。

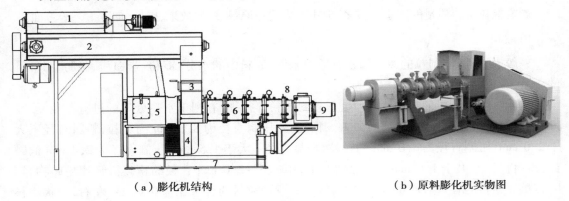

（a）膨化机结构　　　　　　　　（b）原料膨化机实物图

图6-11　普通膨化机模型

1—喂料器;2—调质器;3—机壳;4—主电机;5—轴承座;
6—挤压腔;7—底座;8—出料罩;9—切刀装置

一般活底料仓内饲料通过送料螺旋到混合器混合,再送至膨化腔,膨化腔内的饲料越靠近出口,所受压力及摩擦力越大,机筒内压力为1.4~4.1 MPa,温度为135~160 ℃,滞留时间为30 s左右。饲料出口时因所受压力不同或最初饲料内水分含量不同而膨化效果有所差异,一般情况下水分减少量约为最初的一半。膨化过程中会发生许多变化:淀粉变形及糊化,蛋白质变性,微生物或有毒物质被破坏,脱水等。

主要工作部件:

①调质器。与制粒机的调质器作用相同,调质后水分较高,为20%~30%。膨化原料首先在饲料筒内被调节,这时会添加水分或混合,一般添加79 ℃水后加温加湿,其目的是达到蒸煮效果,减少机筒磨损及电力消耗等。

②挤压室。主要分为进料部、混合部和蒸煮部3部分。进料部是原料进到挤压室的入口部位。此时的原料密度低,是已被加湿加温等处理过的原料。这些原料内部有空气,为提高质感、黏性及热传导作用添加水分。在混合部压力增加,原料的密度也增加。另外一般添加0.5~1 MPa的水蒸气,使原料凝结。蒸煮部的温度和压力急剧上升使原料组织产生变化。该部位的高压和高温促使膨化原料通过螺旋送料器送至模板,排出外面而形成膨化产品。

③成型及切割装置。根据模板形状和切割装置的速度决定膨化料的形态。模板的形状一般为圆形、椭圆形或环形。有时为了生产出特殊形态的饲料,再在模板孔内安上铜或尼龙设备。切刀速度可调,刀片数量根据生产目的而定。

任务6.2 成型的质量管理

6.2.1 影响制粒工艺效果的因素

影响颗粒饲料质量的因素有很多,但主要表现在原料、调质效果、操作、加工工艺等方面。

1) 原料

一般来讲,影响制粒的原料因素有原料来源,原料中的水分、淀粉、蛋白质、脂肪、粗纤维的含量,容重、物料的结构和粒度等。

①原料物理性质的影响。a. 粒度。粉料被粉碎得细,有利于水热处理的进行。相反,粒度粗的粉料,吸水能力低,调质效果差。据经验,压制直径为 8.0 mm 的颗粒,粉料直径不大于 2.0 mm;压制直径为 4.0 mm 的颗粒,粉料直径不大于 1.5 mm;压制直径为 2.4 mm 的颗粒,粉料直径不大于 1.0 mm。一般情况下,用 1.5 ~ 2.0 mm 孔径的粉碎机筛片粉碎物料。b. 容重。物料的容重对产量有直接的影响,一般颗粒料的容重在 750 kg/m³ 左右,粉状物料的容重在 500 kg/m³ 左右。制成同样的颗粒,容重大的物料制粒时,产量高,功率消耗小。反之,产量低,功率消耗大。

②物料化学成分的影响。a. 淀粉质。不同形态的淀粉质对制粒有不同的影响。生淀粉微粒表面粗糙,对制粒的阻力大,生淀粉含量高时,制粒产量低,压模磨损严重。生淀粉微粒与其他组分结合能力差,最后产品松散。而熟淀粉即糊化淀粉经调质吸水后以凝胶状存在,凝胶有利于物料通过模孔,使制粒产量提高。同时凝胶干燥冷却后能黏结周围的其他组分,使颗粒产品具有较好的质量。调质过程中淀粉颗粒在受到蒸汽的蒸煮及被压模、压辊挤压的过程中部分破损及糊化后产生黏性,使制得的颗粒结构精密、质量提高。而糊化程度的高低除受温度、水分、作用时间影响外,还与淀粉种类有关,如大麦、小麦淀粉的黏着力就比玉米、高粱好。除了与各种淀粉的结构、性质有关外,还与粉料细度有关。所以在以玉米、高粱为主要原料时,制粒前应注意粉碎粒度。一般鸡、鸭、猪饲料中含有高淀粉的谷物类原料 50% ~ 80%,制粒时采用较高温度和水分。采用绝对压力为 0.4 MPa 左右的蒸汽调质,使料温不低于 80 ℃,水分为 17% ~ 18%,淀粉糊化度通常达到 40% 左右。b. 蛋白质。蛋白质经加热且变形,增强了黏结力。对于含天然蛋白质为 25% ~ 45% 的鱼虾等特种饲料,由于含蛋白质高,一般均可制得质量高的颗粒,而且因体积质量大,制粒产量也高。制粒时采用纯度高的蒸汽,有利于高蛋白原料的制料。c. 油脂。原料中所固有的油脂因在制粒过程中的温度和压力作用不致使油脂榨出,所以对制粒影响不是很大,而外加油脂对制粒的产量和质量都有明显的影响。物料中添加 1% 的油脂,会使颗粒变软,并且会明显地提高制粒产量,降低压模、压辊磨损的效果。但制粒前原料含油量高,所得颗粒松散。制粒前油脂的添加量应限制在 3% 以内。物料中原来含的脂肪虽然会对产量、质量有影响,但比较起来,影响的幅度小很多。d. 糖蜜。通常添加量小于 10%,可作为黏结剂,对增强颗粒硬度有好处,其效果取决于物料对糖蜜的吸收能力。一般在调质器添加较好,当添加量为 20% ~ 30% 时,则制得的颗

粒较软,应用螺旋挤压机压制。e.纤维质。纤维质本身没有黏结力,但在一般的配比范围内与其他富有黏结力的组分配合使用,没有太大的影响。但如纤维质太多,阻力过大,则产量减少,压模磨损快。粗纤维含量高的物料,内部松散多孔,应控制入模水分。如做叶粉颗粒,水分为12%~13%,温度以55~60 ℃为宜。如水分过高,温度也高,则颗粒出模后会迅速膨胀而易于开裂。f.热敏性原料。加某些维生素、调味料等遇热易受破坏的物料制粒时,应适当降低制粒温度,并需超量添加,以保证这些成分在成品中的有效含量。

③黏结剂。某些饲料中含有的淀粉质、蛋白质或其他具有黏结作用的成分不多,难以制粒。因此需加黏结剂,使颗粒达到希望的结实程度。黏结剂有很多种,在添加时要考虑其增加成本的多少及是否有营养价值等因素。饲料中常用的黏结剂有以下几种:a. α-淀粉,又称预糊化淀粉,将淀粉浆加热处理后迅速脱水而得,由于价格较贵,主要用于特种饲料。b. 海藻酸钠,又称藻朊酸钠,由海带经水浸泡、纯碱消化、过滤、中和、烘干等加工而得。在近海地区,用一定量的海带下脚料配入饲料,也可以得到较好的颗粒。c. 膨润土,它的大致化学组成为 $Al_2O_3 \cdot Fe_2O_3 \cdot 3MgO \cdot 4SiO_2 \cdot nH_2O$。膨润土具有较高的吸水性,加水后膨胀,可增加饲料的润滑作用,均可用作不加药饲料的黏结剂与防结块剂。用量应不超过最终饲料成品的2%。膨润土要求粉碎得很细,应有90%~95%的粉粒通过200目筛孔。d. 木质素,是性能较好的黏结剂,添加后能提高颗粒硬度,降低电耗,添加量一般为1%~3%。

2)环模几何参数对制粒质量的影响

环模几何参数对颗粒饲料质量的影响主要表现在环模孔有效长度、孔径、模孔的粗糙度、模孔间距、模孔的形状等方面。

①模孔的有效长度。模孔的有效长度是指物料挤压(成型)的模孔长度。模孔的有效长度 L 越长,物料在模孔内的挤压时间越长,制成后的颗粒就越坚硬,强度越好。反之,则颗粒松散,粉化率高,颗粒质量降低。

②模孔的粗糙度。模孔的粗糙度越低,即光洁度越高,物料在模孔内易于挤压成型,生产率高,而且成型后的颗粒表面光滑,不易开裂,颗粒质量好。

③模孔孔径。对一定厚度的环模来说,孔径越大,则模孔长度与孔径之比(长径比)越小,物料在模孔中易于挤出成型。

④模孔的形状。模孔的形状主要有直形孔、阶梯孔、外锥形孔和内锥形孔4种。以直形孔为主,阶梯孔主要是减小模孔的有效长度,缩短物料在模孔中的阻力,内锥孔和外锥孔主要是用于纤维含量高的难以成型的物料。

3)操作因素对制粒质量的影响

①喂料量对制粒质量的影响。喂料量是可调的,调节依据是主电机电流值,一般每种功率的主电机电流都有标定的额定电流。喂料量增加,主电机电流就大,生产能力也高,喂料量要根据原料成分、调质效果和颗粒直径的大小进行调节,调到最佳制粒效果。

②蒸汽对制粒质量的影响。蒸汽质量的好坏及蒸汽进汽量的控制对颗粒质量有较大的影响,饲料在压制前需进行调质,调质后使物料升温,饲料中淀粉糊化、蛋白质及糖分塑化,并增加饲料中的水分,水分又是很好的黏结剂,这些都有利于制粒、提高颗粒的质量。为此,只有通过蒸汽的质量和调节进汽量来实现。蒸汽必须有适合的压力、温度和水分。一般来说,蒸汽的压力应保证在0.2~0.4 MPa,并且必须是不带冷凝水的干饱和蒸汽,温度为

130 ~ 150 ℃。蒸汽压力越大,则温度也越高,调质后物料的温度一般为 65 ~ 85 ℃,温度增加,其湿度也相应提高,调质后用于制粒最佳水分为 14% ~ 18%,这样便于颗粒的成型和提高颗粒的质量。如果蒸汽量过多,会导致颗粒变形,料温过高,部分营养性成分破坏等问题,甚至会在挤压过程产生焦化现象,影响颗粒质量,甚至堵塞环模,不能制粒。因此,生产中应当正确控制蒸汽流量。制粒过程中,随着喂料器喂料流量的改变,蒸汽量也要相应改变。

③环模转速对制粒质量的影响。环模转速的确定主要依据于机器的几何参数,如环模内径、模孔直径和深度、压辊数及其直径等,以及被压制物料的物理机械特性、模辊摩擦系数、物料容重等。当颗粒料的粒径小于 6 mm 时,一般环模的线速度以 4 ~ 8 m/s 为佳。

④模辊间隙对制粒质量、产量的影响。模辊间隙过大,产量低,有时还会制不出粒,间隙过小,模、辊机械磨损严重,影响使用寿命。合适的模辊间隙为 0.05 ~ 0.3 mm,目测压模与压辊刚好接触。简单检测方法是间隙调整后,人工转动环模,压辊所转解转,表明间隙合适。

⑤切刀及其调整对颗粒质量的影响。制粒机的切刀不锋利时,从环模孔中出来的柱状料是被撞断的,而不是切断的,因此颗粒两端面比较粗糙,颗粒成弧形状,导致成品含粉率增大,颗粒质量降低。刀片比较锋利时,颗粒两端面比较平整,含粉率低,颗粒质量好。调节切刀的位置可影响颗粒的长度,但切刀与环模的最小距离不小于 3 mm,以免切刀碰撞环模。

膨化过程操作也会受到多种因素制约与影响,如物料种类、配方的变化、水分、挤压膨化机转速、调质时间、模孔数、生产率、产品质量的特定指标等。用人工操作使设备达到正常工作条件往往比较费时,特别是在较频繁地更换产品配方时更是如此,这也是加工成本较高的重要原因之一。目前美国 Wenge 公司等著名挤压膨化机生产企业已研制出能对设备工艺条件用 PLC 进行自动控制的设备,使挤压膨化机的技术水平迈入一个新的时代。这种技术可使操作者在十几分钟内将设备调至最佳生产状态,极大地提高了生产率,降低了操作成本。另外,膨化产品品质还受以下几个因素的影响:机筒和螺旋送料器形态,送料器速度,温度,水分含量,原料特性,模板及切断装置的形态等。

4)饲料成型的质量控制

(1)制粒前对设备的要求　生产前要对设备进行检查和维护,以确保产品的质量。具体包括以下几个方面:制粒机上口的磁铁要每班清理一次,如果不能清理,饲料中的铁质可能进入制粒机环模,影响制粒机的正常工作;检查环模和压辊的磨损情况,压辊的磨损能直接影响生产能力;环模磨损过度,减少了环模的有效厚度,将影响颗粒质量;定期给压辊加润滑脂,保证压辊的正常工作;检查冷却器是否有物料积压,检查冷却器内的冷却盘或筛面是否损坏;破碎机辊筒要定期检查,如辊筒波纹齿磨损变钝,会降低破碎能力,降低产品质量;每班检查分级筛筛面是否有破洞、堵塞和黏结现象,筛面必须完整无破损,以达到正确的颗粒分级效果;检查制粒机切刀,切刀磨损过钝,会使饲料粉末增加;检查蒸汽的汽水分离器,以保证进入调质器的蒸汽质量,不然会影响生产能力和饲料颗粒质量;换料时,检查制粒机上方的缓冲仓和成品仓是否完全排空,以防止发生混料。

(2)调质技术　猪鸡饲料一般含有较多的玉米,淀粉含量高,而粗纤维含量较低。因此,颗粒饲料的结构和强度全靠调质技术,用热蒸汽来软化原料,以提高饲料的制粒性能。在调质过程中,饲料中的淀粉会发生部分糊化,糊化的淀粉起黏合作用,提高了饲料的颗粒成型率。一般调质器的调质时间在 10 ~ 20 s,延长调质时间可以起到以下作用:增加淀粉糊化;提高饲料温度,减少有害微生物;改进生产效率,提高颗粒质量,蒸汽压力较低时,能更快地将热和水散发出去,为了提高调质效果,必须控制蒸汽压力。一般生产颗粒饲料可根据实际操作的需要,调整饲料的水分为 16% ~ 18% ,温度为 75 ~ 85 ℃。

（3）压辊间隙　正确调整压辊间隙可以延长环模和压辊的使用寿命,提高生产效率和颗粒质量。调整要求是将压辊调到当环模低速旋转时,压辊只碰到环模的高点。这个间隙使环模和压辊间的金属接触减到最小,减少磨损,又存在足够的压力使压辊转动。

（4）制粒原料的粉碎粒度　应根据颗粒产品的粒度,决定原料粉碎的粒度要求。粒度太细,加工速度低,生产率下降;粒度太粗,颗粒成型率下降,颗粒易破损,可根据不同用途来调整饲料的粒度,肉鸡饲料的粒度可大些,在 15 ~ 20 目即可;鱼虾饲料的粒度要求细些,一般在 40 ~ 60 目;一些特殊饲料的粒度要求更细,在 80 ~ 120 目。

（5）对颗粒的要求　对颗粒的要求主要有成型率和颗粒长度。

①颗粒成型率。用小于粒径 20% 的丝网筛筛分颗粒饲料,如颗粒饲料的粒径为 5.0 mm,则用 4.0 mm 的丝网筛筛分。筛上物的百分比即可代表颗粒成型率。畜禽饲料的颗粒成型率要求大于 95% ,鱼虾饲料的颗粒成型率要求大于 98% 。

②颗粒长度。直径在 4 mm 以下的饲料颗粒其长度为其粒径的 2 ~ 5 倍,直径在 4 mm 以上的饲料颗粒其长度为其粒径的 1.5 ~ 3 倍。

实训　饲料制粒机的观察使用及性能测定

【目的要求】

1.通过对制粒机的观察熟悉制粒机的构造。

2.通过对制粒机组的操作,熟悉制粒机组的机械设备配置、工艺流程,初步掌握制粒机组的操作方法。

3.通过制粒性能测定掌握制粒机制粒性能测定的方法,为确定制粒工艺参数提供依据。

【实训材料与仪器设备】

制粒机组 1 套、工具、仪表、饲料原料若干。

【实训内容与方法步骤】

1.制粒机组的观察。观察制粒机工序的工艺、设备配置。

2.制粒机操作要求。

①操作者必须经过专业培训,了解制粒系统机械设备的组成、功能,了解各机械设备的结构、技术性能参数和操作方法。

②机器启动前要做好检查工作。检查各连接部分的紧固情况,不得有松动现象。检查电器设备是否完好。

③制粒前要清楚需要制粒的饲料种类、技术要求、工艺流程、需要生产的数量,检查或更换相应孔径的环模,并调好环模与压辊的间隙。

④按技艺流程和操作顺序启动各台机械设备,检查蒸汽的压力(0.2 ~ 0.4 MPa)和温度(130 ~ 150 ℃)情况,安全阀每年要检验一次。调质器和蒸汽管道温度较高,操作人员工作中要注意避免烫伤。

⑤开机时先开后续机械设备,再开主电动机,而后开调质电动机和供料器电动机。关机时先停供料器电动机,后停调质电动机,最后停主电动机。停机后要及及时清理制粒室内积存的饲料和磁性金属杂质。

⑥操作者应穿紧身工作服,系好袖口,戴防护帽和口罩,操作时精力集中。生产中随时注意各台机械设备的运转情况,及时进行调控和处理,保证正常生产,避免发生机械和人身伤亡事故。

3.制粒机组的操作。开机时应注意开机顺序,其顺序应是从后往前、从下往上按顺序启动各台设备。

①调整好蒸汽压力,放掉蒸汽管道中的冷凝水。

②从后往前开通成品管路通道,开动分级筛,开动碎粒机,开动冷却器风机。

③启动压粒机主电机,再开动调质器电机,最后开动供料器电机,并将供料器调至最低转速。

④打开下料门,同时打开蒸汽阀门,压制出颗粒料后,将供料器转速和蒸汽加入量逐渐调至合适的程度。调整切刀,使颗粒长度适宜。

⑤工作正常后,应随时观察主机电流表,及时调整进料量和进汽量;并随时打开喂料斜槽的观察门观察,如有较大铁杂质吸附在磁铁上,应及时取出,严防铁杂质进入压粒室。

⑥生产结束后停机。当生产结束需进行停机时,也应注意停机的顺序。其顺序恰与开车顺序相反,即从上往下、从前往后,步骤如下:

a.从上往下关闭下料门,相继关闭供料器电机。

b.从观察门中看到压粒室无料时,关闭蒸汽阀门和调质器电机。

c.从观察门内喂入油性饲料,使之填满压模模孔,以利于下次启动,避免模孔堵塞。

d.关闭主电机。主机停止后打开门盖,清除压粒室内积料,并清除磁铁上的杂质。

e.冷却一段时间后,冷却器内无料时,从前往后依次停止冷却器风机和闭风机,再停止碎粒机和分级筛。

4.性能测定。有颗粒成型率的测定、颗粒硬度测定、颗粒饲料水中稳定性的测定、颗粒饲料粉化率的测定4项。

①颗粒成型率的测定。颗粒成型率采用抽样测定,3次抽取其平均值。测定时要进行烘干处理,然后冷却到室温。

制粒机运转正常时开始测定,在第5 min、15 min、25 min分别抽取1.5 kg颗粒饲料,将颗粒饲料放入隧道式电烘箱烘干0.5 h,95 ℃后取出冷却到室温。称取冷却后的颗粒饲料1 kg,将颗粒进行筛分(筛孔边长为颗粒直径的80%)。筛上颗粒的质量与1 kg颗粒饲料的质量之比即为颗粒成型率。将3次测定的颗粒成型率取平均值即为颗粒成型率。

②颗粒硬度的测定。颗粒硬度是以冷却后的颗粒中挑出表面质量完好的颗粒(长度为直径的1.5~2.0倍),分别用硬度计测定其破坏压力,用平均值和标准差来表示颗粒硬度。

将冷却到室温的颗粒饲料取30~100粒,挑出表面完好的颗粒20粒放入硬度计的托盘中。用手轮旋转螺杆,使上活塞往下对机油加压,通过下活塞的压头对颗粒加压,由压力表指示出压力值,当颗粒被压破时指针迅速回零,副指针则留在原处,所指读数即为被压颗粒的破坏压力值P_1。重复上述过程,分别测出其余颗粒的破坏压力值P_2,P_3,…,P_{20},然后计算平均值。

③颗粒饲料水中稳定性的测定。颗粒饲料水中稳定性采用抽样测定,用规定改量的颗粒(含水率为 13%)全部溶化所需时间来表示。

烘干颗粒到预定水分(含水率为 13%),取出完整颗粒 100 粒,放在 8 目筛片上,将筛片放于清水中,筛片沉于水面 3 cm 以下。颗粒浸于清水中开始计时,每隔 3 min 摆动液面一次。摆动方法是在量杯上 2 cm 处画出标志,用手将量杯左右倾斜摆动 10 s。直到颗粒全部溶化后从筛孔中漏下(每个颗粒溶化 1/2 以上即算溶化)。记录总时间,即为颗粒饲料水中稳定性时间。反复上述过程 3 次,取其平均值即为颗粒饲料水中稳定性时间。

④颗粒饲料粉化率的测定。颗粒饲料粉化率过高,在储运中易破碎、分离,造成营养损失;粉化率过低,动物消化困难,增加能耗和成本,降低颗粒产量。颗粒饲料粉化率采用颗粒饲料粉化率测定仪测定。

在颗粒冷却后应立即进行,在粉化率测定仪的每只箱内放入 500 g 样品,用 50 r/min 的转速旋转 10 min。用比颗粒直径小的金属丝编织的筛网筛分样品以确定颗粒和粉末的质量。粉化率测定公式如下:

$$粉化率 = \frac{筛分后颗粒质量}{样品颗粒质量} \times 100\%$$

【实训报告】

1. 写出观察到的制粒机的构造,分析总结其特点,初步掌握其使用方法及注意事项。

2. 分析制粒效果。

【分析与讨论】

根据实际观察到的制粒机组情况进行分析与讨论。

 复习思考题

一、选择题

1. 环模制粒机的基本结构包括(　　)。

A. 喂料系统和调质系统　　　　　　　B. 制料系统

C. 传动系统和过载保护系统　　　　　D. 以上都对

2. 制粒机常见的模孔形状有(　　)。

A. 圆柱形孔　　　　　　　　　　　　B. 阶梯圆柱形孔

C. 外锥形孔和内锥形孔　　　　　　　D. 以上都对

3. 压辊与环模内切的最小间隙一般为(　　)。

A. 0.1 ~ 0.3 mm　　B. 0.5 ~ 1.0 mm　　C. 1 ~ 3 mm　　　　D. 3 ~ 5 mm

4. 环模与压辊的工作间隙要求为(　　),过小会加剧辊的机械磨损;过大会造成物料在模辊间打滑,影响制粒产量和质量。

A. 0.1 ~ 0.3 mm　　B. 0.5 ~ 1.0 mm　　C. 1 ~ 3 mm　　　　D. 3 ~ 5 mm

5. 制粒机调质器合适的充满系数为(　　)。

A. 0.1 ~ 0.3　　B. 0.5 ~ 0.6　　C. 0.6 ~ 0.8　　D. 0.8 ~ 1.0

6.制粒机调质器蒸汽的压力控制在(　　)。

A.0.1~0.2 MPa　B.0.2~0.4 MPa　　C.0.4~0.6 MPa　　D.0.6~0.8 MPa

7.制粒机调质器蒸汽的温度控制在(　　)。

A.90~100 ℃　　　B.100~120 ℃　　　C.130~150 ℃　　　D.150~200 ℃

二、简述题

1.制粒调质器有何作用?

2.制粒饲料有哪些主要质量指标?

3.蛋白质、碳水化合物、脂肪和维生素等在制粒过程中有什么理化变化?

4.画出普通颗粒饲料加工工艺流程图。

项目7　包装与贮藏

📖 项目导读

　　配合饲料生产工艺主要包括原料接收和清理、粉碎、配料、混合、饲料成型、包装与贮藏 6 个工序。饲料包装与贮藏是配合饲料生产的最后一道工序,直接影响饲料产品外观和内在质量。本项目主要介绍了包装与贮藏工段的工艺流程(成品仓、称量、包装、缝口、输送、码垛)、包装设备(以电子定量包装称为主)的结构及工作原理。

　　根据中华人民共和国国家标准《包装术语　第一部分:基础》(GB/T 4122—2008),包装是指为在流通过程中保护产品、方便贮运、促进销售,按一定技术方法而采用的容器、材料及辅助物等的总体名称,也指为了达到上述目的而采用容器、材料和辅助物的过程中施加一定技术方法等的操作活动。其他国家或组织对包装的含义有不同的表述和理解,但基本意思是一致的,都以包装功能和作用为其核心内容。

　　饲料包装的基本功能主要包括保护饲料、方便贮运、促进销售、提高商品价值。

　　据产品质量法律法规,产品应对外包装标明产地、生产日期、产品成分、厂家名称等;标签应与包装袋上一致,另在标签上印明生产日期。

任务 7.1　包装的工艺与设备

　　配合饲料包装工艺流程:料仓接口→定量包装秤包装→封口机缝口→输送→码垛→搬运→堆包。

7.1.1　定量包装秤包装

1)包装过程

　　在包装过程中,饲料包装机是不可或缺的机械设备,它的工作效率非常高,其使用使操作也更加方便。饲料包装机在使用过程中,采用自动化的设计,并可避免对物料的污染。

在饲料包装前必须对包装设备进行调整,具体内容如下。

①夹袋器的调整。调整接近开关外伸端长度直至距夹袋手板自然下垂位置时的距离为5 mm左右,此时接近开关上的发光管应不亮;然后抬起夹袋手板,此时接近开关上发光管应点亮便可。夹袋汽缸活塞运动速度的调整与排料门汽缸活塞运动速度调节相同。

②喂料门和排料门汽缸运动速度调整。汽缸活塞运动速度过快,易产生冲击和振动,影响称量精度;过低则降低称量速度,影响汽缸工作可靠性。汽缸活塞运动速度调整:拧松消声节流阀上的锁紧螺母,用螺丝刀调节节流阀的开度,以此来控制气流量,达到调节喂料门及排料门汽缸活塞运动速度的目的。调毕,须拧紧、锁紧螺母。

③气动三联件的调节。调整调压阀,使其压力在0.4~0.6 MPa,并定时给油雾器加注洁净的润滑油及定时排放滤水器中的凝结水,确保压缩空气质量。

④缝包输送部分调整。调整饲料包装机针距,以适应输送带运行速度,使两者速度同步;调整缝口立柱升降高度,以适应不同高度包装袋和缝口需要;调整输送带张紧机构,使输送带保持合适张紧度,调整时须两边交替进行,调毕,须拧紧防松螺母。

饲料包装过程主要包括以下5个阶段。

①贮存料阶段。饲料包装秤利用秤斗放料时间,给料器从贮料斗向喂料斗输入贮存料,由于时间继电器作用,在贮存阶段结束前放料结束,喂料斗底部的门关闭。

②粗喂料阶段。在时间继电器作用下,当喂料斗贮料达到额定称量的50%时,喂料斗大小门同时打开,物料瞬间投入秤斗。此时,给料器继续送进物料,以喂料斗作缓冲通道均匀地直接落入秤斗,使称量斗因大进料冲入产生的摆动得以稳定,这样进料直至额定称量的90%~95%时,时间继电器作用,小门迅速关闭,完成粗喂料。

③细喂料阶段。小门关闭时,给料器继续送料,在拨料机构作用下,物料从门的小孔投入秤斗添称。达到额定称量时,横梁摆动到位,由于3‰精度的接近,在开关作用,使小进料门迅速关闭,切断料流,称量过程结束。随之进行下一循环的进料储存。

④放料阶段。当饲料包装秤达到额定称量,大小门全部关闭的同时,称量斗底门马上打开,使物料卸入袋中(可由自动套袋机或人工将包装袋套在装袋口上,气动夹紧),当物料卸净后,称量斗底门迅速关闭,随之开始下一循环称量工作。

⑤缝包输送阶段。装料完成的包装袋经缝包机封口,并由输送带送至码垛机工作区域。

2) 包装设备

饲料包装设备主要为定量包装秤(又称重力式自动装料衡器,图7-1),即把散状物料分成预定的且实际上恒定质量的装料,并将装料装入容器的自动衡器。衡器是利用作用于物体上的重力来确定该物体质量的计量器具[重力式自动装料衡器(GB/T 27738—2011)]。

定量包装秤由给料装置、称重装置、夹袋装置、包装运输装置、显示控制单元等组成。具有称重设定、置零和自动零位跟踪数字显示、自动/手动除皮、包装动作连锁控制、称重质量动态数字显示、包装总质量和袋数累计显示等功能。

定量包装秤按称重方式一般可分为有斗(净重)秤和无斗(毛重)秤。有斗秤工作时将需要称重的物料通过给料装置添加到装有称重传感器的秤斗中进行称重。有斗秤按称量斗的数目可分为单斗秤、双斗秤和多斗秤。无斗秤结构省去了秤斗部件,将称重传感器直接安装在下料斗和夹袋装置上,工作时将物料直接放到夹在夹袋机构上的口袋里进行称重。无斗秤省去了秤斗部件,大大降低了秤体的高度,适合包装现场低矮的场所。但是由于包装材料(袋)质量的不一致性,无斗秤系统工作时每个称重周期前必须由电脑称重控制仪表自动"去皮",由于"去皮"占用了数秒钟的时间,使得无斗秤的包装速度受到一定的影响。

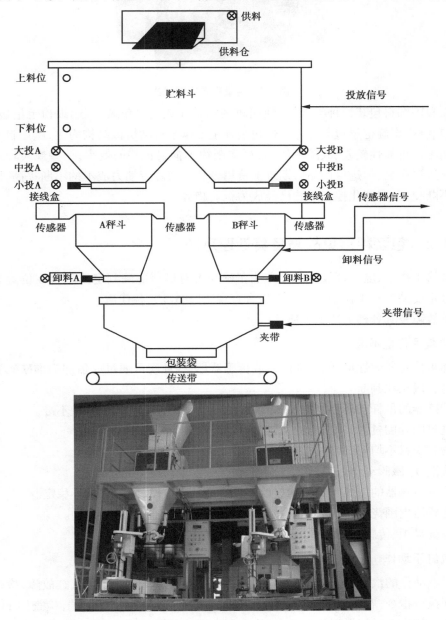

图 7-1　电子定量包装秤动态称重系统的整体结构原理图

　　当前定量包装控制常采用待定值控制的通用称重仪表和可编程控制器(PLC),或是定量秤专用控制器(图 7-2)。

图7-2 定量秤专用控制器

当前我国饲料包装秤种类繁多,使用较多的是斗式定量包装秤、超细粉定量包装秤、粉料定量包装秤、螺旋定量包装秤等。但包装秤主要以半自动机械结构为主,国产自动定量包装设备的工作可靠性较差、故障率较高,严重制约了饲料包装的效率,一些规模较大的企业通常依靠进口产品,但进口产品后期维护费用较高。随着劳动力成本的不断提高,以及工业水平的不断提高,智能化控制系统已经成为行业趋势。

7.1.2 包装秤常见故障及其处理方法

在维修工作中,电子秤故障检查方法正确与否对迅速准确判定故障所在位置并加以修复是十分重要的。在工作中常用的方法有直观法、比较法、替代法。

常见故障及其处理方法如下所述。

1)包装秤称量不准

①称重传感器弹性形变、线性度差或传感器坏,线性度可通过成倍加标准砝码看输出显示和它是否成正比判断。

②传感器的吊杆与外界物接触,因外界的振动和动作不灵造成称量不准。

③进料门开度过大,冲击力过强,超出目标值,使给料来不及控制。

④物料来料不均匀,落差补偿值不好控制,致使称量时多时少。

⑤汽缸、电磁阀动作迟钝,使进料不能很快关断,导致称量过多。

⑥称重传感器的接线头氧化和接触不良造成信号波动,致使称量不稳定。

⑦传感器周围烧电焊,受强电流的干扰致使信号不稳造成称量波动。

⑧系统盘柜、传感器屏蔽网接地电阻大,抗干扰下降。

2)汽缸不动作

针对不动作的汽缸,首先区分是电气控制故障、电磁阀故障,还是汽缸故障,检查电磁阀是否得到执行指令,看PC机是否输出命令,如果没有,故障在控制上端,检查用PC机和称重控制器。如果电磁阀得到执行指令,检查电磁阀是否得电,没有则电磁阀故障。用手按下电磁阀手动按钮,看汽缸是否能推动,不能动就是机械或气源故障。

3)袋夹器不动或关不了、不停下料灌包

①袋夹开关故障不能接通或者接通后断不开,更换开关。

②电磁阀故障,更换电磁阀。

③汽缸故障,更换汽缸。

④如果有物料结块堵住现象,排除堵住现象。

4)料桶排料未完,底门就提前关闭

①料桶有物料黏附,排料不畅。

②电磁阀窜气故障,更换电磁阀。

③汽缸故障,更换汽缸。

④PC 机电源供电电压低,造成料门提前关断,检查电源。

5)夹不紧袋

①气源压力不足、气体泄漏,气管损坏,增加气压,维修气管。

②夹袋汽缸或电磁阀故障,维修或更换。

6)称重完成后称量斗的显示值还在增加或在减少

①进料闸门和放料门关不死,物料有结块。

②料门有机械摩擦。

定量包装秤运行质量的好坏除了与产品本身的质量有关外,还与日常的维护与保养有很大的关系。维护人员、使用操作人员都应熟悉并严格遵守定量包装秤有关安全操作规程。坚持以预防为主,预检、预修、计划保养相结合的原则,才能确保设备的运行性能良好和生产的连续性。

7.1.3　码　垛

随着我国就业结构的不断变化,劳动力成本的暴涨加速了工业机器人的需求。码垛机器人(图7-3)因诸多优势成为替代繁重人工码垛的最佳选择,其工作过程是将已装入容器的箱或袋,按一定排列码放在托盘、栈板(木质、塑胶)上,进行自动堆码,可堆码多层,然后推出,便于叉车运至仓库储存。国外码垛机器人的研究早已成熟,如瑞典、德国、美国等国的码垛机器人研究水平处于领先地位,并正向我国大力推广;国内码垛机器人的自主研发尚处在完善阶段,技术需要不断进步并加大产业化推广力度针对农牧行业的特点。

图7-3　码垛机器人

1)码垛过程

码垛机抓手从输送平台上将袋装饲料抓起→上升→旋转到垛盘上方→下降→放到垛盘上,码到规定的层数,完成一层的码垛,重复操作至设定层数为止。

2)码垛设备

目前我国自主研发的码垛机器人的结构形式主要有直角坐标型和关节型两种。饲料加工企业主要应用关节型码垛机器人(码垛机械手)。

码垛机械手的能力比普通机械式码垛、人力都要高,结构非常简单,所以故障率低,容易保养、维修。码垛机械手设置在狭窄的空间即可有效地使用。全部控制可在控制柜屏幕上操作即可,操作非常简单。

如图7-4所示,码垛机械手主要由机座、水平位移机构、垂直位移机构、抓头机构组成。

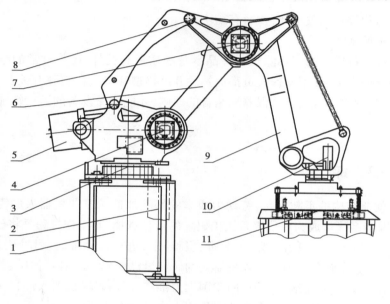

图7-4 码垛机械手结构图

1—机座;2—伺服电机 M1;3—水平位移机构;4—伺服电机 M2;5—平衡缓冲器;6—机械臂1;
7—伺服电机 M3;8—四连杆机构;9—机械臂2;10—伺服电机 M4;11—抓头机构

①机座的作用是固定机械手,与地面用螺栓连接,是机械手稳定工作的关键。

②水平位移机构是由伺服电机 M1 驱动,机械手水平位移中主要克服机械手的动惯量,伺服电机 M1 参数、运动曲线的选择,对于机械手平稳快速运行具有重要作用。

③伺服电机 M1 的运行范围360°,在实际应用中,为了提高机械手的运行效率,在不影响码垛质量、场地允许的情况下,建议 M1 的运行范围尽量小。

④垂直位移机构是机械手的最重要的关键机构,它由平衡缓冲器、伺服电机 M2 驱动的机械臂1、伺服电机 M3 驱动的机械臂2、四连杆机构等组成。伺服电机 M2 和伺服电机 M3 按照一定的曲线同步运行,PLC 或伺服电机同步控制器利用 CNC(运动计算语言)指令控制运行,控制伺服电机 M2 和 M3 的运动过程,决定机械手上升下降柔性动作的效果。平衡缓冲器主要平衡机械臂和抓载物体,同时对机械臂的过冲进行缓冲。四连杆机构作用是稳定

抓头保持水平。

⑤抓头机构由抓头和驱动垛层旋转的伺服电机 M4 组成。一般情况下,伺服电机 M4 的运行和伺服电机 M1 的运行角度相同,但方向相反。垛层的排列、箱子的大小不同,所用抓头不同。

7.1.4 搬 运

饲料企业包装搬运过程一般选择叉车,叉车是指对成件托盘货物进行装卸、堆垛和短距离运输作业的各种轮式搬运车辆。国际标准化组织 ISO/TC 110 称为工业车辆。常用于仓储大型物件的运输,通常使用燃油机或者电池驱动。

叉车对饲料搬运过程主要包括驾驶前检查车辆并运行、载物起步、稳定行驶、安全卸货。

叉车的技术参数用来表明叉车的结构特征和工作性能。主要技术参数有额定起重量、载荷中心距、最大起升高度、门架倾角、最大行驶速度、最小转弯半径、最小离地间隙以及轴距、轮距等。

1)额定起重量

叉车的额定起重量是指货物重心至货叉前壁的距离不大于载荷中心距时,允许起升的货物的最大质量,以吨(t)表示。当货叉上的货物重心超出了规定的载荷中心距时,由于叉车纵向稳定性的限制,起重量应相应减小。

2)载荷中心距

载荷中心距是指在货叉上放置标准的货物时,其中心到货叉垂直前壁的水平距离 T,以毫米(mm)表示。对 $T_1 \sim T_4$ 叉车,规定载荷中心距为 500 mm。

3)最大起升高度

最大起升高度是指在平坦坚实的地面上,叉车满载货物至最高位置时,货叉水平段的上表面离叉车所在的水平地面的垂直距离。

4)门架倾角

门架倾角是指无载的叉车在平坦坚实的地面上,门架相对其垂直位置向前或向后的最大倾角。前倾角的作用是为了便于叉取和卸放货物;后倾角的作用是当叉车带货运行时,预防货物从货叉上滑落。一般叉车前倾角为 3°~6°,后倾角为 10°~12°。

5)最大起升速度

叉车最大起升速度通常是指叉车满载时,货物起升的最大速度,以米/分(m/min)表示。提高最大起升速度,可以提高作业效率,但起升速度过快,容易发生货损和机损事故。目前国内叉车的最大起升速度已提高到 20 m/min。

6)最高行驶速度

提高行驶速度对提高叉车的作业效率有很大影响。对于起重量为 1 t 的内燃叉车,其满载时最高行驶速度不少于 17 m/min。

7）最小转弯半径

当叉车在无载低速行驶、打满方向盘转弯时，车体最外侧和最内侧至转弯中心的最小距离，分别称为最小外侧转弯半径（R_{min}外）和最小内侧转弯半径（r_{min}内）。最小外侧转弯半径越小，则叉车转弯时需要的地面面积越小，机动性越好。

8）最小离地间隙

最小离地间隙是指车轮以外，车体上固定的最低点至地面的距离，它表示叉车无碰撞地越过地面凸起障碍物的能力。最小离地间隙越大，则叉车的通过性越高。

9）轴距及轮距

叉车轴距是指叉车前后桥中心线的水平距离。轮距是指同一轴上左右轮中心的距离。增大轴距有利于叉车的纵向稳定性，但使车身上长度增加，最小半径增大。增大轮距，有利于叉车的横向稳定性，但会使车身总宽和最小转弯半径增加。

10）直角通道最小宽度

直角通道最小宽度是指供叉车往返行驶的成直角相交的通道的最小宽度，以 mm 表示。一般直角通道最小宽度越小，性能越好。

11）堆垛通道最小宽度

堆垛通道最小宽度是叉车在正常作业时，通道的最小宽度。叉车通常可以分为 3 类：内燃叉车、电动叉车和仓储叉车。

（1）内燃叉车　内燃叉车（图 7-5）又分为普通内燃叉车、重型叉车、集装箱叉车和侧面叉车。内燃叉车独立性强，形式速度快，爬坡能力强，结构复杂，不易操控，噪声大，污染大。主要应用于坡度大、道路不平的工作场所。

（2）电动叉车　电动叉车如图 7-6 所示。以电动机为动力，蓄电池为能源。承载能力为 1.0～8.0 t，作业通道宽度一般为 3.5～5.0 m。由于没有污染、噪声小，因此广泛应用于室内操作和其他对环境要求较高的工况。由于每组电池一般在工作约 8 h 后需要充电，因此对于对班制的工况需要配备备用电池。

图 7-5　内燃叉车　　　　　　　　图 7-6　电动叉车

（3）仓储叉车 仓储叉车（图7-7）主要是为仓库内货物搬运而设计的叉车。除了少数仓储叉车（如手动托盘叉车）是采用人力驱动的外，其他都是以电动机驱动，因其车体紧凑、移动灵活、自重轻和环保性能好而仓储业得到普遍应用。在多班作业时，电动机驱动的仓储叉车需要有备用电池。

图7-7 仓储叉车

任务7.2 包装与贮藏的质量控制

包装和仓储过程是饲料加工和质量控制的最后一道工序。在这一过程中，按规定的加工工艺进行操作和合理的质量控制，是饲料质量控制的重要环节。

7.2.1 包装饲料的质量控制

1）包装前的质量检查

饲料经过包装，其外观质量缺陷不容易被发现。所以，包装前的检查是十分必要的，装前应检查和核实以下几方面的问题。

①被包装的饲料和包装袋及饲料标签是否正确无误。

②包装秤的工作是否正常。

③包装秤设定的数量是否与要求的质量一致。

④从成品仓中放出部分待包装饲料，由质检人员进行检验，检查饲料的颜色、气味，以及颗粒饲料的长度、光滑度、颗粒成型率等，并按规定要求对饲料取样。

2）包装过程中的质量控制

①包装饲料的质量应在规定的范围之内，一般误差应控制为1%～2%。

②打包人员应随时注意饲料的外观，发现异常情况及时报告质检人员，听候处理。

③缝包人员要保证缝包质量，不得将漏缝和掉线的包装饲料放入下一工序。

④质检人员应定时抽查检验，包括包装的外观质量和包重。

7.2.2　散装饲料的质量控制

散装饲料的质量控制一般比袋装饲料简单。在装入运料车前对饲料的外观检查同包装前;定期检查卡车地磅的称量精度;检查从成品仓到运料车间的所有分配器、输送设备和闸门的工作是否正常;检查运料车是否有残留饲料,如果运送不同品种的饲料要清理干净,防止不同饲料间的相互污染。

7.2.3　饲料在仓储过程应注意的问题

①成品饲料在库房中应码放整齐,合理安排使用库房空间。

②建立"先进先出"制,因为码放在下面和后面的饲料会因存放时间过长而变质。

③在同一库房中存放多种饲料时,要预留出足够的距离,以防发生混料或发错料。

④保持库房的清洁,对于因破袋而散落的饲料应及时重新装袋并包装,放入原来的料垛上。如果散落饲料发生混料或被污染,应及时处理,不得再与原来的饲料放在一起。

⑤检查库房的顶部和窗户是否有漏雨现象。

⑥定期对饲料成品库进行清理,发现变质或过期饲料及时请有关人员处理。

实训　饲料生产企业实习参观

【实训目的】

在完成了配合饲料生产工艺6个工序的学习后,组织学生到饲料企业参观实习,了解饲料生产企业工艺流程及主要设备,即原料接收和清理、粉碎、配料、混合、成型和打包贮藏。在实训指导教师及现场指导教师的指导下,完成规定的实习内容,提交实习报告。

【实训的内容和要求】

1. 饲料企业概况。

(1)饲料企业基本情况:部门设置、部门职能和人员配备等。

(2)生产规模:日生产班次、小时产量、混合机批混合量、颗粒饲料加工能力等。

(3)质量管理情况:饲料原料及成品检测指标、企业原料标准、企业成品标准。

(4)主要生产经济指标:吨产品电耗、气耗(或煤耗)、水耗、人工费、加工成本。

(5)饲料产品种类:产品种类、包装规格,各类饲料产品所占大致比例等。

2. 工艺流程。

(1)配合饲料加工工艺流程:了解饲料企业工艺流程,按国家标准图形符号绘制实习厂的工艺流程图。

(2)各工序设备配置情况:了解各工序设备配置情况,包括设备种类、生产能力等。

(3)工艺流程分析:根据工艺流程,分析各关键工序工艺流程的优缺点。

3. 饲料企业主要加工设备种类、构造及使用。

4. 原料仓及库房原料仓、原料库房、成品库房的配置、主要原料的贮藏时间。

【实训方法】

根据实习指导教师及实习现场情况分组参观实习。

【实训报告】

根据参观实习内容,画出饲料企业总平面布置图、工艺流程图及表明每个工序使用的主要设备,分析各关键工序工艺流程的优缺点,并提出改进方法。

复习思考题

一、填空题

1. 饲料包装的基本功能主要包括:①保护饲料;②_____;③_____;④提高商品价值。

2. 定量包装秤由_____、称重装置、_____、_____、显示控制单元等组成。

3. 码垛机械手主要由_____、_____、垂直位移机构、抓头机构组成。

二、选择题

1. 配合饲料包装工艺流程正确的是(　　)。

A. 料仓接口→定量包装秤包装→封口机缝口→输送→码垛→搬运→堆包

B. 输送→码垛→定量包装秤包装→封口机缝口→料仓接口→搬运→堆包

C. 定量包装秤包装→封口机缝口→输送→码垛→料仓接口→搬运→堆包

D. 封口机缝口→输送→码垛→搬运料仓接口→定量包装秤包装→堆包

2. 饲料包装贮藏质量控制不包括(　　)。

A. 包装前的质量检查

B. 包装过程中的质量控制

C. 包装饲料磁选检验

D. 贮藏过程中霉菌检验

三、简述题

1. 饲料包装工艺包括哪些步骤?

2. 常用的饲料包装设备有哪些?

3. 饲料包装有哪些要求?

项目 8　电气控制设备与生产过程控制

项目导读

　　饲料厂电气及自动控制系统不仅是饲料厂实现生产自动化、减轻工人劳动强度的重要保证,而且良好的控制系统也是保证饲料质量的重要措施。本项目的目的就是让学生了解饲料厂常用的低压电器、各类低压电器的基本工作原理,基本线路的接线及安装,了解饲料厂自动控制的一般原理及 PLC 自动控制系统的特点,熟悉饲料生产过程中的自动控制方式。

任务 8.1　电气控制设备

　　本任务的核心是掌握继电器、接触器、按钮开关等常规控制电器(图 8-1)的动作执行特点,由此对一般继电接触控制电路进行熟练分析和设计。

图 8-1　常用电气元件

8.1.1　饲料厂低压电器基本知识

凡是能自动或手动接通和断开电路,以及对电路或非电对象能进行切换、控制、保护、检测、变换和调节的元件,统称为电器。按工作电压高低,电器可分为高压电器和低压电器两大类。高压电器指交流电压为 1.2 kV 或直流电压为 1.5 kV 及以上的电路;低压电器指交流电压为 1.2 kV 或直流电压为 1.5 kV 以下的电器。

1)低压电器的分类

低压电器种类繁多,主要按动作方式和用途分类。

按动作方式分类,可分为手动电器和自动电器。

①手动电器。用手直接操作来进行切换的电器,如刀开关、控制器、转换开关。

②自动电器。依靠本身参数的变化或外来信号的作用自动完成接通或分断等动作的电器。

按用途分类,可分为控制电器和配电电器。

①控制电器。用于各种控制电路和控制系统的电器,如接触器、继电器、主令电器、控制器、电磁铁。

②配电电器。用于电能的输送和分配的电器,如隔离开关、刀开关、熔断器、低压断路器。

另外,按执行功能的不同,电器可分为有触点电器和无触点电器。表 8-1 列出了常用低压电器的详细分类和用途。

表 8-1　常见低压电器的主要种类及用途

种　类	名　称	主要品种	用　途
配电电器	刀开关	开关板用刀开关	主要用于电路的隔离,有时也能分断负荷
		负荷开关	
		熔断器式刀开关	
	转换开关	组合开关	主要用于电源切换,也可用于负荷通断或电路的切换
		换向开关	
	低压断路器	塑壳式低压断路器	用于线路过载、短路或欠电压保护,也可用作不频繁接通和断开电路
		框架式低压断路器	
		限流式低压断路器	
		漏电保护式断路器	
	熔断器	有填料熔断器	主要用于电路短路保护,也用于电路的过载保护
		无填料熔断器	
		半封闭插入熔断器	
		快速熔断器	
		自复熔断器	
	接触器	交流接触器	主要用于远距离频繁控制负荷,切断带负荷电路
		直流接触器	

续表

种　类	名　称	主要品种	用　途
控制电器	主令电器	按钮	主要用于发布命令或程序控制
		限位开关	
		微动开关	
		接近开关	
		万能转换开关	
控制电器	起动器	磁力起动器	主要用于电动机的起动
		星三起动器	
		自耦减压起动器	
	变阻器	励磁变阻器	用于发电机及电动机降压起动和调速
		启动变阻器	
		频敏变阻器	
	控制器	凸轮控制器	主要用于控制回路的切换
		平面控制器	
	继电器	时间继电器	主要用于控制电路中,将被控量转换成控制电路所需电量或开关信号
		中间继电器	
		热继电器	
		速度继电器	
	电磁铁	制动电磁铁	主要用于起重、牵引、制动等地方
		起重电磁铁	
		牵引电磁铁	

　　当然,低压电器作用远不止这些。随着科学技术的发展,新功能、新设备会不断出现。

　　对低压配电电器,要求是灭弧能力强、分断能力好、热稳定性能好、限流准确等。对低压控制电器,则要求其动作可靠、操作频率高、寿命长并具有一定的负载能力。

　　2)低压电器的产品标准和选用

　　低压电器产品标准的内容包括产品的用途、适用范围、环境条件、技术性能要求、试验项目和方法、包装运输的要求等,可归纳为"三化、四统一",即标准化、系列化、通用化,统一型号规格、统一技术条件、统一外形及其安装尺寸、统一易损零部件。它是制造厂制造及用户验收的依据。

　　正确选用低压电器的要求:选用合理,使用正确,技术和经济兼顾。选用的一般原则:安全原则、经济原则。

8.1.2　常用低压电器介绍

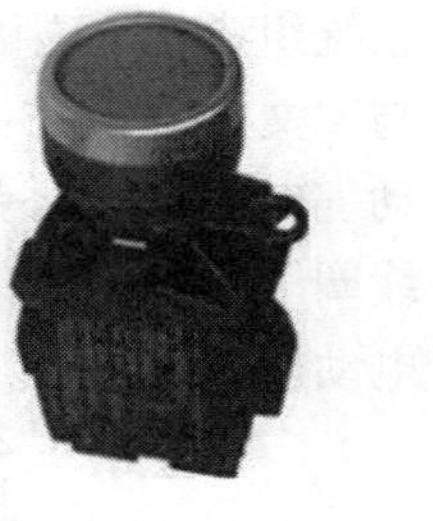

下面分别以控制按钮和接触器为例介绍手动电器和自动电器的结构和工作原理。

1) 按钮

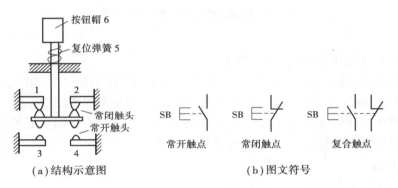

按钮实物图如图 8-2 所示。

图 8-2　按钮实物图

按钮开关是一种用人力(一般为手指或手掌)操作,并具有储能(弹簧)复位的一种控制开关。按钮的触点允许通过的电流较小,一般不超过 5 A,因此一般情况下它不直接控制主电路,而是在控制电路中发出指令或信号去控制接触器、继电器等电器,再由它们去控制主电路的通断、功能转换或电气联锁等。图 8-3 是按钮的结构示意图和图文符号,图 8-3(a)中1、2 是动断(常闭)触点,3、4 是动合(常开)触点,5 是复位弹簧,6 是按钮帽。图 8-3(b)为图文符号。

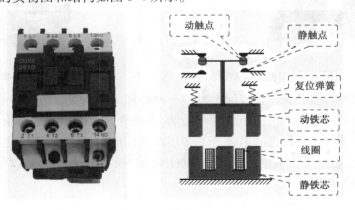

图 8-3　按钮结构示意和图文符号

2) 交流接触器

交流接触器的实物图和结构如图 8-4 所示。

图 8-4　交流接触器实物图和结构

接触器是一种能频繁地接通和断开远距离用电设备主回路及其他大容量用电回路的自动控制电器,分交流和直流两类。它是利用电磁吸力的原理工作的,主要由电磁机构和触头系统组成。电磁机构通常包括吸引线圈、铁芯和衔铁3部分。图8-5为接触器的结构示意图与图文符号,图8-5(a)中,1、2、3、4是静触点,5、6是动触点,7、8是吸引线圈,9、10分别是动、静铁芯,11是弹簧。图8-5(b)中,1、2之间是常闭触点,3、4之间是常开触点,7、8之间是线圈。接触器具有遥控功能,同时还具有欠压、失压保护的功能,接触器的主要控制对象是电动机。

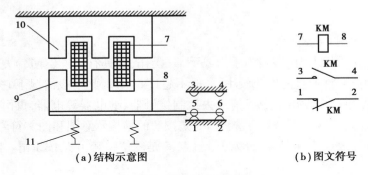

(a)结构示意图　　　　　　(b)图文符号

图8-5　接触器结构示意图和图文符号

3)刀开关

刀开关的实物图和符号如图8-6所示。

普通刀开关是一种结构最简单且应用最广泛的手控低压电器,广泛用在照明电路和小容量(5.5 kW)不频繁起动的动力电路的主电路中,起接通电源的作用。

安装刀开关时瓷底座应与地面垂直,手柄向上,易于灭弧,不得倒装或平装。倒装时手柄可能因自重落下而引起误合闸,危及人身和设备安全。

4)组合开关

组合开关实物图如图8-7所示。

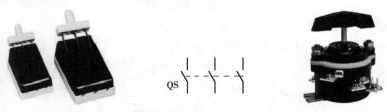

图8-6　刀开关实物图和符号　　　　　图8-7　组合开关实物图

组合开关又称转换开关。其实际上也是一种特殊的刀开关,只不过一般刀开关的操作手柄是在垂直安装面的平面内向上或向下转动,而组合开关的操作手柄则是平行于安装面放入平面内向左或右转动而已。组合开关多用在机床电气控制线路中,主要用于机床设备的电源引入开关,也可用作不频繁地接通和断开电路、换接电源和负载,以及控制5 kW以下电机电路或小电流电路。

5)熔断器

熔断器(FU)是一种最简单有效的保护电器。其实物图和符号如图8-8所示。在使用时,熔断器串联在所保护的电路中,作为电路及用电设备的短路和严重过载保护,主要用作短路保护。

图 8-8　熔断器实物图和符号

6) 热继电器

热继电器是利用流过继电器的电流所产生的热效应而反时限动作的继电器。所谓反时限动作,是指热继电器动作时间随电流的增大而减小的性能。热继电器主要用于电动机的过载、断相、三相电流不平衡运行的保护及其他电气设备发热状态的控制。热继电器的实物图如图8-9 所示。

热继电器的结构主要由加热元件、动作机构和复位机构三大部分组成。动作系统常设有温度补偿装置,保

图 8-9　热继电器实物图

证在一定温度范围内,热继电器的动作特性基本不变。典型的热继电器结构、图形及符号如图 8-10 所示。

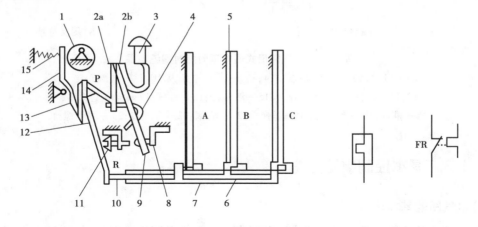

图 8-10　热继电器的结构和符号

1—主金属片电流调节凸轮;2—片簧(2a,2b);3—手动复位按钮;4—弓簧片;5—主金属片;
6—外导板;7—内导板;8—常闭静触点;9—动触点;10—杠杆;11—常开静触点(复位调节螺钉);
12—补偿双金属片;13—推杆;14—杆;15—压簧

在图 8-10 中,主金属片与加热元件串接在接触器负载(电动机电源端)的主回路中,当电动机过载时,主双金属片受热弯曲推动导板,并通过补偿双金属片与推杆将动触点和常闭静触点(即串接在接触器线圈回路的热继电器常闭触点)分开,以切断电路保护电动机。调节旋钮是一个偏心轮,改变它的半径即可改变补偿双金属片与导板的接触距离,从而达到调节整定动作电流值的目的。此外,靠调节复位螺钉来改变常开静触点的位置使热继电器能动作在自动复位或手动复位两种状态。调节手动复位时,在排除故障后要按下手动复位按钮才能使动触点恢复与常闭静触点相接触的位置。

热继电器的常闭触点常串入控制回路,常开触点可接入信号回路或 PLC 控制时的输入接口电路。

7) 时间继电器

图 8-11 为空气阻尼式通电延时型时间继电器的结构示意图和图文符号。它是利用空气阻尼的原理来获得延时的。主要由电磁系统、延时机构及触点系统组成。

图 8-11(a)中,当线圈 11 通电时,电磁力克服弹簧 14 的反作用拉力而迅速将衔铁向上吸合,衔铁 13 带动杠杆 15 立即使 1、2 常闭触点分断,3、4 常开触点闭合。

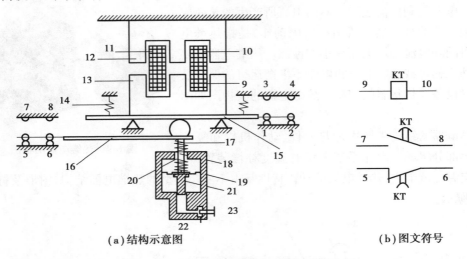

(a)结构示意图　　　　　　　　(b)图文符号

图 8-11　空气阻尼式通电延时型时间继电器

1,2,5,6—常闭触点;3,4,7,8—常开触点;9,10,11—线圈;

12,13—衔铁;14—反力弹簧;15—活塞杆;16—杠杆;17—宝塔型弹簧;

18—推杆;19—橡皮膜;20—弱弹簧;21—活塞;22—进气口;23—调节螺钉

8.1.3　基本控制电路

1)电气图的基本认识

电气图是以各种图形、符号、图线等形式来表示电气系统中各电气设备、装置、元器件的相互连接关系的图。电气图是联系电气设计、生产、维修人员的工程语言,能正确、熟练地识读电气图是从业人员必备的技能。

2)电气图的符号

为了表达电气控制系统的设计意图,便于分析系统原理、安装、调试和检修控制系统,必须采用统一的图形符号和文字符号来表达。国家标准局参照国际电工委员会(IEC)颁布了一系列有关文件,如《电气图常用图形符号》(GB 4728—2005)。

3)识读电气原理的方法和步骤

①原理图一般分主电路和辅助电路两部分。

②控制系统内的全部电机、电器和其他器械的带电部件,都应在原理图中表示出来。

③原理图中,各电气元件不画实际的外形图,而采用国家规定的统一标准图形符号,文

字符号也要符合国家标准规定。

④原理图中,各个电气元件和部件在控制线路中的位置,应根据便于阅读的原则安排。

⑤图中元件、器件和设备的可动部分,都按没有通电和没有外力作用时的开闭状态画出。

⑥原理图的绘制应布局合理、排列均匀,为了便于看图,可以水平布置,也可以垂直布置。

⑦电气元件应按功能布置,并尽可能按水平顺序排列,其布局顺序应该是从上到下,从左到右。电路垂直布置时,类似项目宜横向对齐;水平布置时,类似项目应纵向对齐。

⑧电气原理图中,有直接联系的交叉导线连接点,要用黑圆点表示;无直接联系的交叉导线连接点,不画黑圆点。

4)典型电路识图

(1)电动机点动控制　点动控制是指按下按钮,电动机就得电运转;松开按钮,电动机就失电停转的控制方式。电气设备工作时常常需要进行点动调整,如车刀与工件位置的调整需要用点动控制电路来完成。点动正转控制线路是由按钮、接触器来控制电动机运转的最简单的正转控制线路,其电气控制原理图如图 8-12 所示。

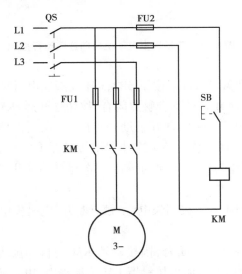

图 8-12　三相异步电动机点动控制线路示意图

图 8-12 点动控制线路中,组合开关 QS 作电源隔离开关;熔断器 FU1、FU2 分别作主电路、控制电路的短路保护;由于电动机只有点动控制,运行时间较短,主电路不需要接热继电器,起动按钮 SB 控制接触器 KM 的线圈得电、失电;接触器 KM 的主触点控制电动机 M 起动与停止。

其工作原理是,先合上开关 QS。启动:按下起动按钮 SB 使接触器 KM 线圈得电,其中 KM 主触点闭合,这时电动机 M 起动运行。停止:松开按钮 SB 使接触器 KM 线圈失电,其中 KM 主触点断开,这时电动机 M 失电停转。值得注意的是,停止使用时,应断开电源开关 QS。

(2)电动机单向连续运行直接起动控制电路　在要求电动机启动后能连续运转时,采用点动正转控制线路显然是不行的。为实现连续运转,可采用图8-13所示的接触器自锁控制线路。它与点动控制线路相比较,主电路由于电机连续运行,所以要添加热继电器进行过载保护,而在控制电路中又多串接了一个停止按钮 SB1 并在起动按钮 SB2 的两端并接了接触器 KM 的一对常开辅助触点。

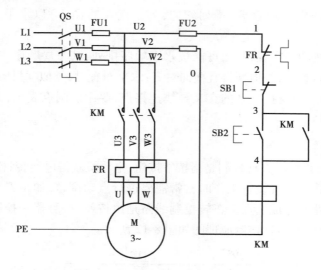

图 8-13　三相异步电动机单向连续运行控制

电路工作原理如下:

起动过程:合上电源开关 QS,按下按钮 SB2,KM 线圈通电,执行机构动作,KM 主触点闭合,电动机得电起动、运行,KM 辅助动合触点闭合,按钮松开后,KM 线圈继续得电。

当松开启动 SB2 时,由于 KM 的常开辅助触点闭合,控制电路仍然保持接通,所以 KM 线圈继续得电,电动机 M 实现连续运转。这种利用接触器 KM 本身常开辅助触点而使其线圈保持得电的控制方式叫作自锁。与起动按钮并联起自锁作用的常开辅助触点叫作自锁触点。

停止过程:按下按钮 SB1,KM 线圈失电,主触点断开,电机失电,KM 辅助动合触点断开,切断自锁回路。

当松开 SB1 时,常闭触点恢复闭合,因接触器 KM 的自锁触点在切断控制电路时已断开,解除了自锁,SB1 也是断开的,所以接触器 KM 不能得电,电动机 M 也不会工作。

电路所具有的保护环节有如下几种。

①短路保护。主电路和控制电路分别由熔断器 FU1 和 FU2 实现短路保护。当控制回路和主回路出现短路故障时,能迅速有效地断开电源,实现对电器和电动机的保护。

②过载保护。由热继电器 FR 实现对电动机的过载保护。当电动机出现过载且超过规定时间时,热继电器双金属片过热变形,推动导板,经过传动机构,使热继电器辅助触点断开,从而使接触器线圈失电,电机停转,实现过载保护。

③欠压保护。当电源电压由于某种原因下降时,电动机的转矩将显著下降,将使电动机无法正常运转,甚至引起电动机堵转而烧毁。采用具有自锁的控制线路可避免出现这种事故。因为当电源电压低于接触器线圈额定电压的 75% 左右时,接触器就会释放,自锁触点断开,同时动合主触点也断开,使电动机断电,起到保护作用。

④失压保护。电动机正常运转时,电源可能停电,当恢复供电时,如果电动机自行起动,很容易造成设备和人身事故。采用带自锁的控制线路后,断电时由于自锁触点已经打开,当恢复供电时,电动机不能自行起动,从而避免了事故的发生。

欠压和失压保护作用是按钮、接触器控制连续运行的控制线路的一个重要特点。

(3)接触器控制的三相异步电动机正反转 许多生产机械运动部件,根据工艺要求经常需要进行正反方向两种运动。如起重机吊钩的上升和下降、运煤小车的来回运动、工作台的前进和后退等,都可以通过电动机的正转和反转来实现。从电动机原理可知,改变电动机三相电源的相序即可改变电动机的旋转方向,而改变三相电源的相序只需任意调换电源的两根进线。

①不带联锁的三相异步电动机的正反转。设计时,在主电路中应该用两个接触器的主触点来构成正、反转相序接线。因此可以将主电路先绘制出来,如图8-14所示。

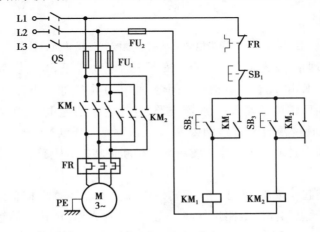

图8-14 三相异步电动机正反转运行控制

图中 KM₁ 为正转接触器,KM₂ 为反转接触器,它们分别由 SB₂ 和 SB₃ 控制。从主电路中可以看出,这两个接触器的主触点所接通电源的相序不同,KM₁ 按 U—V—W 相序接线,KM₂ 则按 W—V—U 相序接线。相应的控制线路有两条,分别控制两个接触器的线圈。

电路工作过程如下:

先合电源开关 QS。

按下正转起动按钮 SB₂,正转接触器 KM₁ 线圈通电吸合,使主触点 KM₁ 闭合,电动机 M 通电正转,同时 KM₁ 常开辅助触点闭合形成正转自锁。

按下停止按钮 SB₁,正转接触器 KM₁ 线圈断电,主电路 KM₁ 复位,电动机断电停止。

按下反转起动按钮 SB₃,反转接触器 KM₂ 线圈通电,主电路 KM₂ 闭合,电动机通电反转,同时反转自锁触点 KM₂ 闭合,实现反转自锁。

此设计的接触器控制正、反转电路操作不便,必须保证在切换电动机运行方向之前先按下停止按钮,然后再按下相应的起动按钮,否则将会发生主电源、侧电源短路的故障,为克服这一不足,提高电路的安全性,需采用联锁控制。

②具有联锁控制的正反转电路。联锁控制就是在同一时间里两个接触器只允许一个工作的控制方式,也称为互锁控制。实现联锁控制的常用方法有接触器联锁、按钮联锁和复合联锁控制等,如图8-15所示。联锁控制的特点是将本身控制支路元件的常闭触点串联到对方控制电路支路中。

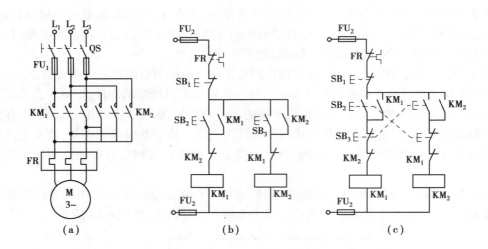

图 8-15   三相异步电动机具有联锁控制正反转运行控制

电路的工作原理是,首先合上开关 QS,按下正转起动按钮 SB_2,正转接触器线圈通电吸合,一方面使主触点 KM_1 闭合和自锁触点闭合,使电动机 M 通电正转,另一方面,KM_1 常闭辅助触点断开,切断反转接触器 KM_2 线圈支路,使得它无法通电,实现互锁。此时,即使按下反转按钮 SB_3,反转接触器 KM_2 线圈因 KM_1 互锁触点断开也不能通电。

要实现反转控制,必须先按下停止按钮 SB_1 切断正转控制电路,然后才能起动反转控制电路。

同理可知,反转起动按钮 SB_3 按下(正转停止)时,反转接触器 KM_2 线圈通电。一方面,接通主电路反转主触点和控制电路反转自锁触点;另一方面,正转互锁触点断开,使正转接触器 KM_1 线圈支路无法接通,进行互锁。此电路严格来说没有什么问题,但是当电机正转后,需要反转时,必须按电机停止按钮 SB_1,不能直接按反向按钮 SB_3,故操作不太方便。原因是按反向按钮 SB_3 时,不能断开 KM_1 的电路,故 KM_1 的常闭触头会继续互锁。

(4)应用举例   三相异步电动机点动、连续控制线路分析   在生产设备正常工作时,电动机一般都处于长期或短期的连续工作状态,但生产机械又需要试验各部件的动作情况。例如机床中进行道具和工件的调整工作,为了实现这一工艺要求,控制电路就必须既能控制电动机连续工作,又能控制电动机点动工作。

能够实现既能点动又能连续运转的控制电路很多,下面介绍几种不同的控制电路(图8-16),它们都能实现既能连续运转又能点动的控制功能。

①利用开关控制的点动和连续运转控制电路。图 8-16(b)所示是利用开关 SA 控制的既能连续运转又能点动的控制电路。图中 SA 为选择开关,当开关 SA 断开时,按下按钮 SB_2 为点动操作,当开关 SA 闭合时,按下按钮 SB_2 为连续运转操作。

②利用复合按钮控制的连续运转和点动控制电路。要求电动机既能连续运转又能点动控制时,就需要两个控制按钮,如图 8-16(c)所示,当连续运转时,要采用接触器自锁控制线路;实现点动控制时,又需要把自锁电路解除掉,要采用复合按钮,它工作时常开和常闭触点是联动的,当按钮被按下时,常闭触点先动作,常开触点随后动作;而松开按钮时,常开触点先动作,常闭触点再动作。

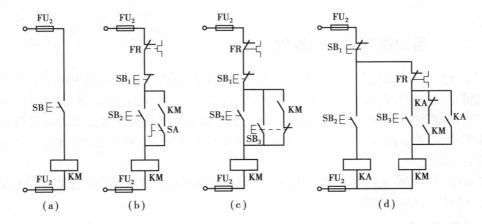

图 8-16　三相异步电动机点动、连续控制线路

电路工作原理如下：

先合上电源开关 QS。按下连续运转按钮 SB_2，接触器 KM 线圈通电，一方面，KM 主触点闭合使电动机通电运转；另一方面，KM 自锁触点闭合，通过 SB_3 的常闭触点接通了接触器的自锁支路。所以，松开 SB_2 按钮电动机也能连续运转。

按下点动按钮 SB_3，它的常闭触点先断开，断开了接触器的自锁电路，常开触点后闭合，接通了接触器线圈，尽管此时自锁触点 KM 闭合，因 SB_3 常闭触点断开而切断了 KM 线圈的自锁支路，所以无法自锁。松开 SB_3 按钮时，它的常开触点先恢复断开，切断了接触器线圈电路，使其断电；而 SB_3 常闭触点后闭合，此时 KM 线圈已经断电，KM 的自锁触点断开，将接触器线圈供电电路全部断开，可见 SB_3 只能实现点动控制，无法实现连续运转控制。

③利用中间继电器控制的连续运转和点动控制电路。图 8-16(d)为利用中间继电器控制的既能连续运转又能点动的控制电路。图中 KA 为中间继电器，它的常开触点并联在连续运转按钮 SB_3 的两端。

工作原理如下：

合上电源开关 QS，按下点动按钮 SB_2，中间继电器 KA 线圈通电，它的常开触点闭合，接通接触器 KM 线圈，但是常闭触点断开，所以无法实现自锁。松开按钮 SB_2 后，KM 线圈会断电，只能点动控制。

按下连续按钮 SB_3，只接通了接触器 KM 线圈，没有接通中间继电器 KA 的线圈，所以能实现自锁。此时即使松开 SB_3，由于 KM 自锁触点对 KM 线圈的自锁，实现连续运转控制。

综上所述，上述 3 种电路能够实现连续运转和点动控制的根本原因，是看其能否保证在 KM 线圈通电后，自锁支路被接通。能够设法接通自锁支路，就可以实现连续运转控制。

任务 8.2　生产过程控制

本任务的目的是了解工业生产中自动控制的一般原理及 PLC 自动控制系统的特点；熟悉饲料生产过程中的自动控制方式。

8.2.1 自动控制的一般原理

在工业生产中,有很多诸如电源、温度、压力、流量、转速等都需要按生产工艺要求保持在相对恒定状态的物理量。但是生产设备在运行过程中往往随着负载、电网、气压、元器件漂移等波动,而使这些物理量渐渐偏离恒定或给定值。为了满足工艺要求以及设备正常安全工作需要,应把上述偏离值再调节过来,使实际值自动调节至给定值,完成这一功能的过程称作自动控制。

工业生产过程中的控制系统,一般可分为开环控制和闭环控制,开环控制也称无反馈控制,闭环控制也称反馈控制。

1)开环控制系统

由输入设定量、控制器、执行机构、控制对象和输出量组成,其系统方框图如图 8-17 所示。

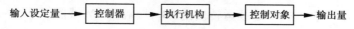

输入设定量 → 控制器 → 执行机构 → 控制对象 → 输出量

图 8-17　开环控制系统方框图

以饲料厂粉碎机为例阐述开环控制的工作原理。在饲料厂经常采用电磁调速电机(也称滑差调速电机)控制粉碎机喂料器(螺旋输送机)转速,从而控制喂料器流量,进而控制粉碎机的工作电流。这是一个典型的开环控制系统,如图 8-18 所示。

设定转速 → 调整控制器 → 喂料器 → 粉碎机 → 工作电流

图 8-18　粉碎机开环控制系统方框图

操作工根据粉碎机额定工作电流,为喂料器设定一个相应的电机转速,通过调速控制器控制电磁调速电机的转速,控制执行机构喂料器的流量,最终达到控制粉碎机工作电流的目的。所以,设定转速与粉碎机工作电流成一定的比例关系,那么其开环控制的工作原理是当转速增加,粉碎机工作电流也相应增加,反之则下降。

开环控制系统的最大优点是控制简单,成本低,维护方便。开环控制系统的缺点是控制过程受到各种扰动因素将会直接影响到系统输出量的稳定性,而系统不能进行有效、迅速地自动修正和提示报警。特别是这种扰动较大而输出量与设定量有较大偏差时,粉碎机工作状态不正常,造成能源浪费或者堵料跳闸,粉碎机不能在满负荷下高效工作。

2)闭环控制系统

在开环控制系统方框图中,如果把系统的输出量通过反馈环节作用于控制器部分,形成闭合环路,这样的系统称为闭环控制系统,也称反馈控制系统。

闭环控制系统由输入设定量、比较环节、控制器、执行机构、控制对象、输出量和检测反馈环节组成,如图 8-19 所示。

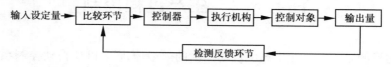

输入设定量 → 比较环节 → 控制器 → 执行机构 → 控制对象 → 输出量 → 检测反馈环节

图 8-19　闭环控制系统方框图

以饲料厂粉碎机为例阐明闭环控制系统的工作原理。图 8-20 是典型的闭环控制系统方框图。其自动调节过程为：当实际粉碎机电流大于输入设定电流时，两者产生负的偏差值，通过调速控制器的数字 PID(P 为比例系数，I 为积分系数，D 为微分系数)运算后，输出一个比原来小的控制值，使滑差调速电机的转速、喂料器流量相应减小，粉碎机工作电流下降，并逐步回归至输入设定电流，实现自动控制的目的。

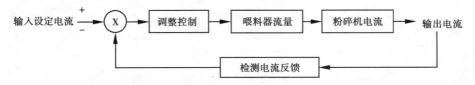

图 8-20　粉碎机电流闭环控制系统方框图

自控过程描述如下：

粉碎机电流→调速控制器→输出滑差调速电机→喂料器流量→粉碎机电流

实际生产过程中，粉碎机工作电流经常偏离所设定的电流，造成偏离的原因很多，而且是随机的、不可避免的，采用闭环控制技术恰恰能在线、实时、快速地修正偏差。粉碎机始终在高效、安全和稳定的工况下工作，无须设有专人监控粉碎机。

8.2.2　自动控制和自动控制系统

一般来说，自动控制系统主要分为两种：恒值控制系统与随动系统。

恒值控制系统的特点是系统的输入量是恒量，并且要求系统的输出量相应地保持恒定。饲料厂的液体添加控制系统，粉碎机电流控制系统和制粒机调质温度控制系统都是恒值控制系统。

随动系统的特点是输入量是变化量(有时随机)，并要求系统的输出量能跟随输入量变化而做出相应的变化。随动系统在工业和国防上有着极为广泛的应用，例如，刀架跟随系统、激光制导系统、雷达导行系统、机器人控制系统等。

在一个自动控制系统中，当扰动或给定值发生变化时，输出量将会偏离原来的稳定性，通过自动控制，输出值又回到原来的稳定值或跟随新的给定值稳定下来。自动控制系统从一个稳态过渡到新的稳态需要一定的时间过程。而在这个过渡过程中，最大超调量、调整时间、振荡次数和稳态精度是考核控制品质的主要指标。

图 8-21 所示为系统对突加给定信号自动控制过渡过程响应曲线。图中，ΔC_{ma} 为最大偏差值；T 为调整时间；N 为振荡次数(2 次)；2%～5% 为稳态误差。在上述指标中，最大偏差值和振荡次数反映了系统的稳定性能；调整时间反映了系统的快速性；稳态误差反映了系统控制的准确性。品质好的自控系统，最大偏差值尽量小，调整时间短，振荡次数少，稳态误差小。

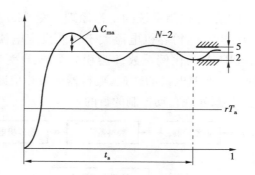

图 8-21　系统对突加给定信号自动控制过渡过程响应曲线

8.2.3　饲料生产自动控制方式

　　饲料生产自动控制方式就是按照工艺的要求,以一定的规律控制电动机或闸阀门的启动（开）或停止(关),使生产过程中的所有设备能有序地协调运行,也就是大量的开关量顺序控制问题。

　　开关量是指这样一类的控制或被控制量。形象地说如同一个开关状态一样,不是断开,是闭合,如果用数字来客观描述它,即可用"0"或"1"来表示其两种不同的状态。例如在某种条件下,控制继电器的线圈得电或失电,其触点闭合或断开,电动机的启动或停止,电磁阀的打开与关闭,定时器的预定时间是否到达,计数器的预定数值是否计满等,这些统称为开关量。

　　顺序控制就是指生产设备及生产过程,根据工艺要求,按照逻辑运算,顺序操作,定时或计数等规则,通过预先编制的程序,在现场输入信号作用下或人工干预下,使执行机构（如电动机、闸阀等）按照预定的程序动作,实现以开关量为主的自动控制。

　　饲料生产自动控制方式一般有下述几种方式。

1）继电控制方式

　　对饲料生产工艺主流程设备的控制,最初只是简单的设备启、停操作,设备之间并不连锁控制。随着生产规模的加大,设备数量增多,往往由于流程中某一台设备发生故障,不能及时发现并做相应的连锁停车,堵料现象时有发生,并且故障范围不能有效地控制在最小范围内,造成生产过程的停顿。因此在后来的配套设计中,在原有继电控制基础上进行改进,采用大量的中间继电器、时间继电器等电器元件,来实现设备的连锁控制功能,这种控制方式存在以下一些突出问题。

　　①继电控制装置。由于其元器件本身触点的可靠性,使用寿命受到一定限制,因此,系统的可靠性不高。固定接线方式造成的系统通用性、灵活性差,在设计安装调试过程中工作量非常大,给今后的管理及维修也带来困难。

　　②由于被控量较多,使得构成的继电控制系统元器件增多,占据的空间较大,需要更多的控制柜来安装这些元器件,因此集中控制室的面积也相应地要增加。特别是在一些旧厂改造扩建中,地理环境受到限制,在满足工艺设备安装的前提下,控制室面积、空间的大小,更加突出地摆在土建设计人员的面前,往往在建筑结构上为此要付出一定的代价。有时这

些控制设备不得不分散在几个楼层内安装,给敷线、电气设备的防火防爆处理也提出更高的要求,管理也不方便。微机控制技术在配料混合生产环节的成功应用,显示出其控制装置的灵活性和适用性,而且它具有采样速度快、运算功能强等许多优点,因此在一些饲料厂的配套设计中,通过扩大微机配料秤的控制范围,达到在配料混合工段实现局部生产过程自动化控制。这种控制方式局部自动化控制程度虽然提高了,但由于其他生产环节的控制依然还停留在继电控制、人工手动操作的水平上,整个生产过程很不协调,一旦其他工段或设备发生故障,查找困难,不能及时排除,都将可能导致生产过程的停顿,局部自动化程度再高也得不到充分的发挥。对于大量的开关量自动控制来说,它不需要复杂的数学运算,而要求编制程序简单、系统线路简捷,能与现场的功率设备直接联系,使用维护方便。采用微机控制方式,需要专业人员来使用维护,在使用环境、抗干扰方面有较高的要求,系统的输出驱动能力有限,往往要加一级功率放大中间环节。显然,采用通用的计算机来完成开关量的控制,不是一种理想的控制方式。

2)PLC 控制方式

可编程序逻辑控制器(Programmable Logic Controller,PLC)的出现,为解决上述问题提供了非常有效的手段,其体积小,功能强,可靠性高,编程方便,通用性、灵活性好,非常适合于大量的开关量控制场合。因此,被广泛地应用于饲料厂全厂的生产过程自动控制中,基本取代了继电控制方式和微机控制方式,是目前比较先进、成熟的一种控制方式。

8.2.4　PLC 自动控制系统的组成及工作原理

1969 年美国 GE 公司为适应汽车型号的不断翻新,设想把计算机功能完备、灵活、通用等优点和继电控制系统简单易懂、操作方便等优点结合起来,制造成一种新型的控制装置,代替原来的继电控制盘,以减少重新设计控制系统所需的成本和时间,于是第一台可编程序逻辑控制器 PLC 便诞生了,由于它是应用户的要求而研制的一种工业控制器,因此更加注重在工业环境下的高可靠性、通用性,以及容易推广、维修。自 1969 年首次在汽车工业自动装配线上使用获得成功后,PLC 应用领域不断扩大,销售量不断上升。

1)可编程控制系统的基本组成

中央处理单元 CPU 包括存储器、运算器和控制器。

存储器是存取程序的部件,在可编程序控制器工作之前,将被控设备的工作程序"写入"存储器中;工作时从存储器中将程序"读出"并执行程序规定的操作。更改存储器中的内容,即可改变控制程序,十分灵活方便。

在可编程序控制器中,通常采用半导体存储器,根据不同的存取方式,分为读写存储器(RAM)和只读存储器(ROM)两种,在机器运行过程中 RAM 可以随时把信息存进去(称为"写入"),也可以把信息取出来(称为"读出"),修改程序方便;ROM 需要通过专门的装置,事先把信息"写入",在机器运行过程中只能"读出",存放的信息不易丢失,可靠性高。

存储器的主要参数是存储容量和存取时间,一个存储器的容量是指它所能存放的二进制数码的数量,用"字"和"字长"表示。例如某存储器的容量为 1 024 × 8,是指它能存放 1024 个二进制数码(字),每个数码有 8 位(字长),通常用 8 位字长作为一个字(Bit),1 KB =

1 024 B,则容量也可表示为 1 KB。一般微型可编程序控制器的存储容量为 1~4 KB,大型可编程序控制 U 的存储容量可达 64 KB 以上。半导体存储器的存取时间为 100~500 ns。

运算器通常由各种逻辑运算电路和结果寄存器组成,可以完成各种逻辑运算,并将运算出的结果保存在结果寄存器中,对于算术运算,一般采取逐位串行处理的方式来完成。

控制器的作用是产生各种控制信号,指挥整机正确协调地工作,在微型可编程序控制器中,常采用微处理器作为中央处理单元,起定时器和控制器的作用,存储器则另外设置。

输入输出单元 BIO 包括输入电路、输出电路、计时电路和中间变量存储器。

输入电路包括输入隔离电路和输入选择电路两部分,其作用是将接入可编程序控制器的各种输入信号,经过隔离和变换后,根据存储器送来的地址信号,选择某一路输入信号送往运算器。

输出电路包括输出寄存器和输出驱动电路两部分。其作用是根据存储器送来的地址信号,将运算器的运算结果送往选定的某一路输出寄存器中,再通过输出驱动电路放大后,驱动某一路执行机构。输出驱动电路可采用继电器或大功率晶体管电路。

计时电路的作用是实现时序控制,中间变量存储器的作用是暂存中间运算结果,给出一些标志信号等。

程序输入输出单元 PIO 是人—机联系的设备,作为程序输入设备的有键盘、盒式磁带机等;作为程序输出设备的有打印机、盒式磁带机等。其作用是输入或输出程序通过配套的编程软件和编程通讯电缆及接口,在计算机上也可以实现程序的输入及输出。

除上述 3 部分单元以外,还有各种总线。在 CPU 与 BIO 之间有输入输出总线,CPU 与 PIO 之间有程序输入输出总线,在 CPU 内部,还有地址总线、数据总线和控制总线,在不同时刻的信号控制下,传送不同的信息。

2）可编程序控制器基本硬件配置

可编程序控制器在硬件结构形式上,分为整体盒式结构和模块组装式结构,控制点数少的多为整体盒式结构,其体积更加紧凑,在机电一体化设备中大量使用。控制点数较多的用于系统控制的多为模块组装式结构,其扩容、更换模块非常方便。在饲料加工生产过程控制中,常用到的是日本 OMRON 公司的 C200H 型 PLC,简单介绍如下所述(图 8-22)。

①电源模块。由外部供给 PLC 控制电源,既可使用 100~120 V AC 电源,也可使用200~240 V AC 电源,并有电源指示,短路保护,转变成 PLC 内部所需要的 5 V DC 电源或 24 V DC 电源等功能。

②主控模块。即 CPU 模块,它在 PLC 控制系统中的作用类似于人体的神经中枢,它按 PLC 中系统程序赋予的功能,接收并存贮从编程器键入的用户程序和数据,用扫描的方式接收输入模块的状态或数据,诊断电源 PLC 内部电路工作状态和编程过程中的语法错误等。PLC 进入运行状态后,从存储器内逐条读取用户程序,经命令解释后按指令规定的任务产生相应的控制信号,实现输出控制、制表打印或数据通信等功能。

③存储器。PLC 配有系统程序存储器和用户程序存储器。前者存放监控程序,模块化应用功能子程序,命令解释和功能子程序的调用管理程序以及各种系统参数等;后者存贮用户编制的程序。系统程序关系到 PLC 的性能,不能由用户直接存取,因而 PLC 产品样本或使用说明书中所列的存储器型式及其容量,系指用户存储器而言。

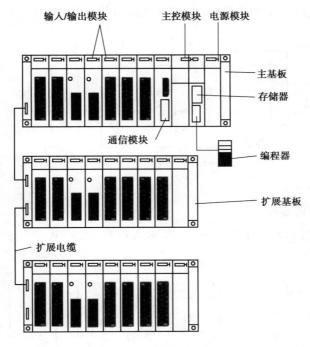

图 8-22　C200H 型 PLC

④通讯模块。通过 RS-232、RS-422 或 RS-485 接口,与上位机等外围设备进行数据通信,在特定的通信协议下将 PLC 内有关数据传送给上位机,并接收上位机对 PLC 的数据加载。

⑤输入输出模块。即 I/O 模块,是 CPU 与现场 I/O 装置或其他外部设备之间的连接部件,PLC 提供了各种操作电平和驱动功能的 I/O 模块和各种用途的 I/O 功能模块,供用户选用。如 32 点 TTL 输入输出模块,16 点 24VDC 输入模块,16 点继电器输出模块,A/D 或 D/A 转换模块。

⑥安装基板。基板也叫底板,用于安装 PLC 的各种模块,由模块插入导向槽和连接总线板组成,分为主基板和扩展基板。CPU 模块一定要安装在主基板上,根据安装模块数量的多少,有 3 槽、5 槽、8 槽或 10 槽的基板可供配置选择,基板之间通过扩展电缆连接。

⑦编程器。编程器用于用户程序的编制、编辑、调试和监视。还可通过其键盘去调用和显示 PLC 内部的一些状态和系统参数,它经过通信接口与 CPU 模块联系,完成人机对话。

3) 可编程序控制的工作原理

①循环扫描工作方式。PLC 是循环扫描的工作方式。即顺序地逐条地执行用户程序,直到用户程序结束。然后,返回第一条指令开始新的一轮扫描,这样一遍一遍不停地循环执行。根据程序运行的结果,输出的逻辑线圈接通或断开。

②PLC 的工作过程。PLC 投入运行时,都是以重复循环的方式工作的。PLC 的循环扫描工作方式,一般包括五个阶段:内部处理与自诊断、外设通信处理、输入采样、用户程序执行、输出刷新(图 8-23)。每执行一遍我们称为扫描一次。整个过程扫描执行一遍所需要的时间称为扫描周期。

当 PLC 开关方式置于 RUN(运行)状态时,执行所有阶段,当 PLC 开关方式置于 STOP

（停止）状态时,不执行后 3 个阶段,此时可以进行通信处理,如对 PLC 进行联机或者离线编程。

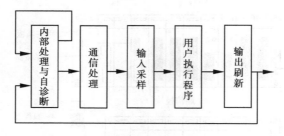

图 8-23　扫描工作过程

4）PLC 执行程序的过程

PLC 执行程序的过程分为 3 个阶段,即输入采样阶段、程序执行阶段、输出刷新阶段（图 8-24）。

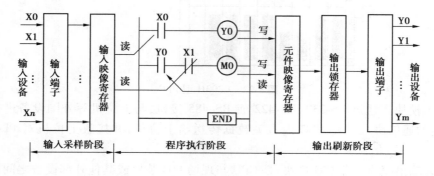

图 8-24　PLC 执行程序过程图

5）PLC 的 I/O 响应时间

输入/输出响应时间又称为输入/输出响应滞后,是指 PLC 的输入端输入信号发生变化到 PLC 输出端对该输入变化作出反应所间隔的时间。它由 PLC 扫描工作方式产生的滞后时间、PLC 输入接口的滤波环节带来的输入延迟以及输出接口中驱动器件的动作时间带来输出延迟三部分组成。

实训　饲料厂粉碎机、制粒机控制回路

【实训目的】

能识别并自行完成粉碎机及制粒机控制回路的接线及设计。

【实训设备及材料】

空气断路器、交流接触器、热继电器、小型继电器、时间继电器、主令电器、号码管、热塑管、电缆电线、接线鼻。

【基本知识与原理】

电气控制线路设计是电气控制系统的设计内容之一。电气控制线路的设计通常有一般设计法和逻辑设计法两种。逻辑设计法设计的线路比较合理,但难度不易掌握。饲料厂电

气控制线路相对而言较为简单,设计可采用一般设计法。这种方法是根据生产工艺要求,利用各种典型的线路单元,进行直接设计,方法简单、灵活性大,没有固定的模式,在设计时应注意以下各原则:

①最大限度地实现生产机械和工艺对电气控制线路的要求。设计之前,首先要调查清楚生产要求,设计要体现控制线路为整个设备和工艺过程服务。生产除了要求控制线路能满足起动、反向和制动之外,是否要求在一定范围内平滑调速和按规定的规律改变转速,出现事故时是否需要必要的保护及信号预报以及各部分运动要求有一定的配合和联锁关系等。

②在满足生产要求的前提下,控制线路应力求简单、经济。控制线路简单,主要体现在尽量选用标准的、常用的或经过实际考验过的线路和环节;应减少不必要的触头以简化线路。在控制线路图设计完成后,最好将线路化成逻辑代数式计算以便得到最简化的线路。

控制线路要经济,可以体现在尽量缩短连接导线的数量和长度。应考虑到各个元件之间的实际接线。特别要注意电气柜、操作台和限位开关之间的连接线,如图 8-25 所示。图 8-25(a)所示的接线是不合理的。图 8-25(b)所示接线可以减少一次引出线;尽量缩减电气元件的数量,并尽可能选用相同型号。

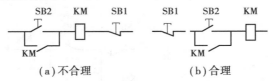

图 8-25　电气元件在线路中的合理位置

③保证控制线路工作的可靠和安全。首先,必须选用可靠的元件,如尽量选用机械和电气寿命长、结构坚实、动作可靠、抗干扰性能好的电气元件。而在具体线路设计中注意两触头间形成飞弧而造成电源短路、避免电气元件的线圈串联、避免出现寄生电路、减少通电电气元件的控制线路、电气联锁,而且要有机械联锁、决定电动机的起动方式是直接起动还是间接起动和完善的保护环节等问题。

图 8-26(a)所示,限位开关 SQ 的常开触头和常闭触头,由于不是等电位,当触头断开产生电弧时很可能在两触头间形成飞弧而造成电源短路。此外绝缘不好,还会引起电源短路。正确接线方法应如 8-26(b)所示。图 8-27(a)中 KA$_3$ 要在 KA$_1$、KA$_2$ 依次动作后才能接通是不合理的,而图 8-27(b)接线合理、工作可靠。图 8-28(a)所示线路即为两线圈串联线路,这种电路常会导致线圈不能正常工作,当两个电气元件需要同时动作时,其线圈应该并联连接。图 8-28(b)所示是一个带寄生电路(或假回路)的,具有指示灯和热保护的正反向电路。但当热继电器 FR 动作时,线路就出现了寄生电路(如虚线所示),使正向接触器 KM$_1$ 不能释放,起不了保护作用。

另外,在线路中采用小容量继电器的触头来控制大容量接触器的线圈时,要计算继电器触头断开和接通容量是否足够。如果容量不够,必须加小容量接触器或中间继电器,否则工作不可靠。

保证电路的可靠和安全,还应具有完善的保护环节,以避免因误操作而发生事故。其中包括过载、短路、过电流、过电压、失电压等保护环节,有时还应设有合闸、断开、事故、安全等必需的指示信号。

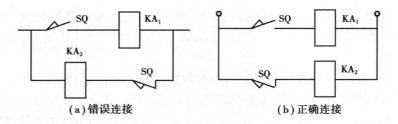

（a）错误连接　　　　　　　　　　　（b）正确连接

图 8-26　正确连接电气元件的触头

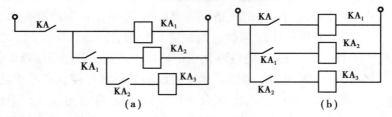

（a）　　　　　　　　　　　　　　（b）

图 8-27　减少通电电气元件的控制线路

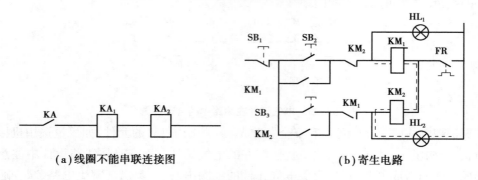

（a）线圈不能串联连接图　　　　　　（b）寄生电路

图 8-28　其他线路连接图

当电器或线路绝缘遭到损坏、负载短路、接线错误将产生短路现象。短路保护的常用方法有熔断器保护和低压断路器保护。低压断路器动作电流按电动机启动电流的 1.2 倍来设定，相应低压断路器切断短路电流的触头容量应加大。

过电流保护是区别于短路保护的一种电流型保护。所谓过电流是指电动机或电器元件超过其额定电流的运行状态，其一般比短路电流小，不超过 6 倍额定电流。过电流保护常用过电流继电器来实现，通常过电流继电器与接触器配合使用，即将过电流继电器线圈串接在被保护电路中，当电路电流达到其额定值时，过电流继电器动作，而过电流继电器常闭触头串接在接触器线圈电路中，使接触器线圈断电释放，接触器主触头断开来切断电动机电源。这种过电流保护环节常用于直流电动机和三相绕线转子异步电动机的控制电路中。若过电流继电器动作电流为 1.2 倍电动机启动电流，则过流继电器亦可实现短路保护作用。

过载保护是过电流保护中的一种。过载是指电动机的运行电流大于其额定电流，但在 1.5 倍额定电流以内。通常用热继电器作过载保护，同时还必须装有熔断器或低压断路器的短路保护装置。对于电动机进行断相保护时，可选用带断相保护的热继电器来实现过载保护。

电压保护包括失电压保护、过电压保护和欠电压保护。采用接触器和按钮控制的起动、停止，就具有失电压保护作用。欠电压保护是指当电源电压降到 60% ~ 80% 额定电压时，将电动机电源切除而停止工作的一项保护。采用接触器及按钮控制方式,利用接触器本身的欠电压保护作用或采用欠电压继电器来进行欠电压保护,吸合电压通常整定为 0.8 ~ 0.85 UN,释放电压通常整定为 0.5 ~ 0.7 UN。过电压保护是在线圈两端并联一个电阻,电阻串电容或二极管串电阻,以形成一个放电回路,实现过电压的保护。

除了上述保护外,还有超速保护、行程保护、油压(水压)保护等,这些都是在控制电路中串接一个受这些装置的有离心开关、测速发电机、行程开关、压力继电器等。

④应尽量使操作和维修方便。控制机构应操作简单和便利,能迅速和方便地由一种控制形式转换到另一种控制形式,例如由自动控制转换到手动控制。同时,希望能实现多点控制和自动转换程序,减少人工操作。电控设备应力求维修方便,使用安全,并应有隔离电气元件,以免带电检修。

【实训方法及步骤】

1. 了解粉碎机(制粒机)控制回路的功能要求。
2. 设计粉碎机(制粒机)控制线路图。
3. 按设计图纸完成接线。
4. 形成设计报告。

 复习思考题

1. 常用的低压电器元件有哪些? 各自有何特点?
2. 电动机控制电路中需要哪些保护?
3. 简述自动控制的一般原理。
4. 简述自动控制系统的分类及特点。
5. 简述饲料生产自动控制方式。

项目 9　水产配合饲料生产工艺与设备

📖 项目导读

　　水产配合饲料生产与普通畜禽配合饲料生产基本相同,工艺主要包括原料接收和清理、粉碎、配料、混合、饲料成型、包装与贮藏6个工序。因为水生动物的消化生理和生活环境与畜禽不同,所以加工工艺需要在考虑常规畜禽配合饲料加工工艺的同时,兼顾水产配合饲料的特殊性(耐水性、吸收率、适口性)。本项目主要介绍了水产配合饲料加工粉碎和成型的特殊性。

　　据统计,从1980年以来,世界肉类增量的50%和养殖水产品增量的90%来自我国,如此旺盛的增长也提示着我国相关配合饲料行业的飞速发展。目前,饲料产品结构发生了重大变化,改变了以前结构单一的局面,形成了产品结构的多元化。目前配合料中禽、猪、水产、反刍料比例为51:33:11:5,改变了过去猪禽饲料各占一半左右的局面。水产料增长较快,海水养殖、淡水养殖都呈增长局面。随着全面建设小康社会的推进、城市化进程的加快、人民生活水平的不断提高及膳食结构的改善,高蛋白的养殖水产品需求将不断增加,水产配合饲料的需求市场具有较大的增长空间。

任务 9.1　水产配合饲料生产工艺与设备

9.1.1　水产配合饲料工艺要求的特殊性

　　水产配合饲料巨大的需求必须依靠完善的生产工艺保障行业生产健康持续发展。和畜禽配合饲料生产工艺类似,水产配合饲料工艺同样包括主要原料接收与清理、粉碎、配料、混合、成型等工序。但由于水产动物和畜禽动物生活的环境差异较大,所以加工工艺需要在考虑常规畜禽配合饲料加工工艺的同时兼顾水产配合饲料的特殊性。水产饲料加工工艺需着重考虑以下因素:

　　①耐水性。因为鱼虾生长在水中,所以鱼虾饲料必须具有足够的耐水性(水中稳定性),

不然,饲料在水中溶解流失,污染水质,影响鱼虾生长。

②吸收率。鱼类消化道多半较短,所以鱼虾饲料应当具有较高的吸收率。为此,加工工艺应当考虑提高其吸收率。

③适口性。鱼虾在整个生长期中的个体变化甚大,例如,从卵中脱颖而出几天的仔鱼体长仅 50 μm 左右,成鱼体长可达 10 cm 以上,这就要求加工工艺能生产出品种甚多的鱼虾饲料系列产品。

④种间差异。不同类别的水产动物类有其不同的食性和习性,有的上层采食,有的下层采食,有的要求饲料呈粉状和颗粒状,有的则要求面团状。这就要求加工工艺具有广泛的适应性及灵活性。

⑤蛋白利用率。水产动物的主要能源物质与畜禽类有较大差异,畜禽类主要是利用糖类物质,而水产动物的主要能源物质为蛋白质。因而,水产饲料的蛋白质含量较高,通常要高出畜禽饲料的 1～3 倍,所以制粒时应当十分重视加热作用。

9.1.2　水产配合饲料的粉碎

不同种类动物对饲料需求的粒度不一样。研究认为,适宜的粉碎粒度可以提高动物采食量和营养成分的消化率,进而提高动物的生长率,除此之外,良好的粉碎有利于饲料的混合、调质、制粒、膨化等。

鱼虾饲料对粉碎粒度的要求按 NRC(1993)鱼类营养需要标准中推荐鱼配合饲料的粒度应小于等于 0.5 mm。一般鱼用配合饲料的粉碎要求全部通过 40 目筛(0.425 mm 筛孔),60 目筛(0.250 mm 筛孔)筛上物不大于 20%。鱼饲料的对数几何平均粒径应在 200 μm 以下。我国水产标准(SC 2002—94)对中国对虾配合饲料粉碎粒度要求是全部通过 40 目筛(0.425 mm 筛孔),60 目筛(0.250 mm 筛孔)筛上物不大于 20%,其粒径在 200 μm 以下。鳗鱼、甲鱼饲料的粉碎要求很细,一般仔鳗和稚鳖要求 98% 的饲料过 100 目筛,平均粒径小于 100;成鳗和成鳖饲料,一般控制 98% 过 80 目筛,粒径控制在 150 μm 以下。所以开发鱼虾等水产饲料的工艺流程需具有较强的灵活性和适应性,既能生产膨化饲料,又能适应大多数鱼虾等水产饲料的生产。

随着养殖对象的逐渐增多,特种水产饲料往往有着更高的加工要求。如对虾和某些鱼类幼体要求 95% 的饲料粒度小于 60 目(250 μm),有时要求 95% 达到过 80 目(177 μm),甚至 100 目。众所周知,粉碎的目的是为了增加饲料的表面积和改善加工性能。较大的表面积有利于动物的消化和吸收。动物营养学试验证明,减少颗粒尺寸,改善了干物质、蛋白质和能量的消化和吸收,降低了料肉比。同时,在加工方面,对于微量元素及一些小组分物料,只有粉碎到一定的程度,保证其有足够的粒子数,才能满足混合均匀度要求;又如对于制粒加工工艺,粉碎物料的粒度必须考虑粉碎粒度与颗粒饲料的相互作用,粉碎的粒度会影响颗粒的耐久性和水产饲料在水中的稳定性。

因而,在制粒和粉碎方面,用普通的制粒和粉碎工段生产的颗粒料很可能不能满足其基本要求,微粉碎和超微粉碎工艺技术便应运而生。

微粉碎和超微粉碎工艺技术是近 50 年来,为适应现代化工、电子、生物以及其他新材料、新工艺的发展而形成的一门新的交叉加工技术,如图 9-1 所示。随着饲料加工技术的发展,特别是特种动物饲料的发展,使这一技术在饲料工程中得到推广和利用。饲料工业中应用微粉碎加工技术有两个方面:一是由于配合饲料中含有部分微量组分,其添加量很小,各组分约占配方中的 1.0%,为提高微量组分颗粒的总数目,保证其散落性和混合均匀,必须将其粉碎得很细,例如当每吨配合饲料中的添加量为 10 mg 时,要求其粒径不大于 5 μm;二是对于水产饲料以及特种动物饲料,为使其在加工工程中获得良好的工艺性和确保饲料产品的优良品质,要求其原料进行微粉碎或超微粉碎。

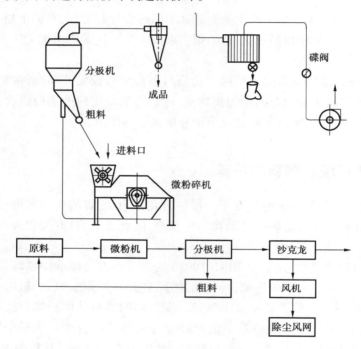

图 9-1　微粉碎工艺流程

微粉碎和超微粉碎设备主要包括微粉碎机、精细分级、物料输送、介质分离、除尘、脱水、控制、检测等工艺设备,由上述设备与仪器构成完整的微粉碎工艺,在工艺布置上有开路与闭路微粉碎。目前使用的微粉碎方法主要是机械粉碎,包括高速机械冲击式磨机、悬辊磨、球磨机、盘磨机、振动磨、气流磨和胶体磨等。而在饲料加工中,鱼虾等特种饲料厂普遍使用的是大产量而产品粒度较粗的微粉碎机。这种场合下,粉碎物料大多是玉米、鱼粉和豆粕等有机物,不要求粒度太细,但产量较高。

9.1.3　水产配合饲料的调质

水产动物颗粒饲料要求比陆生动物要求相对更高,特别是在水中的稳定性,也称耐水性。颗粒耐水性是水产饲料的主要物理指标,其测定方法在国内、外均没有统一的标准。业内测量方法通常是颗粒浸泡在静水中,经过一定时间后,散失率应小于某值。

由于不同鱼类摄食快慢不一样,因而不同种类的水产动物对饲料在水中的稳定性需求也不一样。例如,对鳗鱼和对虾的颗粒料在水中要求浸泡 2 h,对虾颗粒料散失率要小于 12%,鳗鱼应小于 4%。为了满足这一特殊要求,通常采取一些熟化调质措施,其工艺流程如图 9-2 所示。

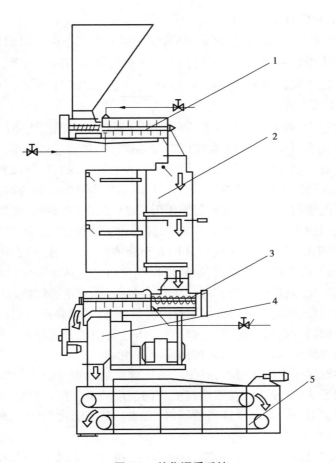

图 9-2　熟化调质系统

1—供料器;2—熟化调质;3—供料器;4—制粒机;5—冷却器

在生产鱼、虾等水产饲料时为提高粉状物料的调质效果,采用熟化器加强调质。混合粉料在第一个调质器中加入蒸汽、糖类物质,然后送入熟化器,物料达到一定量时,料位器可使送料停止,送入的物料通过熟化器时得到连续的搅拌。经一定时间后被排到制粒机的调质器,再补充添加约 1% 的蒸汽后再调质,进入制粒机。在熟化器内停留的时间,一般畜禽饲料为 3~4 min,高纤维饲料为 20~30 min。由于物料有较长时间吸收蒸汽及液体,得到充分的水热处理,使物料的柔软性、可塑性及部分物料的润滑性大大改善。采用熟化后,制粒机电耗降低 10%~20%,并延长了压模、压辊的使用寿命,颗粒产品的质量更好。在生产对虾或其他特种水产饵料时,为了提高颗粒饲料在水中的稳定性,可采用后熟化工艺,将熟化器置于制粒机之后,让温热的颗粒焖一段时间,消除颗粒的内应力,并使颗粒中的淀粉,尤其是颗粒表面的淀粉得到充分糊化,从而提高颗粒在水中的稳定性。

9.1.4　水产配合饲料的膨化

水产动物种类众多,其摄食方式也各有差异,这是由于不同种类的食性和口位置的生理结构引起的。例如,生活在上层、口上位的鲢鳙鱼等,生活在底层、口下位的匙吻鲟等。那么,养殖生产时就要考虑养殖种类的摄食习性,使用能分布在不同水层的配合饲料。因而,水产饲料又可以分为浮性饲料、半湿性饲料、沉性饲料和慢沉性饲料四类。饲料的沉浮性控制关键是控制产品的密度,一般认定为容重为 480 g/L 是膨化饲料浮或沉的转折点,低于这个容重即为浮,高于这个容重即为沉。

在饲料生产过程中,解决不同沉浮性质的饲料是通过挤压膨化法完成的。挤压膨化是通过水分、热能、机械剪切和压力等综合作用对食品进行膨化的一种技术,是高温、高压的短时加工过程。当含有一定水分的原料通过供料器进入套筒后,随着螺杆的转动而向前输送。当物料逐渐受到机头的阻力作用时被压缩,通过压延效应和吸收机筒外部所加热量,以及物料在螺杆与套筒间的强烈搅拌、混合、剪切等作用而产生的高温、高压,使物料在挤压腔内成熔融状态。淀粉组织中排列紧密的胶束被破坏,淀粉由生淀粉(β-淀粉)转化为熟淀粉(α-淀粉),即形成了淀粉糊化,此时物料中的水分仍处于液体状态。当熔融态物料进入成型模头前的高温高压区时,呈完全的流体状态,最后随模孔被挤出到达常温常压状态,物料中的溶胶淀粉体积也瞬间膨化,致使食品内部爆裂出许多微孔,体积迅速膨胀,从而形成结构疏松的膨化效果。因此,挤压膨化法可以改变饲料的容量,同样的设备可以生产浮性饲料又可生产沉性饲料。沉性饲料和高膨化的浮性饲料在挤压过程中沿着螺筒的温度有显著差异,膨化机内的温度和压力影响饲料的密度,因而也影响膨化率。

影响水产饲料沉浮性的因素很多,其中淀粉的含量最为重要。膨化物料在膨化机内螺套中间段附近时温度达到最高,而在末端模头处的温度较低。这种温度的变化有助于控制产品的密度和外观。对于脂肪含量较高的饲料,需要控制螺套内温度以确保饲料在模头处的温度最高。

在浮性饲料加工时,挤压膨化机的螺套和螺杆结构使得蒸汽和水的添加量高达干物质的 8%,挤出物穿过模头后的膨化使产品密度为 320~400 g/L,含水量为 21%~24%。

在沉性饲料生产中,对膨化机的操作条件要进行调整,以适应生产密度为 450~550 g/L 的饲料。生产过程中,先在调制器内加入少量的蒸汽,然后加入水。混合物料进入膨化机前的含水量通常为 20%~24%,水和蒸汽的流速一定要平衡,使混合料在调制器的出口处温度为 70~90 ℃。向膨化腔即挤压筒内注水的流量应保证挤出物的含水量为 28%~30%。生产沉性水产饲料,膨化机使用带放气口的模头,干挤压机使用二次挤压模头,这样可以降低挤压物的温度、水分和膨化度,才能制成沉淀饲料,沉性水产饲料应含 10% 的淀粉和不高于12% 的脂肪,最终产品应干燥到含水量为 10%~12%,过度干燥会使沉性饲料上浮。需要注意的是,水分也不能过多,这会影响饲料的储存。

实训　三种不同种类配合饲料的耐水性测定和比较

【实训目的】

比较不同种类的饲料耐水率,分析造成不同耐水率的成因,进而熟悉配合饲料的生产流程。

【实训方法】

1.计算耐水率。取猪配合饲料、禽配合饲料和水产配合饲料 3 种实验原料。分别从 3

组原始样中各取样 3 份,每份 10 g,先取 1 份(对照样)在烘箱内烘干(130 ℃,烘 2 h),称其质量 m_0,将另外 2 份(试验样)做平行实验,分别放在直径为 10 cm 的规定筛网上,悬置于水深超过网口的清水容器内,水温为 25 ℃,器内净水有静止与缓速流动两种测法,以缓流者略为准确。浸泡时间的长短需随颗粒状况而定(一般需浸泡 0.5 h),故只是测定其相对值,经过规定时间后,提取筛网,斜放沥干。再进烘箱烘干(130 ℃,烘 2 h),称其质量 m。

计算公式如下:

$$C = \frac{m_0 - m}{m_0} \times 100\%$$

式中,C 为散失率,%;m_0 为对照样品质量,g;m 为 2 份试样平均质量,g。

2. 分析耐水率差异的原因。

3. 完成实验报告。

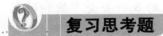 **复习思考题**

1. 水产动物配合饲料有哪些特殊性? 需要着重考虑哪些加工因素?

2. 畜禽配合饲料加工与水产配合饲料加工有哪些异同点?

项目 10　饲料企业安全知识

项目导读

　　饲料企业的安全生产是饲料生产中不可忽视的问题,饲料企业存在很多可能的安全隐患。本项目主要介绍了饲料企业可能出现的 8 种安全事故和防范措施,包括火灾、粉尘爆炸、锅炉事故、电器设备用电事故、人身伤亡事故、特种设备事故、质量事故以及噪声污染。

　　饲料厂生产过程中如何保证安全是不可避免的问题,饲料加工企业存在很多可能的安全隐患,质量安全事故若发生会造成设备毁坏,严重影响人员的健康和人身安全。因此,饲料厂必须制定相应的劳动保护条例和安全措施,保障设备的完好以及人员的身心健康。本项目主要介绍八类安全事故的发生原因和防范措施。

任务 10.1　火　灾

　　火灾是指在时间或空间上失去控制的燃烧所造成的灾害。在各种灾害中,火灾是最经常、最普遍地威胁公众安全和社会发展的主要灾害之一。

　　饲料厂火灾产生的条件主要有 4 个:可燃物(包装物、原料、成品、粉尘等);助燃物(氧气);热能(火源、静电、摩擦、高温表面、自燃等);连锁反应。

　　饲料厂火灾防范措施:

　　①对易燃物品分区、隔离、加强管理;车间内不存放易燃物,编织袋日清日结不留存,废编及时清运外卖,油漆、稀料、柴油、酒精、汽油不准放在车间内。

　　②生产区域严禁烟火,定期检查电器、线缆,防老化、松脱、破损、受潮、短路、超负载、发热等情况。

　　③检查避雷系统是否完好,防止雷击。

　　④防止特种原料自燃,鱼粉、肉骨粉、化学试剂等特种原料要妥善保管。

　　⑤保证消防设施完好,厂区范围内保持足够的、有效的灭火器,并且放置于明显的位置,取用方便,不能被阻挡,使用方法张贴于现场,保证人人会用。失效的灭火器不能存放于现

场,避免造成混乱。宿舍和人员集中的部位要留逃生通道,逃生通道不能被阻挡,如果上锁,要留下砸锁的工具。

任务 10.2　粉尘爆炸

粉尘是指分散的固体物质。粉尘爆炸是指悬浮于空气中的可燃粉尘触及明火或电火花等火源时发生的爆炸现象。部分农产品爆炸下限见表 10-1。

表 10-1　部分农产品爆炸下限(g/m^3)

名称	玉米	玉米粉	小麦	小麦淀粉	小麦粉	大米	大豆粕	棉籽饼
爆炸下限	45	40	55	25	9.7 ~ 50	45	35	50
名称	面粉	黄豆粉	苜蓿	玉米淀粉	玉米芯粉	咖啡	脱脂奶粉	匹兹堡煤粉
爆炸下限	45	35 ~ 50	100	40	30	85	50	55

可燃粉尘爆炸应具备 3 个条件:①粉尘本身具有爆炸性,极易产生爆炸的粉尘浓度为 10 ~ 200 μm;粉尘爆炸浓度下限为 20 ~ 60 g/m^3,上限为 2 ~ 6 kg/m^3。相对浓度越高,爆炸力越大。容易引起粉尘爆炸的环境主要有筒仓、料仓、分配器、溜管、提升机、粉碎机、除尘设备、车间地下室、粉碎机房等。②粉尘必须悬浮在空气中并与空气混合到爆炸浓度。③有足以引起粉尘爆炸的火源。

10.2.1　粉尘爆炸的特点

粉尘爆炸具有如下特点:
①多次爆炸是粉尘爆炸的最大特点。
②粉尘爆炸所需的最小点火能量较高,一般在几十毫焦耳以上。
③与可燃性气体爆炸相比,粉尘爆炸压力上升较缓慢,较高压力持续时间长,释放的能量大,破坏力强。

10.2.2　粉尘爆炸的危害

粉尘爆炸的危害表现在以下几个方面:
①具有极强的破坏性。近几年来,我国每年发生粉尘爆炸的频率为局部爆炸 150 ~ 300 次,系统爆炸 1 ~ 3 次,且呈增长趋势。我国发生的这些粉尘爆炸尤其是系统爆炸,造成了严重损失。
②容易产生二次爆炸。第一次爆炸气浪把沉积在设备或地面上的粉尘吹扬起来,在爆炸后的短时间内爆炸中心区会形成负压,周围的新鲜空气便由外向内填补进来,形成所谓的"返回风",与扬起的粉尘混合,在第一次爆炸的余火引燃下引起第二次爆炸。二次爆炸时,粉尘浓度一般比一次爆炸时高得多,故二次爆炸威力比第一次要大得多。

③能产生有毒气体。粉尘爆炸可产生一氧化碳和爆炸物(如塑料)自身分解的毒性气体。毒气的产生往往造成爆炸过后的大量人畜中毒伤亡,必须充分重视。

10.2.3 饲料厂易爆作业过程分析

由于机械力的作用会扬起大量粉尘,设备内悬浮的粉尘往往处于爆炸范围内,且各种力的作用更容易产生摩擦撞击火花、静电等火源,导致粉尘爆炸的产生。

①干式除尘过程。除尘前粉尘是处于悬浮状态的,黏附在滤材上的粉尘在清灰状态下也处于悬浮状态,若恰好有足够能量的火源,将发生粉尘爆炸事故。

②输送过程。粉尘处于蓬松的悬浮状态,已具备粉尘爆炸的主要条件,只要有合适的点火源则极其危险,并且输送管线与除尘设备相连,极易引起二次爆炸,造成更大的损失。

③清扫过程。粉尘堆积在厂房及设备表面,若不及时清理,在达到一定浓度并且飞扬起来之后,很容易造成爆炸事故,并且在清扫过程中,粉尘也极易飞扬形成悬浮爆炸条件。

④检维修过程。检维修作业过程中经常在现场进行动火作业,如气割焊接磨光机,若现场存在爆炸性粉尘,极易造成粉尘爆炸。

10.2.4 防控措施

1)控制空气中的粉尘浓度符合卫生标准

①饲料加工和饲料原料储运设备和装置,必须密闭运行,出现跑、冒、滴、漏应及时修理,修不好的要及时更换。

②操作好通风除尘风网。风网操作应注意经常检查风网内有无漏气和喷粉现象,特别要检查和清理水平管道和弯头等处的积尘,以免阻力增大,影响除尘效果,闸板、门、清扫门等的位置要调整适当,以免影响系统平衡和除尘效果。

③坚持通风除尘装置比生产设备提前开动而推迟 15 min 关闭的操作制度。

④严格执行定期清扫制度,及时清除积尘。在饲料加工车间和仓库内沉积在墙壁、梁、门窗机架和设备上的积尘要经常打扫,因为这是构成二次爆炸的条件之一。清扫时必须注意避免粉尘飞扬,最好采用固定或移动式的清扫装置。

⑤饲料原料中取出的杂质粉尘,禁止返回饲料原料中去,应单独收集后送到专门的安全地点处理。

⑥定期测定危险场所、危险部位作业点的空气含尘浓度,超标的必须采取相应措施。配置必要的粉尘检测和监测仪器与设备,并设专人操作和管理。

2)控制危险场所的火源

①禁止将火柴、打火机等带入危险场所,禁止吸烟,禁止穿带铁钉和铁掌的鞋进入危险场所,禁止使用铁铲在混凝土地面上铲取粉尘(应用铅铲)。

②禁止在危险场所进行明火焊接和切割作业。如果必须明火作业,要遵守"明火作业许可证制度"的规定,在现场 30 m 范围内的各种机械全部停机,现场 10 m 范围内(包括作业的楼面)应打扫干净,最好先用水湿润,在现场 10 m 范围内的全部楼面、墙壁的洞孔和管道,都

应严密堵塞,以防火花溅出;在现场 10 m 范围内的所有材料应尽可能转移,不能转移的可燃材料,应用非燃性挡板或帆布保护;焊接或切割作业时应有守护人员携灭火器在现场监视,作业结束离开现场以前,守护人员应负责做最后一次检查。

③原料进入车间前要通过铁栅筛和磁选装置,以防金属或其他硬物块进入运输设备,产生火花引起爆炸。在生产过程中,必须先经磁选机把金属杂质去除,才能进入打击机械、研磨机械、斗式提升机、埋刮板输送机等设备。

④防止机械摩擦及物理热能产生。设备轴承应装在机壳外露处,并用测温传感器自动测温,及时处理险情。应定期对所有轴承进行检查和加油。要防止传动胶带打滑。

⑤斗式提升机上下轮应装设失速监控仪,防止带轮转速降低而打滑摩擦发热。大产量提升机上箱头轮摩擦面,应尽可能增添保护层(如氯丁橡胶衬或阻力横条),以防打滑。要防止料斗带蛇形运行与筒体内壁碰撞。尽量采用塑料或聚氨酯料斗而不用钢铁质料斗,以防碰撞机械产生火花。中下部开设泄爆口。

⑥皮带输送机胶带应采用硫化接合,避免用螺栓或皮带扣接合。

⑦严格执行按计划编排的"设备和装置定期维修制度"。

⑧车间内的溜管、管件和机架等,应尽量采用螺栓连接,以便于拆卸检修,避免焊接作业。

⑨车间和仓库内的电气设备,要选用防尘型的;潮湿和高浓度粉尘区的电气设备和器具,要选用防爆型的。电气线路要符合安全防爆要求;定期检查,防止短路;线头和接点必须用罩封闭或胶布封包,禁止裸露。要防止电气设备过载发热。

⑩所有构筑物、设备、金属仓、斗及管道都要接地,避免积累静电荷;定期测量接地电路的电阻;中、高层建筑物要设避雷装置。

⑪装卸粉状物料的地点,应设汽车滑坡倾斜台,以便汽车不必启动发动机就能离开。

⑫筒仓内部照明采用低压聚光灯而不用行灯,筒仓和料仓应设料位器,以便掌握物料量,防止堵塞事故。

⑬定期检查风机叶片的完好情况,以免叶片脱落产生火星,引起爆炸。

任务 10.3　锅炉事故

锅炉是一种能量转换设备,向锅炉输入的能量有燃料中的化学能、电能,锅炉输出具有一定热能的蒸汽、高温水或有机热载体。锅炉是具有高温、高压的热能设备,是危险而又特殊的设备,一旦发生事故,涉及公共安全,将会给国家和人民生命财产造成巨大损失。

10.3.1　引起饲料厂锅炉事故常见的原因

①超压破裂。锅炉运行压力超过最高许可工作压力,使元件应力超过材料的极限应力。超压工况常因安全泄放装置失灵、压力表失准、超压报警装置失灵,严重缺水事故处理不当而引起。

②过热失效。钢板过热烧坏,强度降低而致元件破坏,通常因锅炉缺水干烧。结垢太

厚,锅水中有油脂或锅筒内掉入石棉橡胶板等异物等原因引起。

③腐蚀失效。因苛性脆化使元件强度降低。

④裂纹和起槽。元件受交变应力作用,产生疲劳裂纹,又由腐蚀综合作用,开成槽状减薄。

⑤水击破坏。因操作不当引起汽水系统水锤冲击,使受压元件受到强大的附加应力作用而失效。

⑥修理、改造不合理造成锅炉爆炸的隐患。

⑦先天性缺陷。设计失误,结构受力、热补偿、水循环、用材、强度计算、安全设施等方面严重错误;制造失误,用错材料、不按图施工、焊接质量低劣、热处理、水压试验等工艺规范错误。

10.3.2　防范措施

①要注意安全阀的定期检测、排放试验,防止因安全阀失灵,使锅炉超压引发爆炸。

②防止过热,注意水位及水位计的正确使用,经常检查锅炉水质是否符合要求,注意经常对锅炉进行排污、除垢,防止锅炉缺水、结垢造成锅炉过热引发事故。

③消除氧化,严格执行水质管理制度,停炉时要采取必要的维护措施,及时清灰,防止炉体腐蚀引发事故。

④早发现,及时妥善处理水击、骤冷热、负荷波动现象,避免事故的发生。

⑤禁止将引火性物品带入锅炉室内,锅炉室及附属设备应经常保持干净清洁。

⑥禁止闲杂人员进入锅炉室,禁止在室内喧闹或做与工作无关的事。未接受专业培训合格之人不得操作锅炉。

⑦每日应定时检查锅炉运作状况并详细记录于燃油锅炉运行日报表,并按规定化验水质。

任务 10.4　电气设备用电事故

电器设备用电事故主要包括电器故障引起的火灾以及漏电对人体造成的电击伤害。电气设备根据其特性及使用环境,要求必须有适当的电气保护装置,并且要求配管配线或电缆配线。另外,针对潮湿、高温或腐蚀性场所更有其特殊安全要求。

10.4.1　常见电器设备安全问题

①电气设备的设置地点不当。将电气设备配置于潮湿、腐蚀或高温场所等,而未采取适当的防止绝缘老化或漏电的措施。若设置困难时,应选用具有同等防水功能的电气设备,并且加装适当的漏电保护装置。

②电线的安装方式不当。将电线敷设于人员或车辆有可能触及的位置,电源线经常有相互连接的状况且连接处理不良。工厂电气设备的电源线破损或长度不足时,未按规定接

线,造成连接部位易于松脱或接触不良,且缠绕的绝缘胶带脱落,造成铜线裸露,易发生触电事故。

③配电箱接线端子处理不良。在配电箱或电气机械设备内的接线端子,未做绝缘保护套。另外电线与接线端子的连接不牢固,易造成接触不良或电线松脱,可能引起局部高温,甚至造成电气火灾或漏电事故。

④火线与中性线的接线错误。如果中性线与火线的连接相反,就是所谓的极性反接,例如电钻、开关的电源线极性接反,当电源开关切断后,其本身内部的线路仍然带电,此时若维修便可能发生触电事故。

⑤保护措施不足。电气设备的外壳未按规定采取接地措施,或者已采取接地措施,但只采用设备单独接地,并且接地电阻值与系统接地电阻值之比不够低时,易发生漏电事故。

⑥使用者没有用电安全知识或疏忽大意;电气安装人员的敷衍,施工马虎;甚至常有非电气技术人员任意更改或加装临时电气线路与设备,造成用电的不安全性。

10.4.2　电气设备用电事故的防范措施

①电气线路安装必须符合电气行业规范,配套设置齐全,不准私拉乱接用电器。

②电气设备做好通风散热装置。

③经常检查并维修,及时发现问题,防止电器和线缆老化、电缆过热、松脱、破损、受潮、短路。

④定期清除电器设备上的沉积粉尘。

⑤保证接地线或接地可靠,以免引起设备带电,特别是经常使用的电动工具(如手动缝包机等),要确保接地良好。

⑥严禁违章操作,如频繁启动、带负荷负载启动等。

⑦正确使用安全防护设施。

⑧配电室、控制室、柜体内严禁乱放、乱摆物品。

⑨正确使用传感器保护装置。

⑩非持证电工不准进入高低压室,无关人员不准进入中控室,不准围观电工对电气线路的维修。

任务 10.5　人身伤亡事故

饲料厂人身伤亡事故较常见,比如菏泽某饲料厂刮板机造成员工断指,烟台某饲料车间制粒工操作粒机时不慎压辊引起断指,昌邑某饲料厂传动皮带伤手,聊城饲料厂某员工下班上街车祸身亡等。

10.5.1 人身伤亡事故原因

造成人身伤亡事故的原因主要包括3个方面：人的不安全行为；物的不安全状态以及管理上的漏洞。

①人的因素主要包括忽视和违反安全规程，违章操作，违章指挥，误动作，违反劳动纪律，注意力不集中，疲劳操作，身体有缺陷等。

②物的不安全状态主要包括以下几个方面：

a.设备和装置的结构不良，强度不够，零部件磨损和老化；

b.工作环境面积偏小或工作场所有其他缺陷；

c物质的堆放和整理不当，如饲料堆叠方式不合理；

d.外部的、自然的不安全状态，危险物与有害物的存在；

e.安全防护装置失灵；

f.劳动保护用品（具）缺乏或有缺陷；

g.作业方法不安全；

h.工作环境，如照明、温度、噪声、振动、颜色和通风等条件不良。

③管理上的原因主要包括：

a.技术缺陷。工业建筑物、构筑物、机械设备、仪器仪表的设计、选材、布置安装、维护检修有缺陷，或工艺流程及操作程序有问题；

b.对操作者缺乏必要的培训教育；

c.劳动组织不合理；

d.对现场缺乏检查和指导；

e.没有安全操作规程或规程不健全；

f.隐患整改不及时，事故防范措施不落实。

10.5.2 防范措施

对饲料厂人身伤害事故的防范应体现在安全教育、技术保障和管理规范3个方面，以下是常见的防范措施。

①检修、清理设备时必须挂牌操作。

②特种作业人员必须持证上岗、遵守操作规程。

③每年给员工检查身体，参加必要的意外伤害保险。

④生产现场、食堂、宿舍等必须卫生、消毒。

⑤保证员工饮食健康，防止食物中毒。

⑥对于存在安全隐患的地方必须有警示、防护栏等安全设施。

⑦仓顶观察口必须设置栅栏，防止人员坠落。

⑧高速运转设备必须设置防护罩。

⑨定期对安全设施检测维护。

⑩车间吊物系统应该按照安全操作规程操作、特种设备锅炉压力容器按照国家特种设

备的安全操作执行。

⑪对于高温的管道、设备必须保温防烫。

⑫工厂内保持物流畅通,限速 5 km/h,防止交通事故,门岗加强出入车辆、人员的管理。

⑬保证防雷、消防设施有效。

⑭对安全阀等安全设施必须按照国家规定的要求定期检测、试验。

任务 10.6　特种设备事故

饲料厂具有特殊的设备,这些设备在操作过程中存在一定风险,常有事故发生,如莒南某饲料厂吊篮滑脱,河南某饲料厂吊篮断钢丝绳,肥城某饲料厂中控系统多次遭雷击、电脑操作系统被击坏等。

特种设备及物品管理主要包括以下方面。

①吊物系统安全及维护管理。

②加强氧气、乙炔、液化气等易燃品管理。

③严格执行叉车等机动车辆安全管理制度。

④定期对压力容器进行检测、实验维护管理。

⑤注意特种化学用品及易腐蚀品的保管,防止侵害及自燃。

⑥按照国家用电安全管理规范,请专业人员对变、配电系统进行正常的检查和维护。

⑦定期对避雷、消防设施进行校验,保证其正常有效。

任务 10.7　质量事故

质量事故就是一个物体不能满足使用要求和使用程度,而造成经济损失,人员伤亡,或者其他损失的意外情况。饲料质量事故即饲料质量无法达到使用要求,对企业和用户造成经济损失,对人体造成危害的事故。饲料厂是为动物生产食品的场所,因此保证饲料安全卫生是每个饲料生产企业必须重视的。

以下是常见的防护措施。

①饲料原料、成品、标签物品的严格监督管理。

②混合机、仓顶、溜管管壁、提升机及底座、地坑、料仓、粉碎机、冷却器、除尘器、永磁筒等设备要定期做好清理。

③经常检查混合机、配料秤、配料仓等重点设备是否漏料。

④称重设备、配料设备、混合均匀度定期检验、测试。

⑤加强生产过程中调质温度、水分、粉碎粒度、蒸汽压力的调控。

⑥关注小料配制、投放以及回机料管理。

⑦现场管理按 6S 管理要求执行到位。

⑧油脂添加时保证油脂雾化,定期清理添加系统,对添加的油脂品质要及时监控。

⑨有效使用成品检验筛。

⑩注意规范使用环模、筛网、锤片等备品备件。

⑪明确岗位责任,加强技能培训,使安全操作规程执行到位。

任务 10.8 噪声污染

噪声是指发声体做无规则振动时发出的声音。声音由物体的振动产生,以波的形式在一定的介质(如固体、液体、气体)中进行传播。通常所说的噪声污染是指人为造成的。从生理学观点来看,凡是干扰人们休息、学习和工作以及对所要听的声音产生干扰的声音,即不需要的声音,统称为噪声。当噪声对人及周围环境造成不良影响时,就形成噪声污染。产业革命以来,各种机械设备的创造和使用,给人类带来了繁荣和进步,但同时也产生了越来越多而且越来越强的噪声。

10.8.1 噪声危害

噪声对人体的影响和危害主要分为以下3个方面。

①噪声性耳聋。长时间在强烈噪声的反复作用下,内耳听觉器官会发生病变,形成永久性听阈偏移,即噪声性耳聋。

②噪声可以引起其他疾病。噪声除了引起耳聋外,还可以引起其他疾病,这是指人们在强烈噪声的刺激下诱发出的一些疾病,但并不是说这些疾病就是由噪声一种原因造成的。噪声对人体的影响,主要表现为作用于人体的各器官,首要的是对中枢神经系统、植物神经及心血管系统方面,从而引起全身其他器官的变化。例如会引起神经衰弱、血管痉挛、血管紧张度降低、血压改变、心脏跳动节律不齐、消化功能衰退等疾病。总而言之,在强噪声下工作的人们一般健康水平下降,抵抗疾病的能力差,这样即使没有引起噪声性职业病,也容易诱发出其他疾病,影响人们的健康和工作能力。

③噪声影响人们的生活和工作。噪声会影响人们的正常生活,妨碍人们的休息和睡眠,干扰语言交谈和日常社交活动,使人烦躁异常。在嘈杂的环境里人们心情烦躁,反应会变迟钝,从而影响工作效率;在强噪声下人们注意力难以集中,会影响思考问题,以致使工作发生差错,不仅影响工作速度,而且会降低工作质量;由于噪声使人们的注意力发散,从而容易引起工伤事故。

10.8.2 饲料厂噪声污染治理措施

①在城市规划上尽量把工厂或车间与居民区分隔开,防止相互干扰;在一个工厂内部,把噪声强的车间和作业场所与职工生活区分开;工厂车间内部的强噪声设备应该与其他一般生产设备分割开来。

②在厂址选择上,把噪声级高、污染面积大的工厂、车间或作业场所建立在比较边远的偏僻地区,使噪声最大限度地随距离自然衰减。

③可以利用天然地形如山冈、土坡、树林、草丛或已有的建筑屏障等有利条件,阻断或屏蔽一部分声音的传播。例如,把噪声严重的工厂周围设置足够高的围墙或屏障,可以减弱声音的传播;也可以在噪声严重的工厂或车间周围种植有一定密度和宽度的树丛或草坪,同样可引起噪声衰减。

④对车间的壁面采用适当的吸声材料。可以减少由于反射产生的混响声,从而降低噪声。吸声材料能够把入射在其上的声能吸收掉,如玻璃棉、矿渣棉、棉絮、海草、毛毡、泡沫、塑料、木丝板、甘蔗板、吸声砖等都是较好的吸声材料。

⑤修建隔离间、隔声罩、隔声管道、隔声屏,使操作者与声源隔离。如把鼓风机、空压机、电机等放置在隔声间或隔声机罩内,与操作者隔开;也可以使操作者在隔声性能良好的控制室或操作室内与一些发声机器隔开,从而使操作者免受噪声危害。

⑥对于车间中由于机械设备的运转不平衡,引起设备基础和墙体的振动形成的噪声,可采用在设备和基础之间加弹簧和弹性材料制作的减振器或减振垫以减少能量传递,或在机械设备的基础周围挖设一定深度的沟可隔绝振动的传播。

⑦对于机器设备在设计时由于零件的匹配面,界面和连接点考虑不周、处理不善引起结构强烈的振动,需要在结构的连接处做减振处理。如采用弹性的连轴节、弹性垫或其他装置,对于使用薄金属板材料做机器设备的罩面或做隔声罩、通风管道等,需在其表面喷涂一层内摩擦阻力大的黏弹性材料,如沥青、软橡胶或其他高分子涂料配成的阻尼浆来减振防噪。

⑧消声器是一种使声能衰减而允许气流通过的装置,将其安装在气流通道上便可控制和降低空气动力性噪声。对于风机类的噪声可采用阻性或抗性为主的复合式消声器;而空压机则宜使用抗性或抗性为主的复合式消声器和多级扩容减压等新型消声措施;对于大截面通常用元件式砌筑成室式消声措施解决。

⑨对陈旧的设备要及时更新。采购新设备应把产品的噪声标准作为评价产品质量的综合指标,应优先选用低噪声、低振动的设备。

⑩在声源传播和传播途径上无法采取措施时,或采取了措施仍不能达到预期效果时,就要对人员进行防护,佩戴防护用品,如耳塞、耳罩、头盔等,以使噪声级减少到可允许的水平。此外,采用工人轮流作业,缩短人员进入高噪声环境的工作时间也是一种辅助方法。

复习思考题

一、填空题

1. 饲料厂火灾产生的条件主要有 4 个:①有_____;②_____(氧气);③热能(火源、静电、摩擦、高温表面、自燃等);④_____。

2. 粉尘是指分散的固体物质。粉尘爆炸是指悬浮于空气中的_____触及明火或电火花等_____时发生的_____现象。

3.造成人身伤亡事故的原因主要包括3个方面:人的不安全行为、_____以及_____。

4.在配电箱或电气机械设备内的接线端子,未做绝缘保护套,电线与接线端子的连接不牢固,易造成接触不良或电线松脱,可能引起_____,甚至造成电气火灾或_____。

二、选择题

1.可燃粉尘爆炸应具备3个条件,不包括以下哪项?(　　)

A.粉尘本身具有爆炸性

B.粉尘必须悬浮在空气中并与空气混合到爆炸浓度

C.有足以引起粉尘爆炸的火源

D.粉尘爆炸发生需要在一定风速环境中

2.造成人身伤亡事故的原因,以下哪条不属于人的不安全因素?(　　)

A.违章指挥,误动作　　　　　　B.违反劳动纪律,注意力不集中

C.物质的堆放和整理不当　　　　D.疲劳操作,身体有缺陷

3.饲料厂噪声对人影响和危害,不包括下列哪个方面?(　　)

A.引起噪声性耳聋　　　　　　　B.导致人烦躁,反应迟钝

C.导致人员体重急剧下降　　　　D.诱发心血管疾病

三、简述题

1.饲料厂常见质量安全事故主要有哪些?

2.防止粉尘爆炸的措施有哪些?

3.饲料厂噪声控制方法有哪些?

附　录

附录1　《饲料生产企业许可条件》

（中华人民共和国农业部公告第 1849 号）

第一章　总　则

第一条　为加强饲料生产许可管理,保障饲料质量安全,根据《饲料和饲料添加剂管理条例》《饲料和饲料添加剂生产许可管理办法》,制定本条件。

第二条　设立添加剂预混合饲料、浓缩饲料、配合饲料和精料补充料生产企业,应当符合本条件。

第二章　机构与人员

第三条　企业应当设立技术、生产、质量、销售、采购等管理机构。技术、生产、质量机构应当配备专职负责人,并不得互相兼任。

第四条　技术机构负责人应当具备畜牧、兽医、水产等相关专业大专以上学历或中级以上技术职称,熟悉饲料法规、动物营养、产品配方设计等专业知识,并通过现场考核。

第五条　生产机构负责人应当具备畜牧、兽医、水产、食品、机械、化工与制药等相关专业大专以上学历或中级以上技术职称,熟悉饲料法规、饲料加工技术与设备、生产过程控制、生产管理等专业知识,并通过现场考核。

第六条　质量机构负责人应当具备畜牧、兽医、水产、食品、化工与制药、生物科学等相关专业大专以上学历或中级以上技术职称,熟悉饲料法规、原料与产品质量控制、原料与产品检验、产品质量管理等专业知识,并通过现场考核。

第七条　销售和采购机构负责人应当熟悉饲料法规,并通过现场考核。

第八条　企业应当配备 2 名以上专职饲料检验化验员。饲料检验化验员应当取得农业部职业技能鉴定机构颁发的职业资格证书,并通过现场操作技能考核。

企业的饲料厂中央控制室操作工、饲料加工设备维修工应当取得农业部职业技能鉴定机构颁发的职业资格证书。

第三章　厂区、布局与设施

第九条　企业应当独立设置厂区,厂区周围没有影响饲料产品质量安全的污染源。

厂区应当布局合理,生产区与生活、办公等区域分开。厂区整洁卫生,道路和作业场所应当采用混凝土或沥青硬化,生活、办公等区域有密闭式生活垃圾收集设施。

第十条　生产区应当按照生产工序合理布局,固态添加剂预混合饲料、浓缩饲料、配合饲料、精料补充料有相对独立的、与生产规模相匹配的生产车间、原料库、配料间和成品库。

液态添加剂预混合饲料有与生产规模相匹配的前处理间、配料间、生产车间、罐装间、外包装间、原料库、成品库。

固态添加剂预混合饲料生产区总使用面积不低于 500 平方米;液态添加剂预混合饲料生产区总使用面积不低于 350 平方米;浓缩饲料、配合饲料、精料补充料生产区总使用面积不低于 1 000 平方米。

第十一条　添加剂预混合饲料生产线应当单独设立,生产设备不得与配合饲料、浓缩饲料、精料补充料生产线共用。

同时生产固态和液态添加剂预混合饲料的,生产车间应当分别设立。

同时生产添加剂预混合饲料和混合型饲料添加剂的,生产车间应当分别设立,且生产设备不得共用。

第十二条　生产区建筑物通风和采光良好,自然采光设施应当有防雨功能,人工采光灯具应当有防爆功能。

第十三条　厂区内应当配备必要的消防设施或设备。

第十四条　厂区内应当有完善的排水系统,排水系统入口处有防堵塞装置,出口处有防止动物侵入装置。

第十五条　存在安全风险的设备和设施,应当设置警示标识和防护设施:

(一)配电柜、配电箱有警示标识,生产区电源开关有防爆功能;

(二)高温设备和设施有隔热层和警示标识;

(三)压力容器有安全防护装置;

(四)设备传动装置有防护罩;

(五)投料地坑入口处有完整的栅栏,车间内吊物孔有坚固的盖板或四周有防护栏,所有设备维修平台、操作平台和爬梯有防护栏。

企业应当为生产区作业人员配备劳动保护用品。

第十六条　企业仓储设施应当符合以下条件:

(一)满足原料、成品、包装材料、备品备件贮存要求,并具有防霉、防潮、防鸟、防鼠等功能;

(二)存放维生素、微生物添加剂和酶制剂等热敏物质的贮存间密闭性能良好,并配备空调;

(三)亚硒酸钠等按危险化学品管理的饲料添加剂应当有独立的贮存间或贮存柜;

(四)药物饲料添加剂应当有独立的贮存间;

(五)具有立筒仓的生产企业,立筒仓应当配备通风系统和温度监测装置。

第四章　工艺与设备

第十七条　固态添加剂预混合饲料生产企业应当符合以下条件:

（一）复合预混合饲料和微量元素预混合饲料生产企业的设计生产能力不小于 2.5 吨／小时，混合机容积不小于 0.5 立方米；维生素预混合饲料生产企业的设计生产能力不小于 1 吨／小时，混合机容积不小于 0.25 立方米；

（二）配备成套加工机组（包括原料提升、混合和自动包装等设备），并具有完整的除尘系统和电控系统；

（三）有两台以上混合机，混合机（含混合机缓冲仓）与物料接触部分使用不锈钢制造，混合机的混合均匀度变异系数不大于 5%；

（四）生产线除尘系统使用脉冲式除尘器或性能更好的除尘设备，采用集中除尘和单点除尘相结合的方式，投料口和打包口采用单点除尘方式；

（五）小料配制和复核分别配置电子秤；

（六）粉碎机、空气压缩机采用隔音或消音装置；

（七）反刍动物添加剂预混合饲料生产线与其他含有动物源性成分的添加剂预混合饲料生产线应当分别设立。

第十八条　液态添加剂预混合饲料生产企业应当符合以下条件：

（一）生产线由包括原料前处理、称量、配液、过滤、灌装等工序的成套设备组成；

（二）生产设备、输送管道及管件使用不锈钢或性能更好的材料制造；

（三）有均质工序的，高压均质机的工作压力不小于 50 兆帕，并具有高压报警装置；

（四）配液罐具有加热保温功能和温度显示装置；

（五）有独立的灌装间。

第十九条　浓缩饲料、配合饲料、精料补充料生产企业应当符合以下条件：

（一）设计生产能力不小于 10 吨／小时，专业加工幼畜禽饲料、种畜禽饲料、水产育苗料、特种饲料、宠物饲料的企业设计生产能力不小于 2.5 吨／小时；

（二）配备成套加工机组（包括原料清理、粉碎、提升、配料、混合、自动包装等设备），并具有完整的除尘系统和电控系统；生产颗粒饲料产品的，还应当配备制粒或膨化、冷却、破碎、分级、干燥等后处理设备；

（三）配料、混合工段采用计算机自动化控制系统，配料动态精度不大于 3‰，静态精度不大于 1‰；

（四）反刍动物饲料的生产线应当单独设立，生产设备不得与其他非反刍动物饲料生产线共用；

（五）混合机的混合均匀度变异系数不大于 7%；

（六）粉碎机、空气压缩机、高压风机采用隔音或消音装置，生产车间和作业场所噪声控制符合国家有关规定；

（七）生产线除尘系统使用脉冲式除尘器或性能更好的除尘设备，采用集中除尘和单点除尘相结合的方式，投料口采用单点除尘方式；作业区的粉尘浓度和排放浓度符合国家有关规定；

（八）小料配制和复核分别配置电子秤；

（九）有添加剂预混合工艺的，应当单独配备至少一台混合机，混合机（含混合机缓冲仓)与物料接触部分使用不锈钢制造,混合机的混合均匀度变异系数不大于 5%。

第五章　质量检验和质量管理制度

第二十条　企业应当在厂区内独立设置检验化验室,并与生产车间和仓储区域分离。

第二十一条　添加剂预混合饲料生产企业检验化验室应当符合以下条件:

(一)除配备常规检验仪器外,还应当配备下列专用检验仪器:

1. 固态维生素预混合饲料生产企业配备万分之一分析天平、高效液相色谱仪(配备紫外检测器)、恒温干燥箱、样品粉碎机、标准筛;

2. 液态维生素预混合饲料生产企业配备万分之一分析天平、高效液相色谱仪(配备紫外检测器)、酸度计;

3. 微量元素预混合饲料生产企业配备万分之一分析天平、原子吸收分光光度计(配备火焰原子化器和被测项目的元素灯)、恒温干燥箱、样品粉碎机、标准筛;

4. 复合预混合饲料生产企业配备万分之一分析天平、高效液相色谱仪(配备紫外检测器)、原子吸收分光光度计(配备火焰原子化器和被测项目的元素灯)、恒温干燥箱、高温炉、样品粉碎机、标准筛。

(二)检验化验室应当包括天平室、前处理室、仪器室和留样观察室等功能室,使用面积应当满足仪器、设备、设施布局和检验化验工作需要:

1. 天平室有满足分析天平放置要求的天平台;

2. 前处理室有能够满足样品前处理和检验要求的通风柜、实验台、器皿柜、试剂柜、气瓶柜或气瓶固定装置以及避光、空调等设备设施;同时开展高温或明火操作和易燃试剂操作的,应当分别设立独立的操作区和通风柜;

3. 仪器室满足高效液相色谱仪、原子吸收分光光度计等仪器的使用要求,高效液相色谱仪和原子吸收分光光度计应当分室存放;

4. 留样观察室有满足原料和产品贮存要求的样品柜。

第二十二条　浓缩饲料、配合饲料、精料补充料生产企业检验化验室应当符合以下条件:

(一)除配备常规检验仪器外,还应当配备万分之一分析天平、可见光分光光度计、恒温干燥箱、高温炉、定氮装置或定氮仪、粗脂肪提取装置或粗脂肪测定仪、真空泵及抽滤装置或粗纤维测定仪、样品粉碎机、标准筛;

(二)检验化验室应当包括天平室、理化分析室、仪器室和留样观察室等功能室,使用面积应当满足仪器、设备、设施布局和检验化验工作需要:

1. 天平室有满足分析天平放置要求的天平台;

2. 理化分析室有能够满足样品理化分析和检验要求的通风柜、实验台、器皿柜、试剂柜;

3. 仪器室满足分光光度计等仪器的使用要求;

4. 留样观察室有满足原料和产品贮存要求的样品柜。

第二十三条　企业应当按照《饲料质量安全管理规范》的要求制定质量管理制度。

第六章　附　则

第二十四条　本条件自 2012 年 12 月 1 日起施行。

附录2 中国饲料工业饲料产品标准

序 号	国家标准编号	标准名称
1	GB 13078—2007	饲料卫生标准
2	GB/T 5915—2008	仔猪、生长肥育猪配合饲料
3	GB/T 5916—2008	产蛋后备鸡、产蛋鸡、肉用仔鸡配合饲料
4	GB/T 16765—1997	颗粒饲料通用技术条件
5	GB/T 20804—2006	奶牛复合微量元素维生素预混合饲料
6	GB/T 20807—2006	绵羊用精饲料
7	GB/T 22544—2008	蛋鸡复合预混合饲料
8	GB/T 23185—2008	宠物食品狗咬胶
9	GB/T 22919.1—2008	水产配合饲料第1部分:斑节对虾配合饲料
10	GB/T 22919.2—2008	水产配合饲料第2部分:军曹鱼配合饲料
11	GB/T22919.3—2008	水产配合饲料第3部分:鲈鱼配合饲料
12	GB/T 22919.4—2008	水产配合饲料第4部分:美国红鱼配合饲料
13	GB/T 22919.5—2008	水产配合饲料第5部分:南美白对虾配合饲料
14	GB/T 22919.6—2008	水产配合饲料第6部分:石斑鱼配合饲料
15	GB/T 22919.7—2008	水产配合饲料第7部分:刺参配合饲料
16	NY/T 903—2004	肉用仔鸡、产蛋鸡浓缩饲料和微量元素预混合饲料
17	NY/T 1029—2006	仔猪、生长育肥猪维生素预混合饲料
18	NY/T 1245—2006	奶牛用精饲料
19	NY/T 1344—2007	山羊用精饲料
20	NY/T 2072—2011	乌鳢配合饲料
21	LS/T 3401—1992	后备母猪、妊娠猪、哺乳母猪、种公猪配合饲料
22	LS/T 3402—1992	瘦肉型生长肥育猪配合饲料
23	LS/T 3403—1992	水貂配合饲料
24	LS/T 3404—1992	长毛兔配合饲料
25	LS/T 3405—1992	肉牛精料补充料
26	LS/T 3406—1992	肉用仔鹅精料补充料
27	LS/T 3408—1995	肉兔配合饲料
28	LS/T 3409—1996	奶牛精料补充料
29	LS/T 3410—1996	生长鸭,产蛋鸭,肉用仔鸭配合饲料

续表

序　号	国家标准编号	标准名称
30	SC/T 1004—2004	鳗鲡配合饲料
31	SC/T 1024—2002	草鱼配合饲料
32	SC/T 1025—2004	罗非鱼配合饲料
33	SC/T 1026—2002	鲤鱼配合饲料
34	SC/T 1030.7—1999	虹鳟养殖技术规范配合颗粒饲料
35	SC/T 1047—2001	中华鳖配合饲料
36	SC/T 1056—2002	蛙类配合饲料
37	SC/T 1066—2003	罗氏沼虾配合饲料
38	SC/T 1073—2004	青鱼配合饲料
39	SC/T 1074—2004	团头鲂配合饲料
40	SC/T 1076—2004	鲫鱼配合饲料
41	SC/T 1077—2004	渔用配合饲料通用技术要求
42	SC/T 1078—2004	中华绒螯蟹配合饲料
43	SC/T 2002—2002	对下配合饲料
44	SC/T 2006—2001	牙鲆配合饲料
45	SC/T 2007—2001	真鲷配合饲料
46	SC/T 2012—2002	大黄鱼配合饲料
47	SC/T 2031—2004	大菱鲆配合饲料

附录3　饲料加工设备安全操作规程

一、粉碎机安全操作规程

1　准备工作

1.1　打开粉碎室两侧操作门,检查并确认筛板完好无破损,安装正确;锤片完好,转动灵活;手动转子、转动灵活,无卡、碰、摩擦等异常声响。

1.2　粉碎室内如有物料或杂物,应清除干净,然后关闭操作门,并锁紧到位。

1.3　检查汽缸、电磁换向阀,行程限位开关以及各联动部件,无松动现象。

2　操作步骤

2.1　在确信后序设备已经开始运转情况下,启动粉碎机,空运转 2～3 min,观察粉碎机运行是否平稳,有无异响,空载电流是否在规定范围值,待一切正常后,方可进料。

2.2　运行中,喂料量应控制在电机额定电流的 80%～98%,不得超越极限值(电流表上刻定红线),瞬间过负荷时间允许控制为 1～2 s,以保证电机在额定负荷状态下工作。

2.3　工作完毕,应先关上喂料绞龙电源,停止进料,让粉碎机空运转 1 ~ 2 min,待粉碎室内物料全部粉碎排出后,方能停机。

3　注意事项

3.1　粉碎机必须空载启动,严禁带负荷启动。

3.2　在使用过程中,如遇停电或因故突然停机,应打开粉碎室两侧操作门,检查并清除机内余料,确认空机之后,才能关闭操作门,按 1.2—2.1 条的操作顺序,重新启动机器。

3.3　每次打开两侧操作门,检查或更换筛板、锤片等易损件时,都必须关断总电源,并在电控箱上挂上"正在检修,禁止合闸"之类的警示牌之后,方可操作,确保人、机安全。

3.4　运转过程中出现强烈振动和异常声响,应立即停机检查,找出原因,排除故障之后,方能按正常顺序和步骤重新启动。

3.5　锤片的调整:使用中锤片第一角磨损后可将进料导向板调换方向,使转子反转,利用锤片的第二角工作。第二角亦磨损后,再将锤片调头,使用其第三角工作。为使机器保持平衡,全部锤片需同时调头。第三角再磨损后,再使转子反转,使用其第四角工作,四个角全部磨损后,则需更换新锤片。

4　维护、保养

4.1　由操作人员完成事项:

4.1.1　班前班后检查,维护工作,详见第 1—3 条中相关事项。

4.1.2　清洁卫生

4.1.3　如停用时间较长,停用前,应将机器内外清扫干净,去掉尘污、积料,以免机器锈蚀和筛孔堵塞。

4.2　由机、电维修人员完成事项:

4.2.1　粉碎机每工作 1 000 h,轴承和轴承座应拆洗一次,同时更换锂基二硫化钼润滑脂。填油量,以整个空隙的 1/2 ~ 3/4 为宜。

4.2.2　电机每工作 1 000 h,轴承应拆洗一次,并加注二硫化钼润滑脂,油量为轴承盖内空隙的 1/2 ~ 3/4。

5　本规程适用于牧羊集团生产的 SFSP112 × 30、112 × 60、56 × 40、56 × 36 等型号锤片式粉碎机。

二、电子配料秤操作规程

1　准备工作

编程前,了解混合工段的工艺情况,如有无中间仓,混合时间等参数。

2　操作步骤

2.1　上电:合上电子配料秤总电源开关,电子配料秤控制器上电。

2.2　编程:由熟悉编程的操作员按生产部下达的正式配方单,生产计划单,并结合配料仓位进行配方和程序的键入。

2.3　变频器上电:编程完毕后,对所编程序复查一遍,确定无误后,空机启动配料,混合工段的各台设备,并使变频器上电,此时为配料作业做好了准备工作。

2.4　配料:启动"自动配料"按钮,各台出仓绞龙按既定顺序和定量把各种原料输入电子配料秤秤斗。

2.5 运行:配料完毕,电子配料秤底门、中间仓底门、混合机混合时间、混合机底门,按既定的程序自动地进行逻辑运行。

2.6 打印:自动运行周而复始,每20 min抽查打印电子配料秤的配方清单。如发现有误,应立即暂停配料,并向有关领导汇报,积极配合查找原因,待排除错误后,方可继续配料。

2.7 投药:在配料自动运行过程中,药料投入。

3 注意事项

3.1 生产过程中,若更换另一种配方饲料,必须重新编程,或调出已储存的相同配方,并必须进行复查后,才可进入生产状态。

3.2 除了对电子配料秤的配方清单进行打印留存外,还应手工记录整个配料混合工段的设备生产运行情况(可每小时记录一次)。

4 维护、保养

4.1 日常维护保养,由操作人进行。

4.1.1 每天做好微机各部分的清洁工作,如操作台、控制器、传感器等。

4.1.2 经常注意电子配料秤有无异常振动情况,绝对禁止其他人员在电子配料秤上进行敲打,摇动等作业。

4.2 定期维护、检查,由维修电工执行。

4.2.1 定期检查电子配料秤基础紧固件,传感器联接件,控制器联接件,变频器联接的情况,不允许有任何松动或接触不良,每周检查一次。

4.2.2 定期检查逻辑程序中有关外部行程开关(如电子配料秤底门、中间仓底门、混合机底门等),发现不良,及时更换。

4.3 每年联系当地计量部门,校验一次电子配料秤的精度。

三、混合机安全操作规程

1 准备工作

1.1 严格遵守工艺操作规程,必须先启动粉料提升机,成粉螺旋输送机之后,才能启动混合机。

1.2 将控制柜(箱)上"手动/自动"开关置于手动位置,按"出料门启动"按钮,打开出料门,检查并排空混合机内余料,然后关闭出料门,将"手动/自动"开关置于自动位置。

1.3 点动混合机"启动"按钮,空机试运转一周确认机内无擦碰、卡、堵等异常现象,然后再空机运转。

2 操作步骤

2.1 待转子转动正常后,方能进料。

2.2 进料时须按先大宗原料(主料),后添加剂原则,在机内大宗原料加入一半批量之后,再加入预混料和辅料,油脂应在主料全部加入之后再喷入。

2.3 按工艺规程规定的混合时间内,各种物料均匀混合后,排料门自动打开放料。

2.4 工作结束打开成粉输送绞龙观察口盖板检查,必须确认机内没有余料排出之后,才能关闭混合机。

3 注意事项

3.1 混合机必须是空机启动。

3.2　运转过程中,如遇停电或因故突然停机,应待打开出料门,排除机内物料之后,才能重新启动电机。

3.3　出料控制机构应保持灵活,可靠工作,如不正常,应检查汽缸及供气系统有无故障。

3.4　出料门如有漏粉,应检查出料门和机壳间密封压条的接触情况,如系出料门关闭不严或密封压条老化,应调整行程开关的位置或更换密封压条。

3.5　混合机停机不用时,油脂添加管道内不得存留油脂,以免因油脂凝固而堵塞管道。

3.6　维修人员在对混合机进行非运行检查和维修时,要先拉下控制室内空气开关,并挂上"正在检修,禁止合闸"标示牌之后方能作业。

4　维护、保养

4.1　日常维护,由操作人员完成。

4.1.1　设备清洁、卫生。

4.1.2　出料控制机构上的积尘清除。

4.1.3　检查油雾器的油位,分水滤气器中水位,及时补充黏度 2.5～7°E 的润滑油,排放滤气器中积水。

4.2　月检与维护、保养,由机、电维修人员完成。

4.2.1　对混合机内螺带或桨叶进行清理,清除机内杂物。

4.2.2　检查出料机构及密封条的完好性,行程开关位置。

4.2.3　检查减速机油位,补充 40#～50#机械油。

4.2.4　传动链条清洗,并涂刷 30#机械油。

4.2.5　检查轴承,清洗并更换钠基润滑脂,每季度一次。

4.2.6　油雾器的油杯和分水滤气器的水杯应定期清洗,每季度一次,金属零件用矿物油;橡胶件用肥皂液;油杯和存水杯用石油溶液漂洗,切忌用丙酮,乙基醋酸盐,甲苯等溶液清洗。

5　本规程适用于 SLHSJ 系列双轴桨叶高效混合机和 SLHY 系列叶带式螺旋混合机。

四、预混料混合机安全操作规程

1　准备工作

1.1　"手动/自动"开关置于"手动",启动出料门电机,打开出料门,检查并排空混合室内余料后、复位。

1.2　启动提升电机、混合机电机、空运转检查有无擦、碰、卡声响及振动等异常现象。一切正常后、复位。

1.3　预混药称量、配料好倒入提升斗,启动混合机,空机运转。

2　操作

2.1　待混合机转子转动正常后,启动提升机,进料。

2.2　"手动/自动"开关置于"自动",按"启动"按钮,混合机按自动程序混合工作。

2.3　按工艺规定时间,药料混合好后,出料门电机自动启动,排料门打开放料。

2.4　混合工作结束,确认混合室内没有余料之后,关机。

3 注意事项

3.1 混合机必须是空机启动,严禁带负荷启动。

3.2 出料控制机构应经常清除积尘,保持运动灵活。

3.3 每混合一批料,需按"启动"按钮一次。

3.4 出料门如有漏粉,应检查出料门密封情况,如系压条老化,应更换密封压条,如系关闭不严,应调整行程开关位置。

4 维护及保养

4.1 日常检查及维护保养,由操作工人负责:

4.1.1 清除设备外部粉尘,去油污、油垢。

4.1.2 出料控制机构上积尘的清除。

4.1.3 设备周围、地面清洁卫生。

4.1.4 提升机轨道的润滑。

4.2 定期检查,维护保养由机电维修工负责:

4.2.1 混合机内螺带清理、杂物清除,每月一次。

4.2.2 出料机构,密封门检查,每月一次。

4.2.3 减速机油位检查,补油,每月一次,补40# ~ 50#机械油。

4.2.4 提升机链条,料斗检查,每月一次。

4.2.5 各轴承检查,拆洗,更换二硫化钼润滑脂,半年一次。

5 本规程适用于SLHY0.25型叶带式螺旋混合机。

6 维修人员在对机器进行非运行检查或维修时,应拉下电控柜主电源开关,挂上"正在检修,禁止合闸"标示牌之后,才能作业。

五、制粒机安全操作规程

1 准备工作

1.1 蒸汽管路排水。

1.1.1 关闭进入调质器前蒸汽管路闸阀,检查调质器及其夹层的疏水旁通阀门是否关好。

1.1.2 关闭调质器及夹层的蒸汽进汽阀门。

1.1.3 开启分汽缸上的进汽主阀。

1.1.4 开启分汽缸下方疏水旁通阀门,排水2 ~ 3 min后关闭。

1.1.5 开启分汽缸上方进入调质器的蒸汽阀门,再开启调质器疏水管路旁通阀,排水1 min左右,关闭。

1.2 检查机器各部位紧固件是否完好,紧固可靠,特别是压制室内。

1.3 根据生产品种规格要求,换上相应规格的环模。

1.4 调整环模与压辊之间的间隙至适度(一般为0.1 ~ 0.3 mm)。

1.5 检查压制室内是否有锅巴料等异物,清理后关闭门盖。

1.6 初步调整切刀位置,基本达到生产粒料长度要求。

1.7 按润滑图标示加注润滑油脂(压辊内的润滑脂可在主机运转后注入)。

1.8 检查供汽系统是否正常,制粒蒸汽压力应为0.2 ~ 0.4 MPa,供汽压力应为0.7 ~

1.0 MPa。

1.9　检查过载保护行程开关,用手推动行程开关触头,主电机应能断电。

1.10　检查吸风系统是否正常,启动风机,关风器。

2　操作步骤

2.1　启动制粒机下方的关风器,在下料口上垫上接料板。

2.2　打开制粒机排料门,启动制粒机主电机。

2.3　观察主电机电流表,待指针指示稳定之后,再启动调质绞龙及喂料绞龙电动机,调节转速使喂料绞龙以 50 r/min 左右的转速喂料。

2.4　当物料从调质器排出后,关上排料门,观察制粒机电流变化,并检查接料板上成形料粒的颗粒长度以及色泽质量。

2.5　打开并调整蒸汽阀门,逐步提高温度到生产工艺要求,调整切刀位置,使颗粒长度符合要求。然后清理接料板上废料,并拿开接料板。

2.6　进一步调整喂料绞龙转速,使主电机工作电流达到额定值的 80% ~ 98% 为宜(注:各种型号规格机组,电机额定电流值不相同,以电流表上规定红色警戒线为准)。

2.7　进一步调整蒸汽进汽量大小,使温度和湿度适度(凭经验判断,手抓粉料用力捏紧能成团,手感温度合适)。

2.8　关机

2.8.1　先将电磁调速器降低到 50 r/min,关闭调质器蒸汽进汽阀门,再将电磁离合调速器关闭至"0"位。

2.8.2　切断喂料绞龙电源。

2.8.3　待调质器内物料放空之后,切断调质绞龙电源。

2.8.4　切断关风器电源,盖上制粒机下料口接料盖板。

2.8.5　从制粒机喂料斜槽的观察门填入适量油性饲料(2~3 铁铲),将环模孔中原有粒料挤压出,直至全部填充入油性饲料为止,待压制室内物料全部走空后,打开排料门。

2.8.6　切断主电机电源。

2.8.7　待主机停止转动之后,打开防护门盖,清除压制室内积料,并清除磁铁上磁性金属材料和杂物。然后关闭门盖。

3　注意事项

3.1　运转正常后,应随时观察主机电流,及时按电流波动情况调整进料量和进气量。并随时打开喂料斜槽的观察门观察物料调质质量,以及下料情况,如发现物料过干、过湿或主机电流突然上升,超越规定红线时,立即拉出机外排料手柄,进行机外排料,并作相应的调整。

3.2　操作过程中,应严格按步骤进行,不得超负荷运转,瞬间过负荷时间,即电流表上指针越过规定红线的时间不能超过 2 s。

3.3　每生产一个品种,都应按照操作要求 1.3—2.8.7 条的顺序进行检查和操作。

3.4　调整切刀时,注意切刀与环模出料孔间距离不能小于 3 mm。

3.5　运行中手不能伸进喂料观察门接料或进行其他动作。

3.6　机器运行过程中,禁止打开压制室门盖。

4　维护、保养

4.1　日常检查、维护,由操作人完成:

4.1.1 清除设备上的粉尘,保持外表清洁卫生。

4.1.2 经常检查有无漏油、漏水、漏气现象,并及时处理。

4.1.3 制粒机启动前,应检查压辊与环模间隙,并合理调整,保持二辊间隙基本一致,并达到要求。

4.1.4 每连续运行 8 h,应对压辊轴承注入 3#锂基润滑脂。

4.2 定期检查、维护由机、电修理工完成:

4.2.1 每周检查一次,各部位连接件有无松动。

4.2.2 每周对各轴承,注油咀加黄油一次。

4.2.3 喂料绞龙轴、调质绞龙轴、轴承座,每半年拆洗一次,并加注新油,油脂型号为锂基二硫化钼高温润滑脂。

4.2.4 电机轴承每半年拆洗一次,并加注新油,油品同上。

4.2.5 主传动箱和两只减速器,每半年换润滑油一次,由品牌号为 HL-20 号齿轮油。

4.2.6 蒸汽压力表,温度表,每半年一次送有法定资格的计检单位检验、校准。

4.2.7 电工应经常检查和校验控制箱上电流表精度,发现异常及时送计量检验单位校准。

5 本规程适用于 SZLH 系列(正昌)制粒机。

六、破碎机安全操作规程

1 准备工作

1.1 开始开机前,应检查旁路门的位置。要使它定在将颗粒物料直接送到喂料辊的位置。

1.2 检查辊子之间的间隙,其间隙应为 0.8～1.5 mm。关键是要将两个辊子调节到相互平行,从而保证两端间隙相同。

1.3 检查辊子之间的间隙内无颗粒产品,辊子干净清洁。

2 操作

2.1 按下"启动"按钮,启动电机,并将颗粒物料送入机器。

2.2 调节喂料门,直到机器恰好能接收到送料量。

2.3 工作完毕需要停机时,要检查并停止送料,让机器继续运转 1 min 左右,确保喂料口送来的物料破碎完后,按下"停止"按钮,电机停止运转。

3 注意事项

3.1 物料的流动,可以通过变形仓的观察口观察,以保证最佳的布料效果。如破碎后颗粒太小,可松开辊子调节机构的锁紧手柄,顺时针旋转手柄,辊子间隙被打开,达到所需调节值后,重新锁紧手柄。反之,逆向操作。

3.2 每次调整后,都要保证两辊相互平行。

3.3 每次工作结束需要关机或检修停机时,都要检查压辊,并让机器把送来的物料破碎完,以保证辊子间隙间干净,避免下次启动困难。

3.4 在链条加油润滑时,一定要使机器运转停止。

4 维护保养,由维修工完成

4.1 前后压辊轴承每隔 3 个月加注黄油润滑一次。

4.2　喂料辊轴承,链条张紧机构轴承,以及链条,每半年清洗润滑一次。

4.3　经常打扫清洁卫生,由操作工完成。

七、分级筛安全操作规程

1　准备工作

1.1　根据生产品种、规格要求,换上相应目数的筛网。

1.2　检查各部位连接螺栓,不得有松动现象。

1.3　检查悬吊钢丝绳及绳夹,确认牢固、可靠。

1.4　检查进料、出料各软连接是否完好、牢固。

2　操作

2.1　按下"启动"按钮,电机转动,分级筛空负荷启动。

2.2　机器运转2～3 min,无卡、碰、擦等异常现象,方可进料。

2.3　工作完毕,须先关闭前序设备,如输送绞龙,斗式提升机等,2～3 min 后,待分级筛中不再有物料筛出,才能关闭振动电机。

3　注意事项

3.1　机器在运转过程中如出现强烈振动、噪声、轴承温升过高或其他不正常情况,应立即停机,检查原因,排除故障。

3.2　对不同品种、规格产品的筛分要求,应用不同规格筛孔的筛网。

3.3　严禁超负荷运行。

4　维护、保养

4.1　日常检查维护由操作人员负责:

4.1.1　班前班后应做好必要的检查和清洁卫生工作。

4.1.2　检查三角皮带是否张紧,如有磨损应及时更换。

4.1.3　检查进、出料口软连接布袋是否完好,如有破损应更换。

4.2　定期维护、保养,由机、电维修工负责:

4.2.1　每3个月应对机器全面检查一次,发现零部件,特别是转动件有严重磨损或损坏时应及时修理或更换。

4.2.2　每3个月用油枪通过油杯向轴承内注入润滑油脂一次,润滑脂必须保持干净,不得污染。

4.2.3　每半年拆洗电机轴承一次,并加注二硫化钼润滑脂。

八、圆筒初清筛安全操作规程

1　准备工作

1.1　从观察窗口察看,确认筛筒内没有余料,如有积料应排除。

1.2　检查各联接部位,手动转动筛筒,不得有松动和卡、碰、擦等异常声响,运转灵活,沿轴向没有位移。

1.3　点动空车试运转,确认筛筒转向与标牌指向一致。

2　操作步骤

2.1　启动电机,空车运转正常后方可进料,进料流量应适量。

2.2　关机前,应先停止进料,待筛筒继续转动1～2 min 后再关闭电源。

2.3 工作结束时,应检查并确认筛筒内没有余料。

3 注意事项

3.1 机器不允许超负荷工作。

3.2 机器必须空机启动。

3.3 蜗轮减速器正常工作时油温最高不超过 70 ℃,如温度过高,有异常声响或机器发生其他故障时,应立即停机检查或更换蜗杆、蜗轮、轴承等磨损件,待故障完全排除后才能按1.1—2.1 条的顺序重新启动机器。

3.4 筛筒、衬板、清理刷磨损,不能正常工作时应即刻更换。

4 维护、保养

4.1 班前班后必要的检查和清洁卫生工作,由操作人进行。

4.2 蜗轮减速器用润滑油为 HL-20 号齿轮油,机修工每月检查,补油一次,每半年更换一次。

4.3 轴承(包括电机轴承)用油为二硫化钼润滑脂,机、电修理工每半年拆洗轴承一次,并加注油脂。

九、逆流式冷却器安全操作规程

1 准备工作

1.1 检查各螺栓连接部位是否可靠。

1.2 空车运转,观察各部件是否工作正常。

1.3 启动风机。

2 开机

2.1 开启冷却器。

2.2 进入冷却器料仓中的粒料充满料仓至上料位器高度,排料电机自动排料,粒料高度下降到下料位器高度,停止排料,周而复始,重复工作。

3 关机

3.1 关风器断电停止给料后,手动开启总排空电磁阀,汽缸动作带动流量调节栅栏打开,将中间仓内粒料全部放空。

3.2 关闭冷却器电源。

4 维护保养

4.1 日常检查,清洁卫生由操作工人负责。

4.2 减速器补加润滑油,半年一次;各轴承加润滑脂,3 个月一次;料位器检查等由维修机、电工负责。减速箱用 HL-20 号齿轮油,轴承用二硫化钼润滑脂。

5 本规程适用于 SKLN 系列逆流式冷却器。

附录4　饲料部分检测指标测定方法

编号	测定指标	执行标准
1	成品粒度	GB/T 5917.1—2008 饲料粉碎粒度测定 两层筛筛分法
2	混合均匀度	GB/T 5918—2008 饲料产品混合均匀度的测定
3	粗蛋白质	GB/T 6432—1994 饲料中粗蛋白测定方法
4	粗脂肪	GB/T 6433—2006 饲料中粗脂肪的测定
5	粗纤维	GB/T 6434—2006 饲料中粗纤维的含量测定 过滤法
6	水分	GB/T 6435—2014 饲料中水分的测定
7	钙	GB/T 6436—2002 饲料中钙的测定
8	总磷	GB/T 6437—2002 饲料中总磷的测定 分光光度法
9	粗灰分	GB/T 6438—2007 饲料中粗灰分的测定
10	食盐	GB/T 6439—2007 饲料中水溶性氯化物的测定
11	钙、铜、铁、镁、锰、钾、钠和锌	GB/T 13885—2003 饲料中钙、铜、铁、镁、锰、钾、钠和锌含量的测定 原子吸收光谱法
12	细菌总数	GB/T 13093—2006 饲料中细菌总数的测定
13	大豆制品中尿素酶活性	GB/T 8622—2006 饲料用大豆制品中尿素酶活性的测定
14	油脂过氧化值	GB/T 5538—2005 动植物油脂过氧化值测定
15	植酸酶活性	GB/T 18634—2009 饲用植酸酶活性的测定 分光光度法
16	脂肪酸值	GB/T 15684—2015 谷物碾磨制品脂肪酸值的测定
17	黄曲霉毒素 B_1	GB/T 17480—2008 饲料中黄曲霉毒素 B_1 的测定 酶联免疫吸附法
18	玉米赤霉烯酮	GB/T 19540—2004 饲料中玉米赤霉烯酮的测定
19	总砷	GB/T 13079—2006 饲料中总砷的测定方法
20	铅	GB/T 13080—2004 饲料中铅的测定方法
21	汞	GB/T 13081—2006 饲料中汞的测定方法
22	镉	GB/T 13082—2002 饲料中镉的测定方法

[1] 谷文英.配合饲料工艺学[M].北京:中国轻工业出版社,1999.

[2] 庞声海,郝波,徐建华.饲料加工设备与技术[M].北京:科学技术文献出版社,2001.

[3] 李青,李娜,张运文.齿爪式粉碎机振动与噪声工艺优化分析[J].农业装备与车辆工程,2014(8):66-68.

[4] 王春维.水产饲料加工工艺学[M].武汉:湖北科学技术出版社,2002.

[5] 方希修.饲料加工工艺与设备[M].北京:中国农业大学出版社,2015.

[6] 中华人民共和国国家质量监督检验检疫总局,中国国家标准化管理委员会,2008.饲料粉碎粒度测定 两层筛筛分法.中国国家标准化管理委员会,GB/T 5917.1—2008,中国标准出版社.

[7] 冯贵宗,李德发,龚利敏.饲料加工工艺学[M].北京:中国农业大学出版社,2010.

[8] NRC,N. R. C. Nutrient requirments of fish and shrimp[M].Washington,D. C.:The National Academies Press,2011.

[9] 秦永林.锤片式粉碎机性能对常规饲料粉碎效果影响的研究[D].无锡:江南大学,2009.

[10] 中华人民共和国国家质量监督检验检疫总局,中国国家标准化管理委员会,2008.试验筛金属丝编织网、穿孔板和电成型薄板筛孔的基本尺寸.中国国家标准化管理委员会(Ed.),GB/T 6005—2008.中国标准出版社:1-7.

[11] 中华人民共和国国家质量监督检验检疫总局,中国国家标准化管理委员会,2012.试验筛技术要求和检验第1部分:金属丝编织网试验筛.中国国家标准化管理委员会(Ed.),GB/T 6003.1—2012.中国标准出版社:1-14.

[12] 中华人民共和国国家质量监督检验检疫总局,中国国家标准化管理委员会,2005.饲料采样.中国国家标准化管理委员会(Ed.),GB/T 14699.1—2005.中国标准出版社:1-15.

[13] 中华人民共和国农业部公告第1849号.中华人民共和国农业评网[EB/OL].2012-10-24.

[14] 蔡红梅.爪式粉碎机旋转噪声的提取与降噪改进设计[D].呼和浩特:内蒙古工业大学,2002.